北京理工大学“双一流”建设精品出版工程

Experiment of Energy Chemical Engineering

能源化学工程专业实验

乔金硕　黎汉生　孙克宁 ◎ 编著

北京理工大学出版社
BEIJING INSTITUTE OF TECHNOLOGY PRESS

内 容 简 介

本书从专业实验基础和专业实验实例两方面进行撰写。专业实验基础包括实验组织与实施方式以及本专业实验常用检测分析方法。专业实验实例涵盖能源储存与转化、能源转化与合成等领域，分为专业基础、专业综合及研究型三个层次，内容和深度逐层递进。

本书作为高等院校能源化学工程相关专业的教材，可供相关专业教师和学生参考。

图书在版编目(CIP)数据

能源化学工程专业实验 / 乔金硕，黎汉生，孙克宁编著. -- 北京：北京理工大学出版社，2024.1

ISBN 978-7-5763-3500-2

Ⅰ. ①能… Ⅱ. ①乔… ②黎… ③孙… Ⅲ. ①能源-化学工程-化学实验 Ⅳ. ①TK01-33

中国国家版本馆 CIP 数据核字(2024)第 040362 号

责任编辑：李颖颖　　**文案编辑**：李颖颖
责任校对：周瑞红　　**责任印制**：李志强

出版发行 / 北京理工大学出版社有限责任公司
社　　址 / 北京市丰台区四合庄路 6 号
邮　　编 / 100070
电　　话 / (010) 68944439 (学术售后服务热线)
网　　址 / http://www.bitpress.com.cn

版 印 次 / 2024 年 1 月第 1 版第 1 次印刷
印　　刷 / 三河市华骏印务包装有限公司
开　　本 / 787 mm × 1092 mm　1/16
印　　张 / 12
彩　　插 / 7
字　　数 / 275 千字
定　　价 / 58.00 元

前言

PREFACE

能源化学工程专业是2010年教育部在全国高等学校增设的国家战略性新兴产业相关专业之一。该专业是化学、化工、环境与能源等多学科交叉专业，主要涉及煤、石油、天然气、生物质、氢能等。北京理工大学为首批开设能源化学工程专业的10所高等学校之一，该专业依托于化学工程与技术一级学科，以电化学、能量转换和新能源为主线，以催化技术基本知识为基础，旨在培养专业基础知识扎实、理工结合、具有创新精神和较强实践工作能力的研究型和应用型人才。因此，本书将面向新能源和可再生能源技术、低碳经济等重要的战略性新兴产业领域的人才需求，编写成适用于新能源方向的能源化学工程专业的实验指导书。

本书充分考虑内容的系统性和全面性，介绍了专业实验的实施方式、实验中涉及的实验安全知识、能源化学工程专业实验常用仪器检测分析方法以及不同层次的专业实验实例。实验实施方式包括实验方案设计及可行性分析、实验方案实施、实验数据处理与成绩评定三个阶段，针对不同类型专业实验，三个阶段亦有所不同。实验安全知识主要包括：化学化工类实验常涉及的危险化学品存储和安全使用，废弃化学品处置，化工设备操作安全及其安全事故处理方式等。对能源化学工程专业实验常用仪器检测分析方法，书中主要介绍了相关设备的工作原理、结构及应用领域，并通过具体实例进行解释。专业实验实例为具体实施的实验内容，包括专业基础实验（20个）、专业综合实验（10个）及研究型实验（10个）三个层次，每个层次涵盖能源储存与转化、能源转化与合成等领域，且三个层次递进，以此组织实验教学内容。

本书写作团队来自北京理工大学化学与化工学院能源化学工程系。乔金硕确定了本书大纲，并编写了本书第1章的实验实施方式和第2章的能源化工专业常用分析检测方法相关内容，其中，第1章实验室安全与基本操作由乔金硕和翟雪共同编写。第2章能源化工专业常用分析检测方法由乔金硕与甄淑颖共同编写。黎汉生、孙克宁完成专业实验实例的层次设计，形成基础—综合—研究型实验体系。第3章20个专业基础实验由王振华、翟雪、乔金硕、白羽、陈康成、樊铖、黎汉生、吴芹、史大昕编写。第4章10个专业综合实验由孙旺、翟雪、乔金硕、吴芹、黎汉生、史大昕和赵芸编写。第5章10个研究型实验由孙克宁、王振华、乔金硕、孙旺、侯瑞君、吴芹、黎汉生、史大昕编写。附录中实验报告模板由乔金硕和黎汉生编写。徐春明、任戎征、艾承燚在文献查阅、资料整理方面做了大量的工作，在此表示感谢。本书在编写过程中，广泛参阅了国内外已出版的相关书籍和论文，在此向资料作者表示衷心的感谢。本书由北京理工大学教务处资助出版，对此表示由衷的感谢。

本书旨在为新能源方向的能源化学工程专业学生提供一本实验指导教材，并兼顾化学化工等相关技术人员的学习参考。由于编者水平有限，书中论述不妥或疏漏之处在所难免，恳切希望广大读者批评指正。

乔金硕，黎汉生，孙克宁

目 录
CONTENTS

第1章
绪　论

能源化学工程专业实验是一门专业必修课，是学生初步了解、学习和掌握能源化学工程专业实验研究方法的重要实践环节。其面向新能源和可再生能源技术、低碳经济等关系到未来环境和人类生活的一些重要的战略性新兴产业领域提供所需人才，通过实验使学生熟练掌握能源储存、转换、转化与合成过程中操作单元、工艺流程、常规仪器和基本技能；增强学生对能源化学工程专业的基本概念、基本原理和基础知识的理解；培养学生理论联系实际、分析问题和解决问题的能力及创新能力。能源储存主要涉及电能储存过程；能源转换主要涉及碳氢燃料、氢能等转换为电能过程；能源转化主要涉及化石能源、生物质能等一次能源转化为清洁能源过程；能源合成主要涉及清洁能源、高能燃料、新型燃料合成过程。实验课程内容包括实验方案设计与可行性分析、实验实施过程及实验成绩评定。其中可行性分析包括专业性和安全性分析，实验实施过程包括课前安全培训及实验过程的实施。本章主要就实验课程的实施方式及实验室安全知识进行介绍。

1.1　能源化学工程专业实验组织与实施

能源化学工程专业实验分基础型实验、综合型实验和研究型实验三个层次进行，并据此组织专业实验教学内容，以培养具有创新精神和工程实践能力的国际化高级工程技术人才。不同层次的实验安排均包括实验方案设计、可行性分析和实验方案实施。

1.1.1　实验方案设计及可行性分析

实验方案设计及可行性分析是实验内容得以顺利进行的前提。方案设计需符合本科生的知识基础现状。基础型实验方案设计及可行性分析以教师为主体，将专业课程所涉及的基础知识引入实验课程中，在实验药品及设备选择上以通用型、安全和易操作为前提，注重理论知识在实验中的应用。学生通过基础实验训练可以掌握专业设备的安全操作、对所用实验试剂进行危险性评估并学习紧急预案制订方法。综合实验设计及可行性分析由教师和学生共同完成，教师选定实验内容，由学生主体完成实验方案设计，并分析设备、试剂及表征方法在实验中的可行性，教师对此进行监督和评估；综合实验的目的在于提高学生系统设计和操作的综合能力，为后期研究型实验做准备，培养学生综合分析和解决问题的能力。研究型实验以培养学生的创新能力为目标，实验方案设计及可行性分析以学生为主体，教师给定研究方向，学生通过文献阅读自主选择具体实验内容，设计实验方案，并对所用仪器设备和实验药品的安全性、方案可行性进行分析；教师对实验方案及可行性分析进行评估，判定实验是否可以进行。研究型实验是在基础型实验和综合型实验的基础上进一步提高学生对专业知识的理解和灵活运用能力，为其从事创新创业类工作奠定基础。

1.1.2 实验方案实施

在实验方案可行的基础上，实施具体的实验内容，包括实验所用试剂耗材的准备、实验安全培训、仪器设备的检查调试、实验数据的测试与采集等。首先，按所在单位试剂耗材的采购程序申请采购入库，按需取用，做好登记；其次，检查仪器设备是否可以正常运行、设备配件是否齐全并及时购买补充；最后，根据实验方案进行具体实验，采集数据，以备数据处理使用。对研究型实验还需根据实验结果调整实验内容，得到符合逻辑的实验结果。

1.2 实验数据处理与成绩评定

1.2.1 实验数据处理

数据处理是实验课程的重要环节，实验过程是改变变量、分析变量影响实验结果的过程。真实记录改变的实验条件和对应的实验结果变化，之后通过处理数据和分析，清楚各变化条件的关联及定量关系。因此实验过程需及时记录原始数据，根据实验原理及分析要求，利用 Word、Origin、Mirosoft Office Excel 等数据处理软件处理所得数据，进行图表绘制、文字编辑等，比较不同条件所得数据结果，并对实验过程及实验结果进行有效、合理的分析，得出正确的实验结论。

1.2.2 实验成绩评定

实验课程教学是培养学生理论联系实际能力的重要途径。为充分呈现实验教学效果，实验指导教师应实事求是，客观、公平地评定学生的实验成绩。能源化工专业实验课程成绩评定方法如下。

每个实验教学内容的成绩采用 100 分制，其在课程总成绩中所占的比例根据每个实验课时占总课时的比例确定。每个实验教学内容的成绩由 4 部分组成：实验预习 20 分，实验操作 20 分，实验记录 10 分，实验总结 50 分。每门实验课程的总成绩由本实验课程的所有实验教学内容成绩的加权平均值计算。

1. 实验预习

课前预习是实验课顺利完成的必要前提，开展实验前学生必须提交实验预习报告。实验预习报告按附件报告 1 格式进行撰写。指导教师根据实验预习报告情况酌情给分，预习良好者得满分 20 分。实验预习可以通过教材、视频等方式进行，通过预习掌握实验项目的原理、要求及实验过程中涉及的操作步骤、实验参数等，熟悉实验所用仪器设备、测量仪表的安全操作规程和注意事项，明确实验所用试剂耗材的性质、危害及防护方式等，以保证实验过程中人身与设备安全。预习内容体现在预习报告中，课前提交，未提交预习报告者不得开展实验。

2. 实验操作

指导教师根据学生的课堂纪律、操作过程、实验卫生等过程进行评分（见附件报告 2）。准时到达实验室、实验课堂上表现积极、能正确回答教师提出的问题、实验操作完全正确且打扫实验卫生积极主动者得满分 20 分。迟到、早退、实验课上嬉闹影响他人实验且不听教师劝告、实验操作不熟练、实验后不积极主动打扫卫生者可酌情扣分。实验前，小组成员分工明确，以便实验中协调工作。实验操作是动手动脑的重要过程，设备按操作规程启动，实验过程中要平稳、认真、细心，对实验数据进行合理性判断，对于实验数据重复性差或规律性差的情况，要分析实验中存在的问题，找出原因并解决问题。实验中有异常现象及时汇报给指导教师。

3. 实验记录

学生在开展实验中必须如实记录实验现象，实验结束后按照附件报告 3 格式撰写实验记录报告。指导教师根据实验记录报告情况给分，记录良好者得满分 10 分。实验数据及现象应仔细认真记录、整齐清楚。记录数据应为直接读取原始数据，而非计算后所得数据。对于改变实验条件的操作过程，应在数据稳定后读取数据，按条件记录结果。正确读取有效数据，对于由误差存在的数据，须进行合理的误差分析。对待实验数据应采取科学态度，不能凭主观随意修改记录，不能随意舍弃数据，要注意保存原始数据，便于核查。对可疑数据，除读错或误记等明显原因外，一般应在数据处理时检查处理。

4. 实验总结

学生在实验结束后按照附件报告 4 格式撰写实验总结报告。内容完整、数据处理方法正确、结果分析与讨论正确、思考题回答正确、参考文献完整者得满分 50 分，否则酌情扣分。实验报告内容按 1. 2. 1 小节所述方式进行数据处理。实验报告是对实验进行的全面总结，必须写得简明、数据完整，根据图表或测试曲线，进行讨论、分析，结论明确。要图表规范、文字通顺严谨，要形成良好的编写实验报告的能力，为今后写好研究报告和科学论文打下良好的基础。每个学生均须独立完成此项内容。

1.3　实验室安全与基本操作

1.3.1　实验的安全防护

安全防护是一个关系到培养良好的实验素质，保证实验顺利进行，保证实验者和国家财产安全的重要问题。能源化学工程实验过程中经常遇到高温、低温的实验条件，使用高气压（各种高压储气瓶）、低气压（各种真空系统）、高电压、高频和带有辐射线（X 射线、激光、γ 射线）的仪器，而且许多精密的自动化设备日益普遍使用。因此，需要实验者具备必要的安全防护知识，懂得应采取的预防措施，以及一旦事故发生应及时采取的处理方法。

1. 压力容器的安全防护

压力容器主要指高压储气瓶、真空系统、供气流稳压用的玻璃容器以及盛放液氮的保温瓶等。

1）高压储气瓶的安全防护

在实验中将用到高压储气瓶（又称钢瓶），它是一种储存各种压缩气体或液化气的高压容器。高压储气瓶一般容积为40~60 L，最高压力为150个大气压，最低也有6个大气压。高压储气瓶压力很高，有些气体还易燃易爆，所以要正确使用高压储气瓶，以保证安全。

高压储气瓶主要由筒体和瓶阀构成。其他附件还有保护瓶阀的安全帽、开启瓶阀的手轮及运输中防震的橡皮圈。高压储气瓶由无缝碳素钢或合金钢制成，按其所存储的气体及工作压力分类，如表1－1所示。

表1－1　高压储气瓶承受的压力

气瓶型号	用途	工作压力/（$kg\cdot cm^{-2}$）	试验压力/（$kg\cdot cm^{-2}$）	
			水压试验	气压试验
150	装氢、氧、氩、甲烷、压缩空气	150	225	150
125	装二氧化碳及净水煤气等	125	190	125
30	装氨、氯、光气等	30	60	30
6	装二氧化碳	6	12	6

各类高压储气瓶的表面都涂有一定颜色，其目的不仅是防锈，主要是从颜色上迅速辨别钢瓶中储放气体的种类，以免混淆。常用气瓶的颜色及标志如表1－2所示。

表1－2　常用气瓶的颜色及标志

气体种类	工作压力/MPa	水压试验压力/MPa	钢瓶颜色	横线颜色	文字	文字颜色	每升容积内液化气质量/（$kg\cdot L^{-1}$）
氧	15.20	11.80	浅蓝色		氧	黑色	
氢	15.20	11.80	暗绿色		氢	红色	
氮	15.20	21.80	黑色	棕色	氮	黄色	
氦	15.20	22.80	棕色		氦	白色	
压缩空气	15.20	11.80	黑色		压缩空气	白色	
二氧化碳	12.6（液）	19.25	黑色		二氧化碳	黄色	0.75
氨	3.04（液）	6.08	黄色		氨	黑色	0.75
氯	3.04（液）	6.08	草绿色	绿色	氯	白色	1.25
乙炔	3.04（液）	6.08	白色		乙炔	红色	
二氧化硫	0.61（液）	1.22	黑色	黄色	二氧化硫	白色	1.25

劳动部1965年颁发了气瓶安全监察规程，规定了各类气瓶的色标，每个气瓶必须在其肩部刻上制造厂和检验单位的钢印标记。

为了使用安全，各类气瓶应定期送检验单位进行技术检查，一般气瓶至少每 3 年检验一次，充装腐蚀性气体至少每两年检验一次。检验中若发现气瓶的质量损失率或容积增加率超过一定的标准，应降级使用或予以报废。使用储气瓶必须按正确的操作规程进行，包括气瓶放置要求和操作气瓶要点。

气瓶应存放在阴凉、干燥、远离热源（如夏日避免日晒，冬天与暖气片隔开，平时不要靠近炉火等）的地方，并用固定环将气瓶固定在稳固的支架、实验桌或墙壁上，防止受外来撞击；易燃气体气瓶（如氢气瓶等）的放置房间，原则上不能有明火或电火花产生，确实难以做到时应该采取必要的防护措施。使用时安装减压器（阀、气瓶使用时要通过减压器使气体压力降至实验所需范围，CO_2、NH_3气瓶可不装减压阀）。安装减压器前应确定其连接尺寸规格是否与气瓶接头相一致，接头处需用专用垫圈。一般可燃性气体气瓶接头的螺纹是反向的左牙纹。不燃性或助燃性气体气瓶接头的螺纹是正向的右牙纹，有些气瓶需使用专门减压器（如氨气瓶等）。各种减压器一般不得混用，减压器都装有安全阀。它是保护减压器安全使用的装置，也是减压出现故障的信号装置，减压器的安全阀应调节到接收气体的系统容器最大工作压力。

气瓶需要搬运或移动时，应拆除减压器，旋上瓶帽，并使用专门的搬移车；启开或关闭气瓶时，实验者应站在减压阀接管的侧面，不许将头或身体对准阀门出口；气瓶启开使用时，应首先检查接头连接处、管道是否漏气，直至确认无漏气现象方可继续使用；使用可燃性气瓶时，更要防止漏气或将用过的气体排放在室内，并保持实验室通风良好。使用氧气瓶时，严禁气瓶接触油脂，实验者手上、衣服上或工具上也不得沾有油脂，因为高压氧气与油脂相遇会引起燃烧。氧气瓶使用时发现漏气，不得用麻、棉等物去堵漏，以防发生燃烧事故。使用氢气瓶时，导管处应加防止回火装置，气瓶内气体不应全部用尽，应留有不少于 $1\ \mathrm{kg \cdot cm^{-2}}$的压力气体，并在气瓶标上用完记号。

2）受压玻璃仪器的安全防护

受压玻璃仪器包括：供高压或真空试验用的玻璃仪器，装载水银的容器、压力计，以及各种保温容器等，使用这类仪器时必须注意安全防护。

受压玻璃仪器的器壁应足够坚固，不能用薄壁材料或平底烧瓶之类的器皿；供气流稳压用的玻璃稳压瓶，其外壳应裹以手套或细网套；化学工程实验技术中常用液氮作为获得低温的手段，在将液氮注入真空容器时要注意真空容器可能发生破裂，不要把脸靠近容器的正上方；装载水银的 U 形压力计或容器，要注意使用时玻璃容器破裂，造成水银洒溅到桌上或地上，因此装载水银的玻璃容器下部应放置搪瓷盘或适当的容器。使用 U 形水银压力计时，防止系统压力变动过于剧烈而使压力计中的水银洒溅到系统内外。

使用真空玻璃系统时，要注意任何一个活塞的开、闭均会影响系统的其他部分，因此操作时应特别小心，防止在系统内形成高温爆鸣气混合物或让爆鸣气混合物进入高温区。在启开或关闭活塞时，应两手操作，一手握活塞套，一手缓缓旋转内套，务必使玻璃系统各部分不产生力矩，以免扭裂。在用真空系统进行低温吸附实验时，当吸附剂吸附大量吸附质气体后，不能先将装有液氮的保温瓶从盛放吸附剂的样品管处移去，而应先启动机械泵对系统进行抽空，然后移去保温瓶。一旦先移去低温的保温瓶，又不及时对系统抽空，则被吸附的吸附质气体由于吸附剂温度的升高，会大量脱附出来，导致系统压力过大，使 U 形压力计中的水银冲出或引起封闭玻璃系统爆裂。

2. 辐射源的安全防护

辐射源，主要指产生 X 射线、γ 射线、中子流、带电粒子束的电离辐射和产生频率为 10～100 000 MHz 的电磁波辐射的物质或装置。电离辐射和电磁波辐射作用于人体，都会造成人体组织的损伤，引起一系列复杂的组织机能的变化，因此必须重视辐射源的安全防护。

1）电离辐射的安全防护

电离辐射有最大容许剂量，我国目前规定从事放射性工作的作业人员，每日不得超过 0.05 R（伦琴），非放射性工作人员每日不得超过 0.005 R。

同位素放射的 γ 射线较 X 射线波长短、能量大，但 γ 射线和 X 射线对机体的作用是相似的，所以防护措施也是一致的，主要采用屏蔽防护、缩短使用时间和远离辐射源等措施。前者是在辐射源与人体之间添加适当的物质作为屏蔽，以减弱射线的强度。屏蔽物质主要有铅、铅玻璃等。后者是根据受照射的时间越短，人体所接受的剂量越少，以及射线的强度随机体与辐射源的距离平方而衰减的原理，尽量缩短工作时间和加大机体与辐射源的距离，从而达到安全防护的目的。在实验时由于 X 射线和 γ 射线有一定的出射方向，因此实验者应注意不要正对出射方向站立，而应站在侧边操作。对于暂时不用或多余的同位素放射源，应及时采取有效的屏蔽措施，储存在适当的地方。

防止放射性物质进入人体是电离辐射安全防护的重要前提，一旦放射性物质进入人体，则上述的屏蔽防护和缩时加距措施就失去意义了。放射性物质要尽量在密闭容器内操作，操作时须戴防护手套和口罩，严防放射性物质飞溅而污染空气，加强室内换气，操作结束后应全身淋浴，切实地防止放射性物质从呼吸道或食道进入体内。

2）电磁波辐射的安全防护

高频电磁波辐射源作为特殊情况下的加热热源，目前已在光谱用光源和高真空技术中得到越来越多的应用。电磁波辐射能对金属、非金属介质以感应方式加热，因此也会对人体组织产生伤害，如皮肤、肌肉、眼睛的晶状体以及血液循环、内分泌等。

防护电磁波辐射最根本的有效措施，是减少辐射源的泄漏，使辐射局限在限定的范围内。当设备本身不能有效地防止高频辐射的泄漏时，可利用能反射或吸收电磁波的材料，如金属、多孔性生胶和炭黑等做罩网以屏蔽辐射源。操作电磁波辐射源的实验者应穿特制防护服和戴防护眼镜，镜片上涂有一层导电的二氧化锡、金属铬的透明或半透明的膜，同样，应加大工作处与辐射源之间的距离。

除上述电离辐射和电磁波辐射外，在化学工程实验中还应注意紫外线、红外线和激光对人体，特别是眼睛的损害。紫外线的短波部分（200～300 nm）能引起角膜炎和结膜炎。红外线的短波部分（760～1 600 nm）可透过眼球到达视网膜，引起视网膜灼伤症。激光对皮肤的烧伤情况与一般高温辐射性皮肤烧伤相似，不过它局限在较小的范围内，激光对眼睛的损害是严重的，会引起角膜、虹膜和视网膜的烧伤，影响视力，甚至因晶体混浊产生白内障。防护紫外线、红外线和激光的有效办法是戴防护眼镜，但应注意不同光源、不同光强度时须选用不同的防护镜片，而且要切记不应使眼睛直接对准光束进行观察。对于大功率的二氧化碳气体激光，尽量避免照射中枢神经系统而引起伤害，因此实验者需戴防护头盔。

3. 实验者人身安全防护要点

（1）实验者到实验室进行实验前，应首先熟悉仪器设备和各项急救设备的使用方法，了解实验楼的楼梯和出口，以及实验室内的电气总开关、灭火器具和急救药品在什么地方，以便一旦发生事故能及时采取相应的防护措施。

（2）大多数化学药品都有不同程度的毒性，原则上应防止任何化学药品以任何方式进入人体。必须注意，有许多化学药品的毒性，是在相隔很长时间以后才会显示出来的；不要将使用小量、常量化学药品的经验，任意移用于大量化学药品的情况；更不应将常温、常压下的实验经验，在进行高温、高压、低温、低压的实验时套用；当进行有危险性或在严酷条件下的反应时，应使用防护装置，戴防护面罩和防护眼镜。

（3）美国职业安全与健康管理局（OSHA）颁布了有致癌变性能的化学物质。因此实验时应尽量少与这些物质接触，实在需要使用时应戴好防护手套，并尽可能在通风橱中操作。这些物质中特别要注意的是苯、四氯化碳、氯仿、1，4－二噁烷等常见溶剂，所以实验时通常用甲苯代替苯。用二氯甲烷代替四氯化碳和氯仿，用四氢呋喃代替1，4－二噁烷。

（4）实验需要使用某些气体与空气混合形成爆鸣气时，室内应严禁明火和使用可能产生电火花的电器等，禁穿鞋底上有铁钉的鞋子。

许多气体和空气的混合物有爆炸界限，当混合物的组分介于爆炸高限与爆炸低限之间时，只要有一适当的灼热源（如一个火花、一根高热金属丝等）诱发，全部气体混合物便会瞬间爆炸。某些气体与空气混合的爆炸高限和低限，以其体积分数表示，如表1－3所示。因此，实验时应尽量避免能与空气形成爆鸣混合气的气体散失到室内空气中，同时实验时应保持室内通风良好，不使某些气体在室内积聚而形成爆鸣混合气。

表1－3　常见气体的爆炸极限

气体（蒸气）	燃点/℃	混合物中爆炸限度（气体的百分比）/%	
		与空气混合	与氧气混合
一氧化碳	650	12.5～75	13～96
氯气	285	4.1～75	4.5～95
硫化氢	260	4.3～45.4	无
氨	650	15.7～27.4	14.8～79
甲烷	537	5.0～15	5～60
甲醇	427	6.0～36.5	无
乙烯	450	3.0～33.5	3～80
乙烷	510	3.0～14	4～50
乙醇	558	4.0～18	无
丙烯	927	2.2～11.1	无
丙烷	466	2.1～15	无
乙炔	335	2.3～82	2.8～93
丁烷	405	1.5～8.5	无
乙醚	343	8～40	无
苯	538	1.4～8.0	无

（5）实验者要接触和使用各类电气设备，因此必须了解使用电气设备的安全防护知识。电流对人的定量效应如表 1 – 4 所示。

表 1 – 4　电流对人的定量效应

电流效应	电液压强度/mA					
	直流电		交流电			
			60 Hz		1 000 Hz	
在手上有轻感觉	男	女	男	女	男	女
	1	0.6	0.4	0.3	7	7
可接受的界限（均值）	5.2	3.5	1.1	0.7	12	8
电击（无痛苦和不丧失肌肉控制力）	9	6	1.8	1.2	17	11
痛苦电击（肌肉控制力丧失 0.5%）	62	41	9	6	55	37
痛苦电击松手界限（均值）	76	51	16	10.5	75	50
痛苦和严重电击（呼吸困难、肌肉控制力丧失 99.5%）	90	60	23	15	94	63

实验室所用的市电为频率 50 Hz 的交流电。人体感觉到触电效应时电流强度约为 1 mA，此时会有发麻和针刺的感觉。通过人体的电流强度达到 6 ~ 9 mA，一触就会缩手。再升高电流强度，会使肌肉强烈收缩，手抓住了带电体后便不能释放。电流强度达到 50 mA 时，人就会有生命危险。因此，使用电气设备的安全防护原则是不要使电流通过人体。

通过人体的电流强度大小，决定于人体电阻和所加的电压。通常人体的电阻包括人体内部组织电阻和皮肤电阻。人体内部组织电阻约为 1 000 Ω，皮肤电阻约为 1 000 Ω（潮湿流汗的皮肤）到数万欧姆（干燥的皮肤），因此我国规定 36 V、50 Hz 的交流电为安全电压，超过 45 V 都是危险电压。

电击伤人的程度与通过人体电流大小、通电时间长短、通电的途径有关。电流若通过人体心脏或大脑，最易引起电击死亡。所以实验时不要用潮湿有汗的手去操作电器，不要用手紧握可能荷电的电器，不应以两手同时触及电器，电器设备外壳均应接地。万一不慎发生触电事故，应立即断开电源开关，对触电者采取急救措施。

4. 关于有毒化学药品的知识

有毒有害化学品按危险程度具有不同分类情况，高毒性固体、毒性危险气体、毒性危险液体和刺激性物质如表 1 – 5 ~ 表 1 – 7 所示。长期少量接触这些物质可能引起慢性中毒，其中许多物质的蒸气对眼睛和呼吸道有强刺激性。

表 1 – 5　高毒性固体（很少量就能使人迅速中毒甚至致死，TLV[①]）

名称	TLV/($mg \cdot m^{-3}$)
二氧化锇	0.002
汞化合物，特别是烷基汞	0.01
铊盐	0.1（按 Tl 计）

续表

名称	TLV/(mg · m^{-3})
硒和硒化合物	0.2（按 Se 计）
砷化合物	0.5（按 As 计）
五氧化十钒	0.5
草酸和草酸盐	1
无机氰化物	5（按 CN 计）

注：①TLV（threshold limit value）：阈限值，即空气中含该有毒物质蒸气或粉尘的浓度，在此限度以内，一般人重复接触不致受害。

表 1－6 毒性危险气体

名称	TLV/(mg · L^{-1})	名称	TLV/(mg · L^{-1})
氟	0.1	氟化氢	3
光气	0.1	二氧化氮	5
臭氧	0.1	亚硝酰氯	5
重氮甲烷	0.2	氰	10
磷化氢	0.3	氰化氢	10
三氟化硼	1	硫化氢	10
氯	1	一氧化碳	50

表 1－7 毒性危险液体和刺激性物质

名称	TLV/(mg · L^{-1})	名称	TLV/(mg · L^{-1})
羰基镍	0.001	烯丙醇	2
异氰酸甲酯	0.02	2－丁烯醛	2
丙烯醛	0.1	氧氟酸	3
溴	0.1	四氧乙烷	5
3－氯－1－丙烯	1	苯	10
苯氯甲烷	1	溴甲烷	15
苯溴甲烷	1	二硫化碳	20
三氯化硼	1	乙酰氯	
三溴化硼	1	腈类	
2－氯化醇	1	硼氟酸	
硫酸二甲酯	1	五氯乙烷	
硫酸二乙酯	1	三甲基氯硅烷	
四溴乙烷	1	3－氟丙酰氯	

其他有害物质如许多溴代烷和氯代烷，以及甲烷和乙烷的多卤衍生物，如表1－8所示。芳胺和脂肪族胺类，低级脂肪族的蒸气有毒，全部芳胺包括它们的烷氧基、卤素、硝基取代物都有毒性，如表1－9所示。酚和芳香硝基化合物，如表1－10所示。

表1－8　其他有害物质一

名称	TLV/($mg \cdot L^{-1}$)	名称	TLV/($mg \cdot L^{-1}$)
溴仿	0.5	1，2－二溴乙烷	20
碘甲烷	5	1，2－二氯乙烷	50
甲氯化碳	10	溴乙烷	200
氯仿	10	二氯甲烷	200

表1－9　其他有害物质二

名称	TLV
对苯二胺（及其异构体）	0.1 $mg \cdot m^{-3}$
甲氧基苯胺	0.5 $mg \cdot m^{-3}$
对硝基苯胺（及其异构体）	1 $mg \cdot L^{-1}$
N－甲基苯胺	2 $mg \cdot L^{-1}$
N，N－二甲基苯胺	5 $mg \cdot L^{-1}$
苯胺	5 $mg \cdot L^{-1}$
邻甲苯胺（及其异构体）	5 $mg \cdot L^{-1}$
二甲胺	10 $mg \cdot L^{-1}$
乙胺	10 $mg \cdot L^{-1}$
三乙胺	25 $mg \cdot L^{-1}$

表1－10　其他有害物质三

名称	TLV
苦味酸	0.1 $mg \cdot m^{-3}$
二硝基苯酚，二硝基甲苯酚	0.2 $mg \cdot m^{-3}$
对硝基氯苯（及其异构体）	1 $mg \cdot m^{-3}$
间二硝基苯	1 $mg \cdot m^{-3}$
硝基苯	1 $mg \cdot L^{-1}$
苯酚	5 $mg \cdot L^{-1}$
甲苯酚	5 $mg \cdot L^{-1}$

另外一些已知的危险致癌物质如芳胺及其衍生物：联苯胺（及某些衍生物）、β－萘胺、二甲氨基偶氮苯、α－萘胺；N－亚硝基化合物：N－甲基－亚硝基苯胺、N－亚硝基二甲

胺、N－甲基－N－亚硝基胺、N－亚硝基氯化吡啶；烷基化剂：双（氯甲基）醚、硫酸二甲酯、氯甲基甲醚、碘甲烷、β－羟基丙酸内酯、重氮甲烷；稠环芳烃：苯并［a］芘、二苯并［c，g］咔唑、二苯并［a，h］蒽、7，12－二甲基苯并［a］蒽；含硫化合物：硫代乙酰胺（thioacetamide）、硫脲。

具有长期积累效应的毒物：苯、铅化合物、有机铅化合物、汞和汞化合物、二价汞盐和液态的有机汞化合物等。

在使用以上各类有毒化学药品时，都应采取妥善的防护措施，避免吸入其蒸气和粉尘，不要使它们接触皮肤。有毒气体和挥发性的有毒液体必须在良好的通风橱中操作。汞表面应该用水掩盖，不可直接暴露在空气中，装盛汞的仪器应放在一个搪瓷盘上以防溅出的汞流失，溅洒汞的地方迅速撒上硫黄石灰糊。

5. 实验过程的其他安全注意事项

（1）对于加热、生成气体的反应，注意工艺流程，不能形成封闭体系。

（2）对实验过程要求小心滴加、冷却的反应，须严格遵守时间和用量等各过程参数，不要图省事。

（3）实验前要检查所用仪器是否完整无裂痕，防止实验过程出现意外。如在一次萃取（量为2 L左右）时，分液漏斗有一个裂痕，实验者以为没有问题，结果在手中刚一摇晃，就发生炸裂，20%的KOH溶液喷至实验者面部，而且溶液顺桌面流进插座，引起电源短路，然后引发火灾。

（4）对于容易爆炸的反应物，如过氧化合物、叠氮化合物、重氮化合物、无水高盐，在使用的时候一定要小心，加热小心、量取小心、处理小心。不要因为震动引起爆炸。如某副教授在加压蒸馏一容易分解的化合物时，由于加热没有控制好，发生爆炸，场面极其血腥。其胸口的洞缝了50多针。某研究生，在做关于过氧化合物的实验时，用旋转蒸发仪浓缩含有过氧化合物的溶液，完毕，不是小心地把空气放入，而是一下子就通气，结果由于空气的撞击引发爆炸，该研究生一级甲等残废。因此，不清楚的实验，不了解化合物性质的实验，精神状态不好时，一定要当心。

（5）溶剂无水处理前，一定要预处理。对于低沸点的溶剂，如乙醚、正戊烷等一定要先用干燥剂干燥，然后再加入钠丝进行回流，并且加热不能过快、过高。这是因为，一旦溶剂的含水量过大，生成氢气剧烈，溶剂极易冲出体系，再遇见明火或正在加热的电阻丝，会发生爆炸。如某有机所的此类爆炸发生时，冲击波从三楼冲到顶楼，把通风装置炸得粉碎，包括对面实验室的整扇窗都被推倒。对于醚类溶剂，如果生产时间较长，或者久置不用的话，一定不要震动，同时要加入还原剂，除掉生成的过氧化合物，防止发生爆炸。卤代烷在金属钠的作用下的偶联反应非常剧烈，因此用钠处理的溶剂和卤代烷溶剂的处理不能共用一个与大气相连的装置。如果卤代烷，特别是二氯甲烷，加热的时候温度较高，无法冷凝下来，密度较大的卤代烷有可能会顺着相同的管道，进入用钠丝干燥的溶剂体系。一旦发生此类情况，就会发生爆炸。

1.3.2　实验室废弃物的处理

1. 废弃物的收集方法

实验室废弃物收集的一般办法有分类收集法、按量收集法、相似归类收集法和单独收集法。

(1) 分类收集法：按废弃物的类别性质和状态不同，分门别类收集。

(2) 按量收集法：根据实验过程中排出的废弃物的量的多少或浓度高低予以收集。

(3) 相似归类收集法：性质或处理方式、方法等相似的废弃物应收集在一起。

(4) 单独收集法：危险废弃物应予以单独收集处理。

2. 废弃物的处理原则

实验室处理废弃物的一般原则是：在证明废弃物已相当稀少而又安全时，可以排放到大气或排水沟中；尽量浓缩废液，使其体积变小，放在安全处隔离储存；利用蒸馏、过滤、吸附等方法，将危险物分离，而只弃去安全部分；无论液体或固体，凡能安全燃烧的则燃烧，但数量不宜太大，燃烧时切勿残留有害气体或烧余物，如不能焚烧，要选择安全场所填埋，不令其裸露在地面上。

一般有毒气体可通过通风橱或通风管道，经空气稀释后排出，大量的有毒气体必须与氧充分燃烧或吸附处理后才能排放。

废液应根据其化学特性选择合适的容器和存放地点，通过密闭容器存放，绝对不要发生酸性液体和碱性液体、氧化性液体和还原性液体等混合贮存的情况，这样非常危险。在化学实验室，废液桶爆炸事故屡有发生。对于 $SOCl_2$、PCl_5、PCl_3 绝对不能未经处理就放入废液桶，后果很危险。废液存放，须标明废物种类、贮存时间，定期处理。

3. 无机废弃物的处理

(1) 镉废液的处理：用消石灰将镉离子转化成难溶于水的 $Cd(OH)_2$ 沉淀，即在镉废液中加入消石灰，调节 pH 值至 10.6～11.2，充分搅拌后放置，分离沉淀，检测滤液中无镉离子时，将其中和后即可排放。

(2) 含六价铬废弃物的处理：主要采用铁氧吸附法，即利用六价铬氧化性采用铁氧吸附法，将其还原为三价铬，再向此溶液中加入消石灰，调节 pH 值为 8～9，加热到 80 ℃左右，放置一夜，溶液由黄色变为绿色，排放废液。

(3) 含铅废液的处理：原理是用 $Ca(OH)_2$ 把二价铅转为难溶的氢氧化铅，然后采用铝盐脱铅法处理，即在废液中加入消石灰，调节 pH 值至 11，使废液中的铅生成氢氧化铅沉淀，然后加入硫酸铝，将 pH 值降至 7～8，即生成氢氧化铝和氢氧化铅共沉淀，放置，使其充分澄清后，检测滤液中不含铅，分离沉淀，排放废液。

(4) 含砷废液的处理：原理是利用氢氧化物的沉淀吸附作用，采用镁盐脱砷法，在含砷废液中加入镁盐，调节 pH 值为 9.5～10.5，生成氢氧化镁沉淀，利用新生的氢氧化镁和砷化合物的吸附作用，搅拌，放置一夜，分离沉淀，排放废液。

(5) 含汞废液的处理：原理是用硫化钠将汞转变为难溶于水的硫化汞，然后使其与硫化亚铁共沉淀而分离除去，即在含汞废液中加入与汞离子浓度 1∶1 当量的硫化钠，然后加入硫酸亚铁，使其生成硫化亚铁，将汞离子沉淀，分离沉淀，排放废液。

(6) 氰化物废液的处理：由于氰化物及其衍生物都有剧毒，因此处理必须在通风橱内进行。其处理原理为利用漂白粉或次氯酸钠的氧化性将氰根离子转化为无害的气体，即先用碱溶液将溶液 pH 值调到大于 11，加入次氯酸钠或漂白粉，充分搅拌，氰化物分解为二氧化碳和氮气，放置 24 h 后排放。

(7) 酸碱废液的处理：将废酸集中回收，或用来处理废碱，或将废酸先用耐酸玻璃纤维过滤，滤液加碱中和，调 pH 值至 6 ~ 8 后即可排放，少量滤渣埋于地下。

4. 有机废弃物的处理

（1）含甲醇、乙醇、醋酸类的可溶性溶剂，能被细菌分解，可以用大量的水稀释后排放。

（2）氯仿和四氯化碳废液，可通过水浴蒸馏，收集馏出液，密闭保存，回用。

（3）烃类及其含氧衍生物可以用活性炭吸附，是最简单的处理方法。

目前，有机废弃物最广泛、最有效的处理方法是生物降解法、活性污泥法等。

5. 废弃物处理时的注意事项

（1）在处理废液的过程中，常伴随着有毒气体以及发热、爆炸等危险，因此，处理前必须充分了解废液的性质，然后分别加入少量所需添加的药品，必须边观察边操作。

（2）含有络离子、螯合物之类的物质，只加入一种消除药品，有时不能处理完全，因此，要采取适当措施，以防止一部分还未处理的有害物质排出。

（3）对于为了分解氰根而加入的次氯酸钠，以致产生游离余氯，以及用硫化物沉淀处理废液而产生水溶性硫化物的情况，其处理后的废水往往有害，因此，必须进行再处理。

（4）对于用量较大的有机溶剂，原则上要回收利用，而将其残渣加以处理。

1.3.3 一般事故的应急处理

（1）创伤：伤处不能用手抚摸，也不能用水洗涤。若是玻璃创伤，应先把碎玻璃从伤处挑出。轻伤可涂以紫药水（或红汞、碘酒），必要时用消炎粉或消炎膏敷涂，用绷带包扎。

（2）烫伤：不要用冷水洗涤伤处。伤处皮肤未破时，可涂擦饱和碳酸氢钠溶液或用碳酸氢钠粉调成糊状敷于伤处，也可抹獾油或烫伤膏；如果伤处皮肤已破，可涂些紫药水或1%高锰酸钾溶液。

（3）受酸腐蚀致伤：先用大量水冲洗，再用饱和碳酸氢钠溶液（或稀氨水、肥皂水）洗，最后用水冲洗。如果酸液溅入眼内，用大量水冲洗后，送校医院诊治。

（4）受碱腐蚀致伤：先用大量水冲洗，再用2%醋酸溶液或饱和硼酸溶液洗，最后用水冲洗。如果碱溅入眼中，用硼酸溶液洗。

（5）受溴腐蚀致伤：用苯或甘油洗濯伤口，再用水洗。

（6）受磷灼伤：用1%硝酸银、5%硫酸铜或浓高锰酸钾溶液洗濯伤口，然后包扎。

（7）吸入刺激性或有毒气体：吸入氯气、氯化氢气体时，可吸入少量酒精和乙醚的混合蒸气使之解毒。吸入硫化氢或一氧化碳气体而感不适时，应立即到室外呼吸新鲜空气。但应注意氯气、溴中毒不可进行人工呼吸，一氧化碳中毒不可施用兴奋剂。

（8）毒物进入口内：将 5 ~ 10 mL 稀硫酸铜溶液加入一杯温水中，内服后，用手指伸入咽喉部，促使呕吐，吐出毒物，然后立即送医院。

（9）触电：首先切断电源，然后在必要时进行人工呼吸。

（10）起火：起火后，要立即一面灭火，一面防止火势蔓延（如采取切断电源、移走易燃药品等措施）。灭火要针对起因选用合适的方法。一般的小火用湿布、石棉布或沙子覆盖燃烧物，即可灭火。火势大时可用泡沫灭火器。但电器设备所引起的火灾，只能使用二氧化碳或四氯化碳灭火器灭火，不能使用泡沫灭火器，以免触电。实验人员衣服着火时，切勿惊慌乱跑，赶快脱下衣服，或用石棉布覆盖着火处。

（11）伤势较重者，应立即送医院。

1.3.4　实验室突发事故的应急处理

1. 火灾应急处理

（1）发现火情，现场工作人员立即采取措施处理，防止火势蔓延并迅速报告。

（2）确定火灾发生的位置，判断出火灾发生的原因，如压缩气体、液化气体、易燃液体、易燃物品、自燃物品等。

（3）明确火灾周围环境，判断出是否有重大危险源分布及是否会带来次生灾难。

（4）明确救灾的基本方法，并采取相应措施，按照应急处置程序采用适当的消防器材进行扑救；包括木材、布料、纸张、橡胶以及塑料等的固体可燃材料的火灾，可采用水冷却法，但对珍贵图书、档案、易燃可燃液体、易燃气体和油脂类等化学药品火灾应使用干粉灭火剂灭火。带电电气设备火灾，应切断电源后再灭火，因现场情况及其他原因，不能断电，需要带电灭火时，应使用沙子或干粉灭火器，不能使用水。

（5）依据可能发生的危险化学品事故类别、危害程度级别，划定危险区，对事故现场周边区域进行隔离和疏导。

（6）视火情拨打“119”报警求救，并到明显位置引导消防车。

2. 爆炸应急处理

（1）实验室爆炸发生时，实验室负责人或安全员在其认为安全的情况下必须及时切断电源和管道阀门。

（2）所有人员应听从临时召集人的安排，有组织地通过安全出口或用其他方法迅速撤离爆炸现场。

（3）应急预案领导小组负责安排抢救工作和人员安置工作。

3. 中毒应急处理

实验中若出现咽喉灼痛、嘴唇脱色或发绀，胃部痉挛或恶心呕吐等症状，则可能是中毒所致。视中毒原因施以下述急救后，立即送医院治疗，不得延误。

（1）将中毒者转移到安全地带，解开领扣，使其呼吸通畅，让中毒者呼吸到新鲜空气。

（2）误服毒物中毒者，须立即引吐、洗胃及导泻，患者清醒而又合作，宜饮大量清水引吐，亦可用药物引吐。对引吐效果不好或昏迷者，应立即送医院用胃管洗胃。孕妇应慎用催吐救援。

（3）重金属盐中毒者，喝一杯含有几克 $MgSO_4$ 的水溶液，立即就医。不要服催吐药，以免引起危险或使病情复杂化。砷和汞化物中毒者，必须紧急就医。

（4）吸入刺激性气体中毒者，应立即将患者转移离开中毒现场，给予 2%~5% 碳酸氢钠溶液雾化吸入、吸氧。气管痉挛者应酌情给解痉挛药物雾化吸入。应急人员一般应配置过滤式防毒面罩、防毒服装、防毒手套、防毒靴等。

4. 触电应急处理

（1）触电急救的原则是在现场采取积极措施保护伤员生命。

（2）触电急救，首先要使触电者迅速脱离电源，越快越好，触电者未脱离电源前，救护人员不准用手直接触及伤员。使伤者脱离电源的方法：①切断电源开关；②若电源开关较远，可用干燥的木橇、竹竿等挑开触电者身上的电线或带电设备；③可用几层干燥的衣服将手包住，或者站在干燥的木板上，拉触电者的衣服，使其脱离电源。

（3）触电者脱离电源后，应视其神志是否清醒，神志清醒者，应使其就地躺平，严密观察，暂时不要站立或走动；如神志不清，应就地仰面躺平，且确保气道通畅，并于 5 s 时间间隔呼叫伤员或轻拍其肩膀，以判定伤员是否意识丧失。禁止摇动伤员头部呼叫伤员。

（4）抢救的伤员应立即就地坚持用人工心肺复苏法正确抢救，并设法联系校医务室接替救治。

5. 化学灼伤应急处理

强酸、强碱及其他一些化学物质，具有强烈的刺激性和腐蚀作用，发生这些化学灼伤时，应用大量流动清水冲洗，再分别用低浓度的（2%～5%）弱碱（强酸引起的）、弱酸（强碱引起的）进行中和。处理后，再依据情况而定，做下一步处理。

化学品溅入眼内时，在现场立即就近用大量清水或生理盐水彻底冲洗。每一实验室楼层内备有专用洗眼水龙头。冲洗时，眼睛置于水龙头上方，水向上冲洗眼睛，时间应不少于 15 min，切不可因疼痛而紧闭眼睛。处理后，再送眼科医院治疗。

参 考 文 献

[1] 张海峰. 常用危险化学品应急速查手册［M］. 2 版. 北京：中国石油出版社，2011.
[2] 冯建跃. 高校实验室化学安全与防护［M］. 杭州：浙江大学出版社，2013.
[3] 孙玲玲. 高校实验室安全与环境管理导论［M］. 杭州：浙江大学出版社，2013.
[4] 郑春龙. 高校实验室生物安全技术与管理［M］. 杭州：浙江大学出版社，2013.
[5] 曹炳炎. 石油化工毒物手册［M］. 北京：中国劳动出版社，1992.
[6] 邵艳秋. 高校化学实验室常见无机废液的处理方法［J］. 广东化工，2019，46（5）：263－264.
[7] 邓佑林，陆婷婷，黄秀香，等. 有机化学实验教学过程中实验室废液处理的探讨［J］. 广州化工，2019，47（24）：166－168.
[8] 王研. 浅谈高校实验室安全防护工作对策［J］. 实验室研究与探索，2010，29（9）：183－185.

第 2 章

常用分析检测方法

能源化学工程专业主要涉及能源存储与转换、转化与合成等，而能源材料的制备与评价是能源得以存储、转换、转化、合成及利用的关键。该专业领域用于材料特征及性能评价的主要方法有热分析法、晶体结构、微观形貌测定、材料的化学及物理吸附特性等。本章就能源化学工程专业常用的仪器分析方法如热重 - 差热分析（TG - DTA）、X 射线衍射、扫描电子显微镜（scanning electron microscope，SEM）、物理吸附与化学吸附分析及红外光谱技术与拉曼光谱（Raman spectra）技术等进行介绍。

2.1 热重 - 差热分析

2.1.1 热分析定义

1977 年，日本国际热分析会议给热分析定义，即在过程控制温度下，测量物质物理性质与温度的关系的一类技术。测定样品在加热或冷却时物理性质的变化，根据测定对象的物理性质不同，可以使用不同分析技术进行测定，如表 2 - 1 所示。

表 2 - 1　不同物理量与温度关系对应的热分析技术

序号	物理量	热分析技术	含义
1	质量	热重分析（thermogravimetric，analysis，TGA 或 TG）	试样质量与程序温度的关系
2	温度	差热分析（differential thermal analysis，DTA）	试样温度变化与程序温度之间的关系
3	热量	差示扫描量热法（differential scanning calorimetry，DSC）	试样热量变化与程序温度之间的关系
4	尺寸	热膨胀	试样尺寸变化与程序温度之间的关系
5	阻尼或动态模量	热机械分析	试样在振动载荷下的动态模量和（或）阻尼与程序温度的关系
6	折射率、色散、波长等	热光学	试样光学特性与程序温度的关系
7	电学特性（电导、电阻、电容等）	热电学	试样电学特性与程序温度的关系
8	磁化率	热磁学	试样磁化率与程序温度的关系

其中，TG、DTA、DSC 占热分析技术的75%以上。TG 可以测定动态条件下样品质量与温度的关系。DTA 用于测量样品和参比物质之间的温差与温度的关系，DTA 信号为温度（℃或 K）。DSC 测量的是温度变化过程中样品和参比物的热流与温度的关系，DSC 信号为样品的能量变化（mW）。DTA 与 DSC 均可以表征样品吸热和放热效应，区别在于，DTA 用温度变化表征热效应，而 DSC 用焓变、比热容及其对应的温度表征。该类技术可用于快速研究物质热特性，通过自动化动态跟踪测量物质在程序升温过程中放热或吸热、热失重或热增重，以研究物质的物理和化学变化。

2.1.2　TG-DTA 仪的基本构造及原理

TG-DTA 仪是 TG 与 DTA 联合型热分析仪器，即同一次测量中利用同一样品可同步测得热重与差热信息。

TG 测量原理是在程序温度变化（升/降/恒温及其组合）过程中，由热天平连续测量样品重量的变化，所用热天平如图 2-1 所示，有上置式、悬挂式和水平式三种设计方式。热天平大多采用补偿天平，减少天平由于传感器温度的变化而变形所导致的误差。设备使用中须采取结构性措施保护天平，避免腐蚀性分解产物或热辐射的影响，一般测量过程中通过气氛吹扫保护天平。TG 测量系统除天平和加热炉体外，还包括气体流量控制、冷循环水及数据记录系统，热重数据对时间或温度进行作图，即得到热重曲线。典型的 TG 曲线如图 2-2 所示。T_i为失重起始温度，T_f为失重终止温度，T_i 至 T_f为失重反应温度区间，*AB* 和 *CD* 为失重前后的平台区。*B* 点与 *C* 点的阶梯高度为热失重量变化大小，阶梯斜度为失重反应速率。

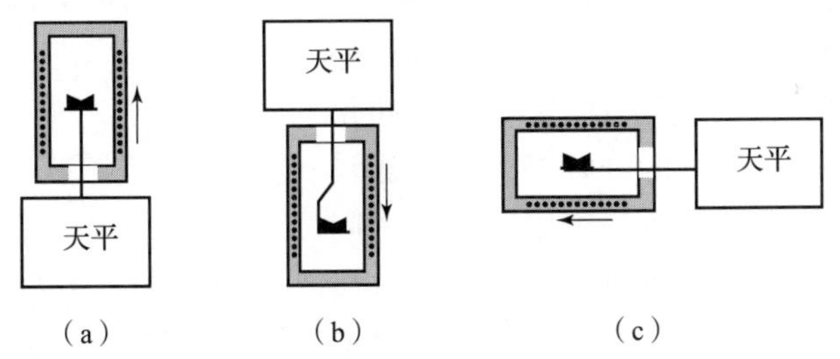

图 2-1　热天平设计方式

（a）上置式；（b）悬挂式；（c）水平式

注：箭头表示装样时炉体运动的方向。

DTA 测量原理为在温度程序控制下，测量物质与基准物（参比物）之间的温度差随温度变化的技术。其原理是：试样在加热（冷却）过程中，物理变化或是化学变化发生时，发生吸热（或放热）效应，同时以在实验温度范围内不发生物理变化和化学变化的惰性物质做参比物，试样和参比物之间出现的温度差会随温度变化，该变化曲线即为差热曲线或 DTA 曲线。图 2-3 为典型的 DTA 曲线及解析方法，*B* 点为起始转变温度，*C* 点为峰顶温度，起始

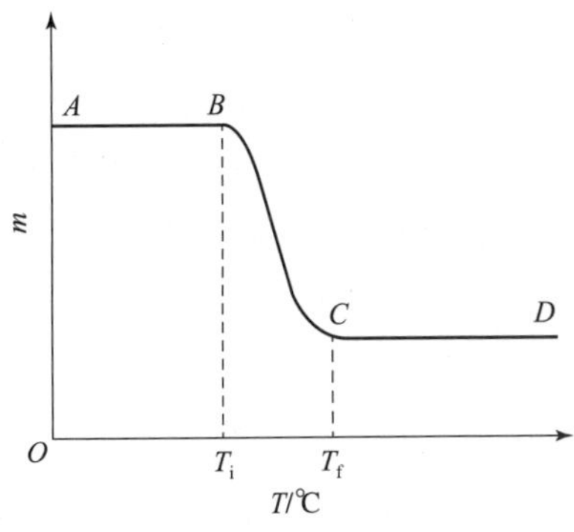

图 2-2　典型的 TG 曲线

转变温度和峰顶温度表示峰的位置。同步分析得到的 TG 曲线与 DTA 曲线对应性更佳，有助于判别物质热效应是由物理过程引起还是由化学过程引起。

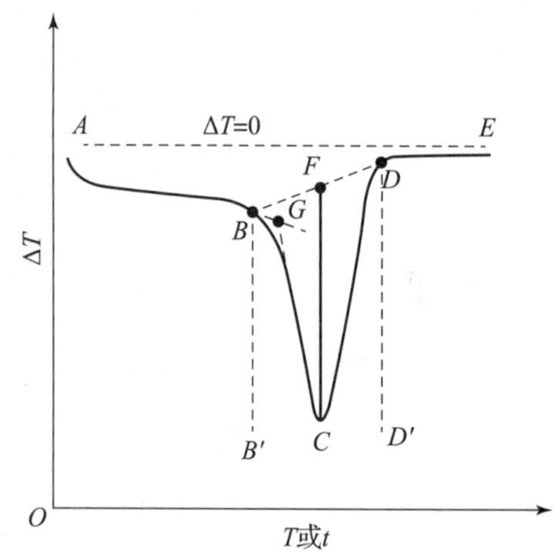

图 2-3　典型的 DTA 曲线及解析方法

对 TG 曲线进行一次微分计算可得到热重微分曲线（DTG 曲线），可以得到热重变化速率等更多信息。可对物质的相变、分解、化合、脱水、吸附、解析、凝固、升华、蒸发、质量变化等现象进行研究及对物质做鉴别分析、成分分析、热参数测定、纯度测定和反应动力学参数测定等。图 2-4 所示为典型的 TG-DTG 曲线。不少物质失重过程相对应温度范围相当宽，这给利用 TG 法鉴别未知化合物带来困难，当两个化合物的分解温度范围比较接近时尤其如此。采用微商热重法可以解决这一问题。DTG 的曲线表示质量随时间的变化率（dm/dt）与温度（或时间）的函数关系。热分析只能给出试样质量变化及吸热和放热情况，无法清晰地解释曲线，采用色谱、质谱、红外等技术对逸出气体或固体残留进行分析，从而推断反应机理。

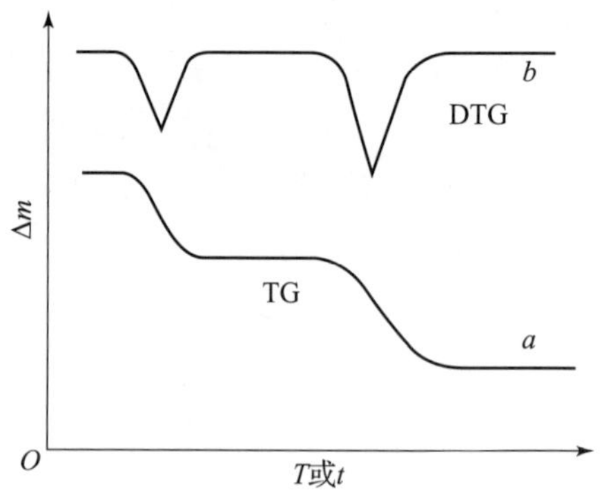

图 2-4　典型的 TG-DTG 曲线

2.1.3　TG 的影响因素

热重分析的实验结果受到许多因素的影响，基本可分为两类：一是实验条件的影响，如浮力、坩埚、挥发物冷凝、升温速率、气氛（静态、动态）、温度的测定与标定。二是样品的影响，如样品用量、样品粒度、样品装填、导热性等。热重分析要求样品用量适度，粒度小而均匀，装填成均匀的薄层。

1. 浮力

TG 测试是在一定的气氛下进行，当热天平周围的气氛受热，变轻，形成向上的热气流，即产生浮力效应。天平在热区中，其部件在升温过程中排开空气的重量在不断减小，即浮力在减小，也就是试样的表观增重，如图 2-5 所示。样品修正重量 G'（T）为样品所受重力

G 与浮力 F 之差。因此样品质量未发生变化，TG 曲线也会随着温度升高呈增加趋势。除浮力之外，样品、坩埚及其支架也会受上升热气流的影响。即使是水平炉体，受热气体也会因变轻而具有向上的运动，因此样品、坩埚等受浮力影响表现的作用与浮力相反，为减重。我们将气体密度（ρ）随温度（T）变化而变化，导致样品支架系统所受到的浮力随温度而改变形成热重测试的天然基线，称为 TG 空白曲线或 TG 基线，如图 2－6 所示。TG 基线先增重，随后增重减缓，经最大值后有所下降，但最终大于零。扣除基线后的热重曲线更有利于试样性质分析。

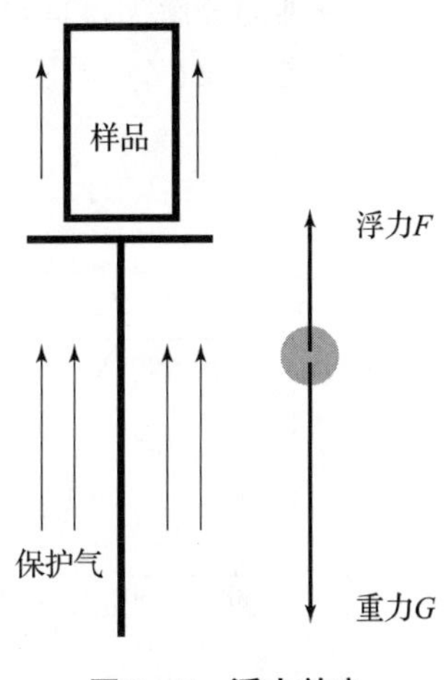

图 2－5　浮力效应

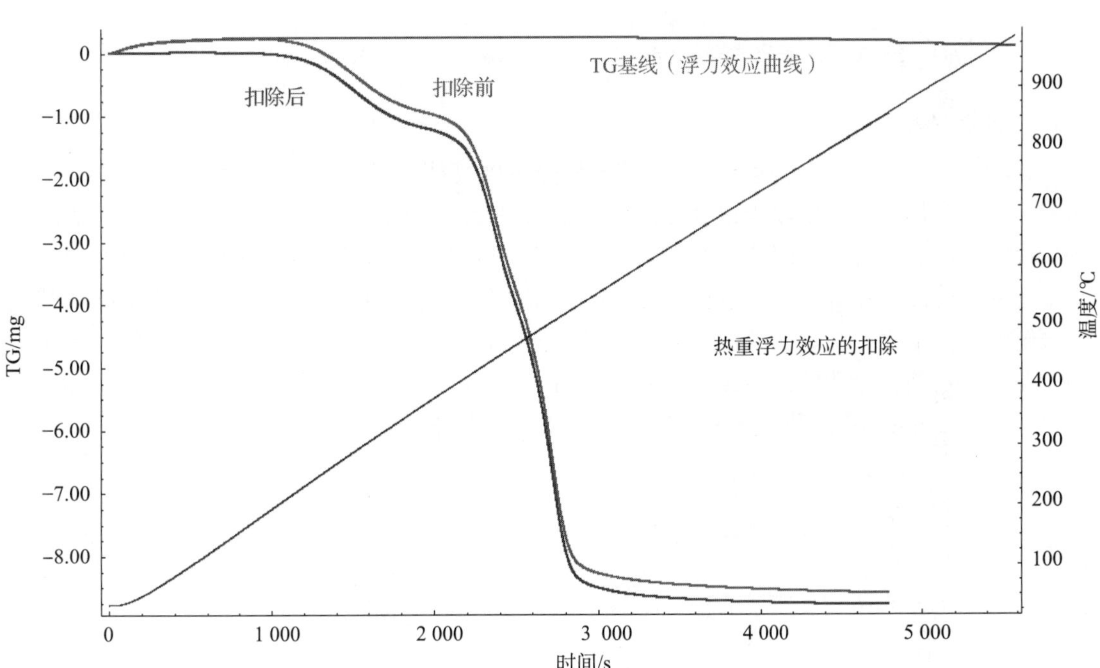

图 2－6　浮力效应的修正（见彩插）

2. 气氛

热天平周围气氛除了产生浮力影响外，其流速大小、气氛纯度、温度等对 TG 具有影响。如气体流速大，有利于传热和气体产物溢出，因此热分解温度会降低。对真空系统，气氛压力也会对测试结果有较大影响。如果试样在空气或氧气中会被氧化，那么气氛条件对 DTA 曲线影响很大，被氧化的试样会在有氧气氛下出现较大的氧化放热峰，而在惰性气氛中没有氧化。对于放出或消耗气体的化学变化或物理变化如热分解、升华、汽化、氧化、氢还原等，气氛压力对平衡温度有明显影响。如图 2－7（a）所示，CO_2 气氛明显使得碳酸钙的分解温度向高温方向移动。图 2－7（b）表明，水分压的增加使得锶铁钼钙钛矿氧化物 SFM(Z) 的质量不断增加。

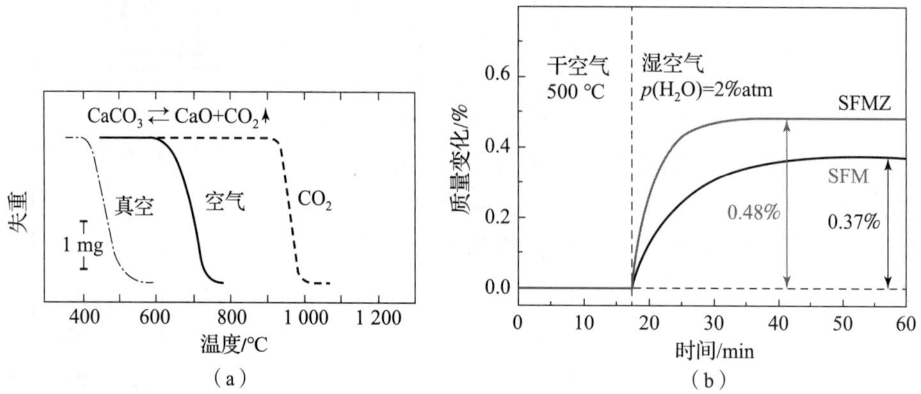

图 2－7　周围气氛对热重曲线的影响

（a）碳酸钙在不同气氛下的热重曲线；

（b）500 ℃气氛由干空气切换为湿空气时锶铁钼钙钛矿氧化物 SFM（Z）的质量变化曲线

3. 升温速率

在 TG 的测定中，升温速率增大会使试样分解温度明显升高。如升温太快，试样来不及达到平衡，会使反应各阶段难以分开。如图 2－8 所示，随着升温速率提高，样品分解反应各阶段的特征温度升高。因此，对于存在多个反应的样品，测量热重曲线时需要设定较低的升温速率，使反应充分进行，以得到准确的热重曲线。对于单一反应，升温速率提高，其完全分解温度会随之升高。而升温速度的减慢及记录速度的加快有利于反应所产生的中间化合物的鉴定。目前，合适的升温速率一般为 5～10 ℃/min，对于传热性好的无机或金属样品可用 10～20 ℃/min。具体升温速率应根据实际试验结果进一步判定。

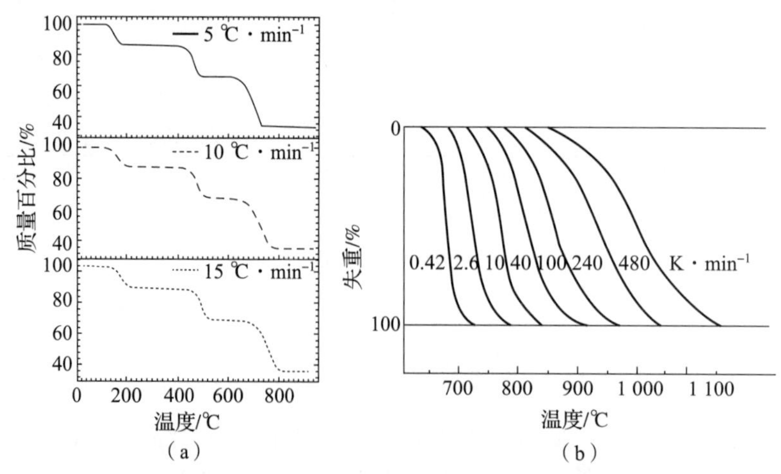

图 2－8　不同升温速率对热重曲线的影响

（a）氮气流量为 20 mL/min 时，15 mg $CaC_2O_4 \cdot H_2O$ 在不同升温速率条件下的热重曲线；

（b）静止空气气氛下，8 mg $CaCO_3$ 在不同升温速率条件下的热重曲线

4. 其他影响因素

首先，试样在升温过程中，总伴随吸热或放热现象，使温度偏离线性程序升温，改变 TG 曲线位置，试样量越大，这种影响越大。对于热重过程产生气体的少量试样才有利于气体产物的扩散和试样内温度的均衡，从而减小温度梯度，降低试样温度与环境线性升温的偏差，因此实验时应根据天平的灵敏度，选择合适的试样用量。其次，试样的粒度不能太大，否则将影响热量的传递；而粒度太小，开始分解的温度和分解完毕的温度都会降低，粒度大小对化学分解反应影响较大，而相转变受试样粒度影响较小，实验中应尽量采用粒度相近的试样。再次，样品应均匀分布于坩埚底部，防止样品溢出；堆砌松散的试样颗粒之间有空隙，试样导热变差，应以紧密堆积为主；坩埚对试样、中间产物、最终产物和气氛均为惰性，防止坩埚参与反应，影响准确度或破坏仪器设备。最后，挥发物冷凝不仅重量测试不准确，还会污染设备，因此热重测试中需全程通保护性气体，同时应注意试样性质，避免产物气体具有腐蚀性，污染损坏设备。

2.1.4　热重分析法的应用

热重分析法的重要特点是定量性强，能准确地测量物质的质量变化及变化的速率，可以说，只要物质受热时发生质量的变化，就可以用热重分析法来研究其变化过程。目前，热重分析法已在诸多领域得以应用：①无机物、有机物及聚合物的热分解；②金属在高温下受各种气体的腐蚀过程；③固态反应；④矿物的煅烧和冶炼；⑤液体的蒸馏和汽化；⑥煤、石油和木材的热解过程；⑦含湿量、挥发物及灰分含量的测定；⑧升华过程；⑨脱水和吸湿；⑩爆炸材料的研究、反应动力学的研究、发现新化合物、吸附和解吸、氧化还原稳定性等研究。其典型应用实例如下。

1. 含量测定

样品中预测定组分的百分含量为 G，则 G 可以用式（2－1）计算：

$$G[\%]=\frac{\Delta m}{m_0}\cdot\frac{M}{n\cdot M_{gas}}\cdot 100\% \tag{2-1}$$

式中，Δm 为质量损失；m_0为原始质量；M 为需测定组分的摩尔质量；M_{gas}为分解失去的气体摩尔质量；n 为每摩尔样品失去的气体摩尔数。

例如，测定石灰石中的碳酸钙含量。TG 测试样品质量 $m_0=10.136$ mg，以 20 ℃/min 升温至 900 ℃，质量损失 $\Delta m=4.243\,9$ mg。每个 $CaCO_3$分子加热分解产生一个 CaO 分子和一个 CO_2分子，因此每摩尔样品失去的气体摩尔数 $n=1$。碳酸钙摩尔质量 $M=100$ g/mol，CO_2摩尔质量 $M_{gas}=44$ g/mol，那么根据百分含量 G 的计算公式，可得石灰石样品中碳酸钙含量为 95.16%。当预测定含量的组分发生完全燃烧或分解成挥发性组分，即属于无残留反应时，热重测定质量损失与原始质量之比即为测定组分百分含量。

2. 反应转化率测定

热重曲线中，失重或增重台阶变化均对应相应的化学反应，假定每个台阶对应单一反应，则反应转化率 α 只与温度 T 有关，可表示为

$$\alpha(T)=\frac{\Delta m_T}{\Delta m_{tot}} \tag{2-2}$$

式中，Δm_T为温度 T 时的失重量；Δm_{tot}为热重曲线上每个失重台阶高度。图 2－9 为草酸钙分解的 TG 曲线，其中 350 ℃至 600 ℃为草酸钙失去 CO 生产碳酸钙，根据该温度段对应的台阶，可计算不同温度对应的反应转化率。从 350 ℃时的 0% 开始到 600 ℃时 100% 结束。

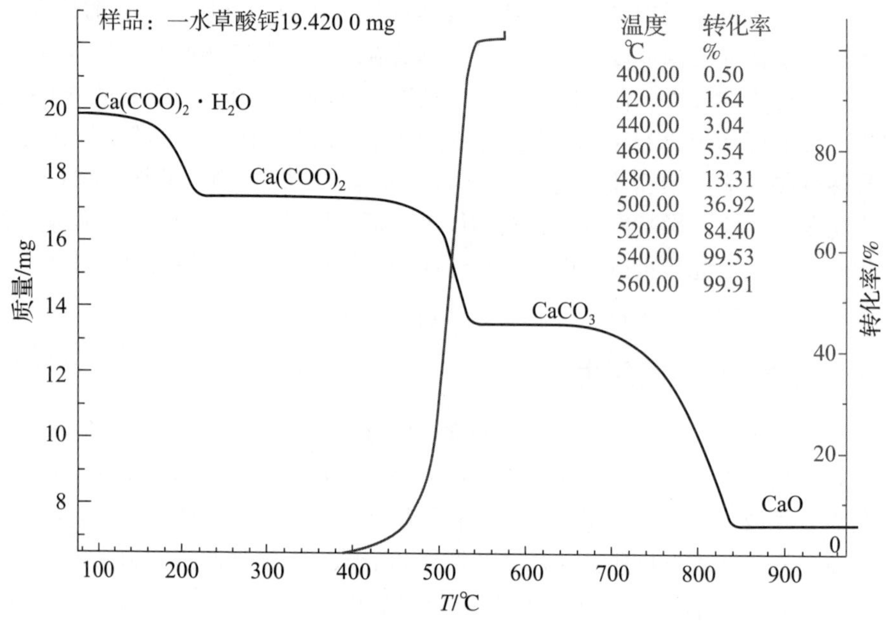

图 2－9　草酸钙分解的 TG 曲线

2.2　X 射线衍射

X 射线是介于紫外线和 γ 射线之间的电磁波，波长较短（0.01～100 Å），于 1895 年由德国物理学家 W. K. 伦琴发现，是高速电子冲击固体时从固体上发射出来的一种射线。X 射线可以揭示晶体内部原子排列情况，用于研究各类催化剂。X 射线衍射（X－ray diffraction，XRD）分为单晶衍射和多晶衍射，目前催化材料大多为多晶物质。下面主要介绍多晶 X 射线衍射的原理及应用。

2.2.1　XRD 仪的基本原理及结构

多晶衍射中，为了保证足够多的晶体产生衍射，一般采用粉末样品，也称粉末法 X 射线衍射。粉末样品由无数个小晶粒无序堆积组成，多种晶体随机分布，当单色光照射多晶样品时，产生多晶衍射图。以图 2－10（a）中的晶体结构为例，当 X 射线进入一组平行的相邻晶面时，部分 X 射线会产生对称反射，即入射射线和反射射线与相应晶面的夹角皆为 θ，而没有被反射的射线则进入相邻的晶面产生反射，根据几何知识可知，这两个相邻晶面的光程差为 $2d\sin\theta$，如图 2－10（b）所示。在晶体产生衍射的必要条件是相邻两晶面的光程差为射线波长（λ）的整数倍，即

$$2d\sin\theta = n\lambda,\ n = 1,2,3,\cdots \tag{2-3}$$

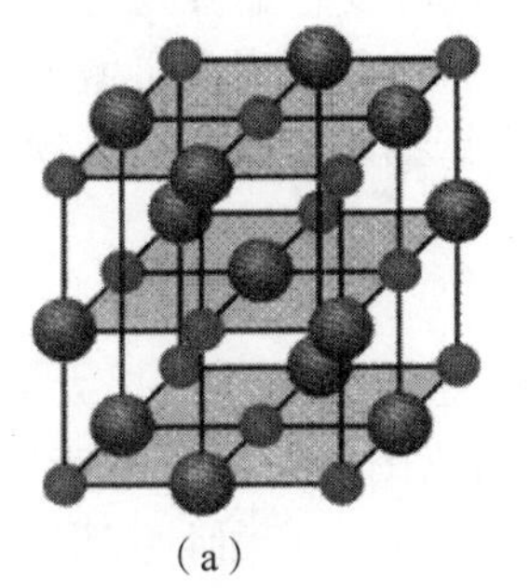
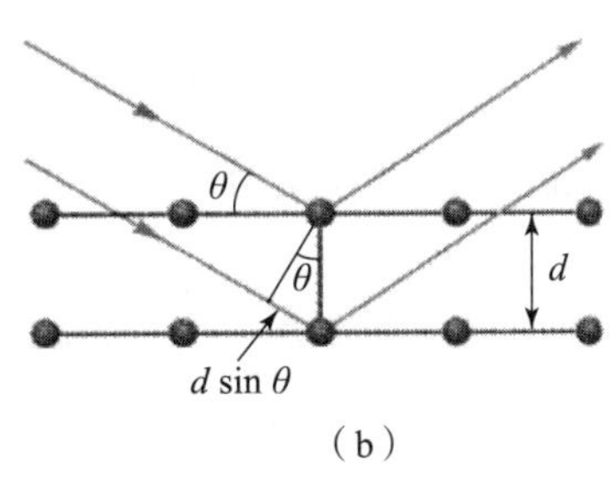

（a）　　　　　　（b）

图 2－10　晶体结构及布拉格方程图示

（a）典型的晶体结构图；（b）布拉格衍射示意图

式（2－3）即为著名的布拉格方程，该方程是晶体衍射的理论基础，常用于揭示未知晶体的结构参数。

根据布拉格方程，不同的晶面，其对应的 X 射线衍射角也不同。因此，通过测定晶体对 X 射线的衍射，就可以得到它的 X 射线粉末衍射图。图 2－11 为 X 射线衍射仪的基本结构，主要由 X 射线发生器、测角仪、探测器、X 射线系统控制装置四部分组成。由 X 射线光源发出 X 单色光照射到样品台的样品上，样品与记录衍射强度 I（2θ）的检测器由测角仪控制器控制从低角度到高角度同步转动，保证 X 射线进入检测器。由 2θ 方向产生的 X 射线进入检测器后使其中的气体电离，游离物质所产生的电流经数据记录和处理系统得到衍射峰强度，即 XRD 图纵坐标。

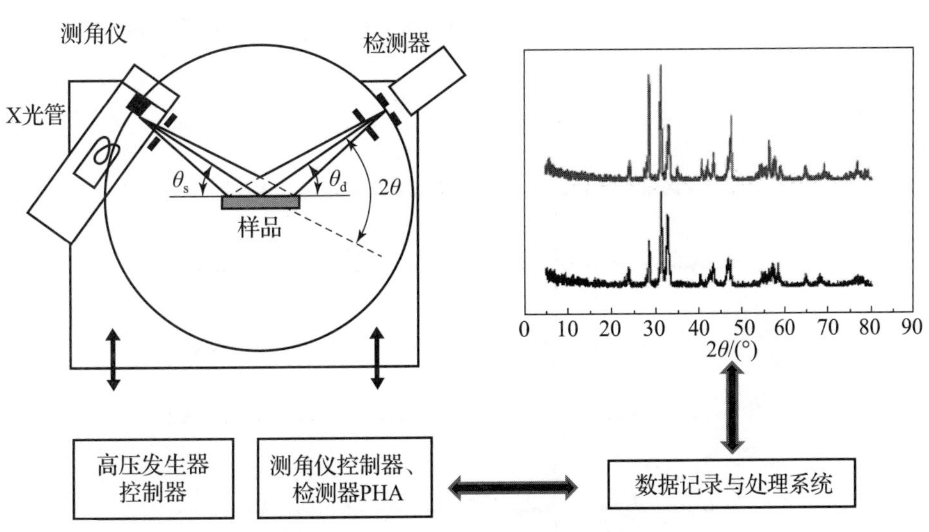

图 2－11　X 射线衍射仪的基本结构

任何一种晶体物质都具有其特定的晶体结构和晶格参数。根据衍射曲线可以计算出晶体物质的特征衍射数据——晶面间距 d 和衍射线的相对强度。国际粉末衍射标准联合委员会（JCPDS）收集世界各国发表的单相结晶物质的 X 光粉末衍射图谱，经过审定、整理、汇编，成为 JCPDS 粉末衍射卡出版发行［现在 JCPDS 卡片已改为 PDF（粉末衍射文件）卡片]。将待测晶体物质数据与已知 X 射线粉末衍射图对照就可以确定待测物质的物相。当多种结晶物质同时产生衍射时，其衍射图形也是各种物质自身衍射图形的机械叠加。逐一比较就可以在重叠的衍射图中剥离出各自的衍射图，分析标定后即可鉴别出各自物相。

2.2.2 XRD 分析与应用

单晶衍射或粉末衍射均可分析物质分子内部原子的空间结构，但是大分子（如蛋白质等）等复杂的很难分析。目前 X 射线粉末衍射的应用范围包括：①判断物质是否为晶体，是何种晶体物质及其晶体类型；②计算物质结构的应力，定量计算混合物质的比例及其晶体结构数据；③和其他专业相结合，通过晶体结构来判断物质变形、性质变化、反应程度等，具有更广泛的用途。下面就物相分析、晶粒尺寸计算及晶胞参数计算三种主要用途进行介绍。

1. 物相分析

每种晶体的原子均有特定排布方式、特定的晶面间距 d 值，反映到 XRD 图中表现为晶体的谱线有特定的位置、数目和强度，其中强度比较明显的特征线可作为该晶相的特征衍射线。每种特征线对应特定的物质，类似每个人的指纹，一一对应。目前 PDF 卡已经收集了几万种化合物的晶体物相数据。将未知样品的 XRD 图与标准 PDF 卡片对照，其中三条最强的衍射线的 d/n 和相对强度值在 d 值误差范围内，就可以认为性质一致，确定被测物质的物相。图 2－12 为 $La_{0.8}Ca_{0.2}Cr_{1-x}Cu_xO_3$（$x=0$、0.1、0.2、0.3、0.4、0.5，$LCCC_x$）粉体的 XRD 图与 PDF 标准卡片的对比，从图中可以看出，每个比例的粉体都呈现出明显的钙钛矿结构，与 PDF 卡片#86－1134 的特征峰具有良好的对应关系。但是，当 Cu 的掺杂量大于 0.3 时，由于 Cu 没有完全掺杂进入 $LCCC_x$ 粉体中，出现了少量的铜的化合物的杂峰。

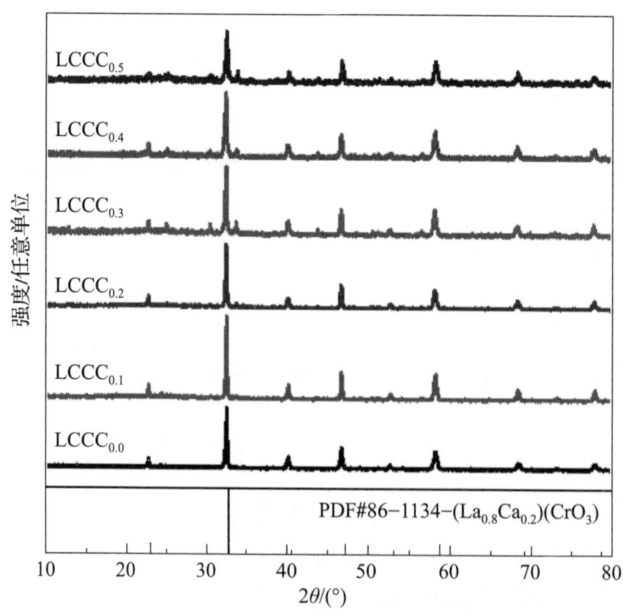

图 2－12　$La_{0.8}Ca_{0.2}Cr_{1-x}Cu_xO_3$ 粉体的 XRD 图与 PDF 标准卡片的对比（见彩插）

另外，物质的衍射峰强度会随着物质含量的增加而增加，因此 XRD 谱图可以在一定程度上进行定量分析。定量分析的方法包括外标法、内标法、参比强度法及无标样定量法。当找到待测物质的纯样品时，使用外标法简单易行，待测物质强度与纯样品强度对比计算可得纯物质含量。外标法的缺点在于待测物与纯样品分两次计算，容易产生误差，需严格控制实验条件的一致性。内标法是指在测试样品中加入一定量与待测物不同的标准样品做内标物，根据内标物确定待测物含量的方法。由于内标法中标准物与待测物存在于同一样品中，因此测试条件一致，准确度较高，但内标法的校正曲线制作较为复杂。参比强度法是在内标法基础上将内标物统一为刚玉，比例系数可以通用。如待测样品中各相的结构参数已知，还可以应用 Rietveld 全谱拟合精修的衍射强度观察值和计算值得到物相含量，即为无标样定量法。

以 ZnO 作为内标物对高镁水泥水化浆体中方镁石进行定量分析。在标准试样中分别掺入质量分数为 2% 的内标物 ZnO 及不同质量分数（2%、4%、6%、8%、10% 和 12%）的纯相 MgO 与 Mg（OH）$_2$，将混合物于玛瑙研钵中充分混合均匀，粒径小于 45 μm，得 6 组试样。将 6 组试样干燥后，按扫描范围为 35°~45°、连续扫描方式、扫描速率为 0.25°/min 的测试条件进行 XRD 测定，6 组试样的 XRD 图谱如图 2－13（a）所示。测定结果利用 Jade 6.0 进行特征峰面积拟合作为衍射峰强 I，以 $I(MgO)/I(ZnO)$ 和 $I(Mg(OH)_2)/I(ZnO)$ 做横坐标，纯相物质 MgO 和 $Mg(OH)_2$ 质量分数做纵坐标，用 Origin 8.0 画拟合曲线，其拟合曲线如图 2－13（b）所示，其拟合方程为 $Y_1 = 0.035\,9 + 3.265\,2X_1$（MgO，$R^2 = 0.994\,3$）和 $Y_2 = 0.735\,5 + 4.467\,9X_2$（Mg(OH)2，$R^2 = 0.993\,0$），拟合曲线具有很好的相关性。

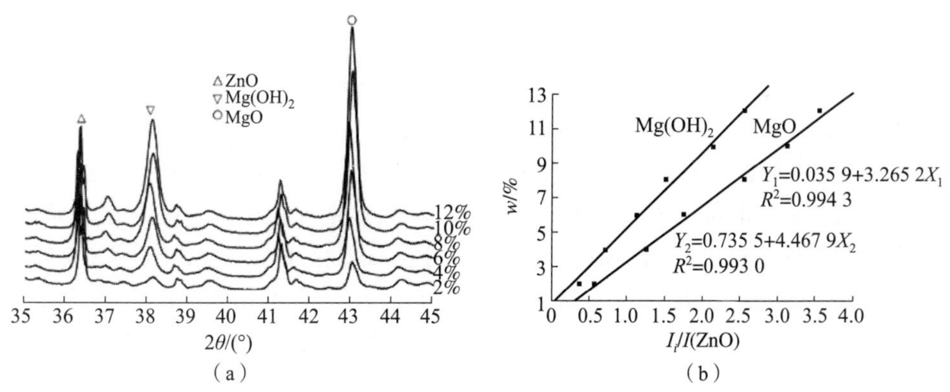

图 2－13　6 组标准试样的 XRD 图谱及 MgO 和 Mg（OH）$_2$ 定量分析的拟合曲线

（a）6 组试样的 XRD 图谱；（b）MgO 和 Mg（OH）$_2$ 定量分析的拟合曲线

对不同温度、不同龄期下高镁水泥进行 X 射线衍射分析，结果如图 2－14 所示。由图 2－14 可得：在相同养护温度下，随着养护龄期的延长，方镁石（MgO，$2\theta = 42.89°$）衍射峰逐渐减弱，水镁石［$Mg(OH)_2$，$2\theta = 37.96°$］衍射峰逐渐增强，说明同一养护温度下，养护时间越长，方镁石转化成水镁石的量就越多。图 2－14（a）和图 2－14（b）中 3 个龄期的水镁石看不到衍射峰，表明死烧后的方镁石在 20 ℃和 30 ℃养护条件下水化活性很低。而在图 2－14（c）和图 2－14（d）中水镁石的衍射峰增强，伴随着方镁石的衍射峰的减弱，尤其是在 80 ℃养护条件下，同龄期水镁石的衍射峰明显比 20 ℃、30 ℃和 38 ℃养护条件下的要强得多，说明高温促进水镁石的生成。

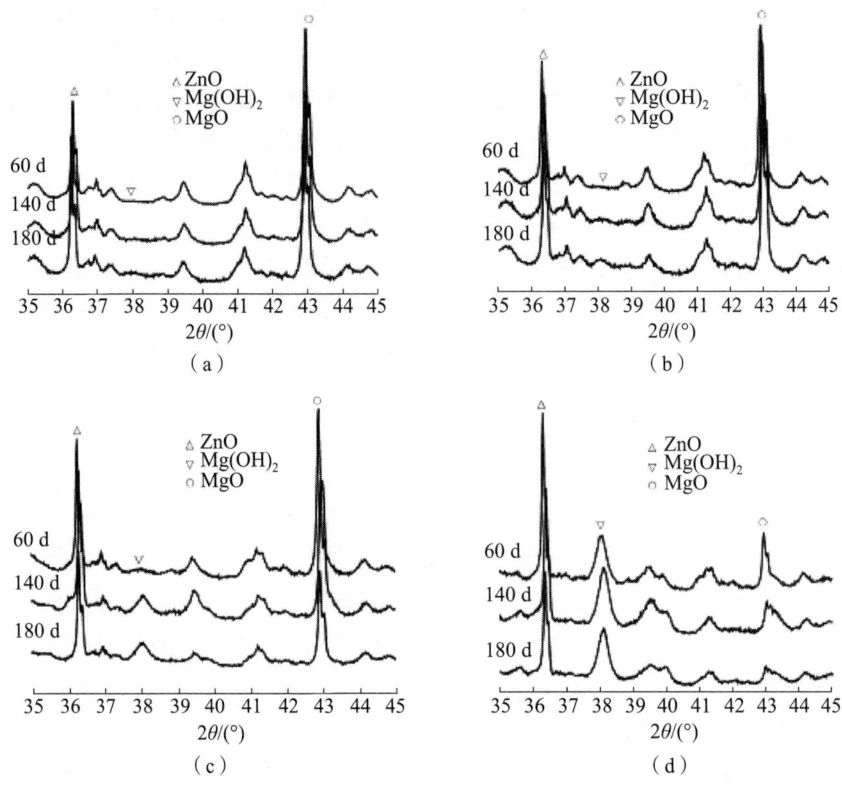

图 2-14　高镁水泥试样在不同养护温度下方镁石水化物的 XRD 图谱

(a) 20 ℃; (b) 30 ℃; (c) 38 ℃; (d) 80 ℃

表 2-2 是利用 XRD 内标法测定的高镁水泥浆体中方镁石、水镁石含量和方镁石水化程度。由表 2-2 可知：在 20 ℃和 30 ℃养护条件下，方镁石转化成水镁石的量太少，未见水镁石衍射峰。只有当方镁石水化达到一定程度、生成较多水镁石时，才可计算水镁石含量。从表 2-2 中也可以看出：在同一温度下，随龄期延长，方镁石含量逐渐减小，对应水镁石的含量逐渐增大。随养护温度升高，方镁石水化速度加快，30 ℃养护条件下水化 180 d，方镁石水化率达 46.66%；38 ℃养护 180 d，方镁石水化率达 64.77%；80 ℃养护条件下，60 d 方镁石水化率为 86.39%，180 d 方镁石水化率达 90.64%，方镁石大部分水化成水镁石。

表 2-2　利用 XRD 内标法测定的高镁水泥浆体中方镁石、水镁石含量和方镁石水化程度

养护温度/℃	龄期/d	w（方镁石）/%	w（水镁石）/%	方镁石水化率/%
20	60	7.12	—	20.30
	140	5.45	—	36.97
	180	5.05	—	41.72
30	60	6.08	—	31.12
	140	5.58	—	38.56
	180	5.20	—	46.66

续表

养护温度/℃	龄期/d	w（方镁石）/%	w（水镁石）/%	方镁石水化率/%
38	60	5.45	1.65	44.02
	140	3.24	2.63	62.40
	180	2.98	2.83	64.77
80	60	1.23	4.69	86.39
	140	0.83	5.16	90.48
	180	0.80	5.86	90.64

注："—"表示水镁石含量太少，衍射峰低，从而无法定量。

2. 晶粒尺寸计算

对于单一无限大晶体，其衍射线为很细的一条谱线。由诸多细小晶粒组成的样品中，有序排列的小单晶在某一晶面法线方向上的平均厚度，称为晶粒的平均粒度。晶粒尺寸较小，会使实际产生的衍射线变宽，它们之间可以满足谢乐公式（2－4）：

$$D = k\lambda / (\beta\cos\theta) \tag{2-4}$$

式中，D 为晶粒大小；k 为常数，取值 0.89；β 为衍射峰半峰宽。谢乐公式适用范围为晶粒尺寸在 1～100 nm 范围，30 nm 左右结算误差最小。图 2－15 为不同 Ni 含量 Ni/$\gamma-Al_2O_3$催化剂的 XRD 谱图。从图中可以看出，Ni 含量为 21 mass% 的 Ni/$\gamma-Al_2O_3$的 Ni 晶粒的衍射峰强度明显增加，说明该催化剂由 NiO 还原为 Ni 过程中，晶粒发生聚集。根据式（2－4），计算不同含量 Ni/$\gamma-Al_2O_3$催化剂的平均粒径，如表 2－3 所示。由表可知 Ni 晶粒大小随着 Ni 含量的增加而增加。

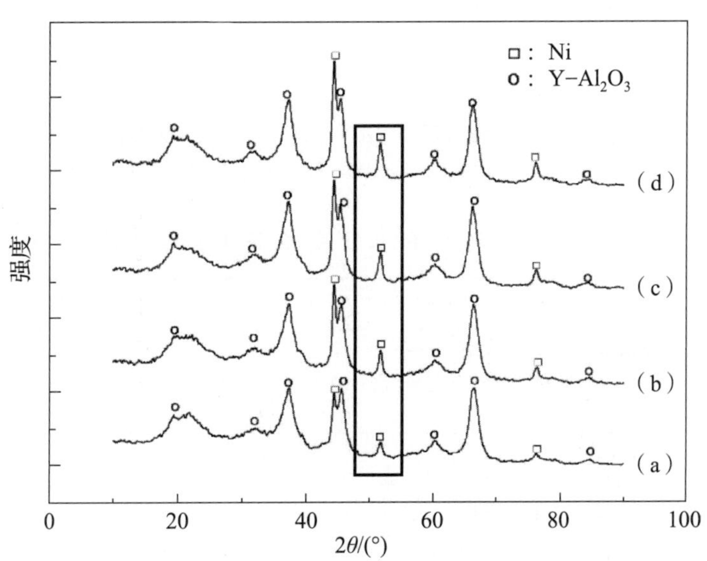

图 2－15　不同 Ni 含量 Ni/$\gamma-Al_2O_3$催化剂的 XRD 谱图

（a）10 mass%；（b）13 mass%；（c）17 mass%；（d）21 mass%

表 2-3　不同 Ni 含量 Ni/γ-Al_2O_3催化剂晶粒尺寸

Ni 含量/mass%	10	13	17	21
Ni 晶粒尺寸/nm	6.08	6.28	6.34	6.39

3. 晶胞参数计算

图 2-16（a）为在马弗炉中 1 050 ℃煅烧后的 $Sr_{2-x}Fe_{1.4}Ni_{0.1}Mo_{0.5}O_{6-\delta}$（$x=0\sim0.1$，$Sr_{2-x}$FNM）氧化物 XRD 图谱，所有的样品都呈纯相钙钛矿结构，没有其他杂相生成，图谱中的衍射峰属于正交相结构 pnma 空间群。随后使用 GSAS 软件对不同 A 缺位的晶体晶胞参数进行精修，如图 2-16（b）和表 2-4 所示，一般认为 R_p、R_{wp}的数值小于 15%，方差χ^2小于 5（峰形符合的条件下越小越好）的精修结果可以被接受。由表 2-4 可知，Sr_{2-x}FNM 材料的结构精修数据是可靠的。随着 Sr 缺位程度的增加，部分阳离子之间距离变小，使得库仑排斥力增强；另外 FeO_6八面体的分布使晶格无序性增强，最终导致了晶胞参数 a、b、c 和体积 V 增大。

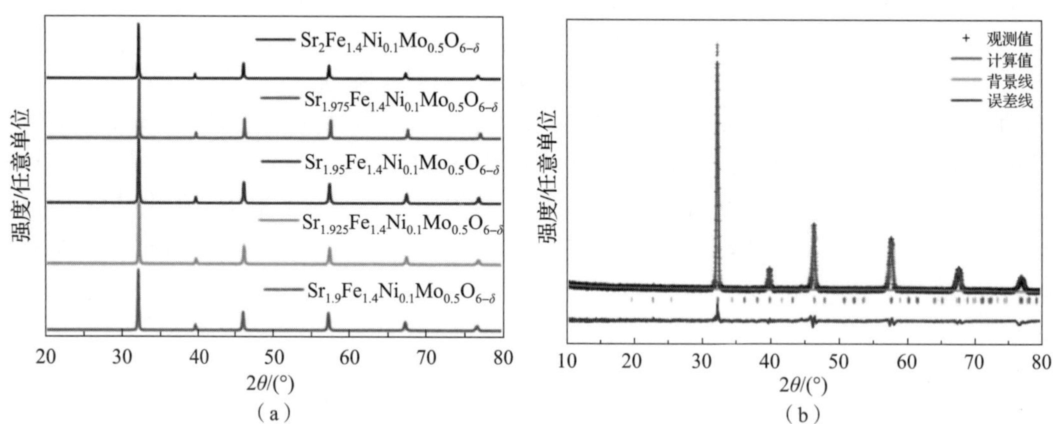

图 2-16　Sr_{2-x}FNM 样品在空气中煅烧后的 XRD 图谱及 Sr_{2-x}FNM 样品 XRD 精修图（见彩插）

（a）Sr_{2-x}FNM（$x=0\sim0.1$）样品在空气中煅烧后 XRD 图谱，（b）Sr_{2-x}FNM 样品 XRD 精修图

表 2-4　Sr_{2-x}FNM（$x=0\sim0.1$）样品 XRD 晶体结构精修结果

参数	2	1.975	1.95	1.925	1.9
a	5.536(4)	5.537(7)	5.539(4)	5.544(1)	5.550(3)
b	7.820(3)	7.829(3)	7.830(5)	7.836(5)	7.843(1)
c	5.556(3)	5.548(2)	5.554(4)	5.559(5)	5.564(8)
V	240.3(2)	240.5(5)	240.9(3)	241.5(1)	242.2(1)
R_{wp}/%	5.54	6.62	5.83	6.05	8.37
R_p/%	4.01	4.36	4.21	4.38	4.72
χ^2	1.884	2.367	1.915	2.139	2.661

2.3　扫描电子显微镜

2.3.1　SEM 基本原理及结构

扫描电子显微镜简称扫描电镜，基本结构可分为镜筒部分、扫描系统、样品室、样品所产生的信号收集、处理和显示系统、真空系统、计算机控制系统以及电源系统，如图 2-17 所示。镜筒部分是 SEM 测试系统的核心，包括电子枪、聚光镜、物镜、物镜光栅、合轴线圈等。扫描系统是获得样品形貌的关键，扫描系统由同步扫描信号发生器、放大倍率控制电路和扫描线圈组成。进行 SEM 测试时，需要将样品放入样品室，其在工作时需要保持真空环境，真空是为了保证扫描电子显微镜电子光学系统的正常工作，防止样品的污染，延长灯丝寿命，避免极间放电等问题，真空度一般在 1.33×10^{-3}~1.33×10^{-2} Pa。

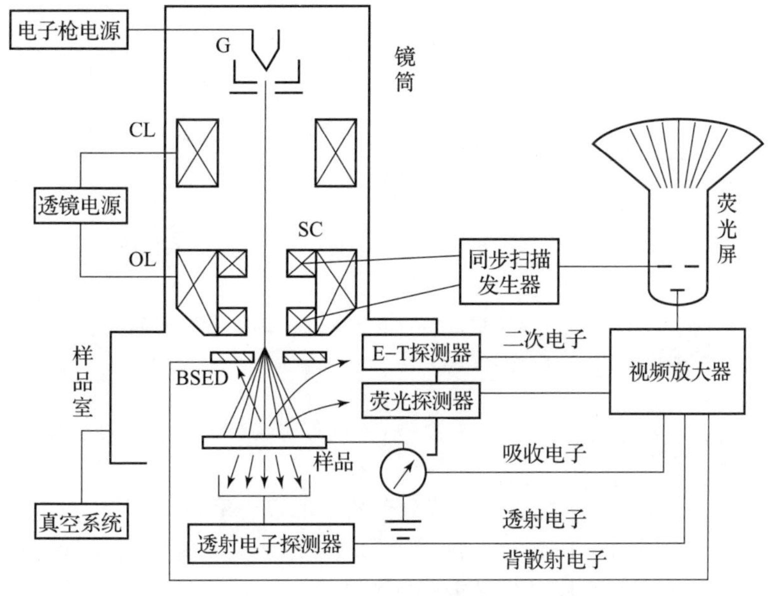

图 2-17　扫描电镜结构

G—电子枪；CL—聚光镜；OL—物镜；SC—扫描线圈；
BSED—背散射电子探测器

SEM 基本原理是用细聚焦的电子束轰击样品表面（电子束直径最小可达 1~10 nm），通过电子与样品相互作用产生的二次电子、背散射电子等对样品表面或断口形貌进行观察和分析。如图 2-18（a）所示，由电子枪发出的一束细聚焦的电子束轰击试样表面时，入射电子与试样的原子核和核外电子将产生弹性或非弹性散射作用，并激发出反映试样形貌、结构和组成的各种信息，有二次电子、背散射电子、阴极发光、特征 X 射线、俄歇过程和俄歇电子、吸收电子、透射电子等。其中，俄歇电子能谱仪可以检测俄歇电子信号，透射电镜可以检测透射电子信号，SEM 可以检测二次电子、背散射电子、X 射线等信号。如图 2-18（b）所示，二次电子是指在入射电子束作用下被轰击出来并离开样品表面的样品的核外层电子。

二次电子的能量较低，一般都不超过 50 eV。大多数二次电子只带有几个电子伏的能量，一般都是在表层 5~10 nm 深度范围内发射出来的，它对样品的表面形貌十分敏感，因此，能非常有效地显示样品的表面形貌。背散射电子是被固体样品中的原子反弹回来的一部分入射电子。弹性背散射电子是指被样品中原子核反弹回来的、散射角大于 90°的入射电子，其能量没有损失。入射电子和样品核外电子撞击后产生非弹性散射，不仅方向改变，能量也不同程度地损失，如果逸出样品表面，就形成非弹性背散射电子。可进行微区成分定性分析。当样品原子的内层电子被入射电子激发，原子就会处于能量较高的激发状态，此时外层电子将向内层跃迁以填补内层电子的空缺，从而使具有特征能量的 X 射线释放出来。用 X 射线探测器测到样品微区中存在一种特征波长，就可以判定这个微区中存在着相应的元素，这就是 X 射线能谱分析（energy dispersive spectrum，EDS）测定判定元素成分的基本原理。

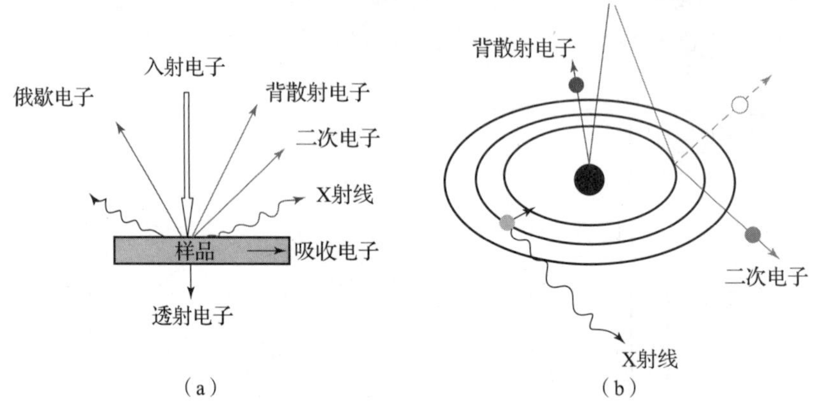

图 2-18　电子与样品的相互作用原理图（见彩插）

（a）电子与样品相互作用产生电子信号的示意图；（b）电子与核外电子作用示意图

2.3.2　SEM 分析与应用

现在 SEM 都与 EDS 组合，可以进行成分分析。所以，SEM 也是显微结构分析的主要仪器，已广泛用于材料、冶金、矿物、生物学等领域。图 2-19 为不同样品表面二次电子的激发过程示意图。电子束照射至样品尖端或小颗粒表面时，激发的二次电子数量较多，二次电子信号强，照片较亮。而当电子束照射至样品侧面或凹槽处，二次电子会被吸收，照片较暗，据此可以判断样品表面的微观结构。下面就 SEM 与 EDS 的两种应用案例进行简单介绍。

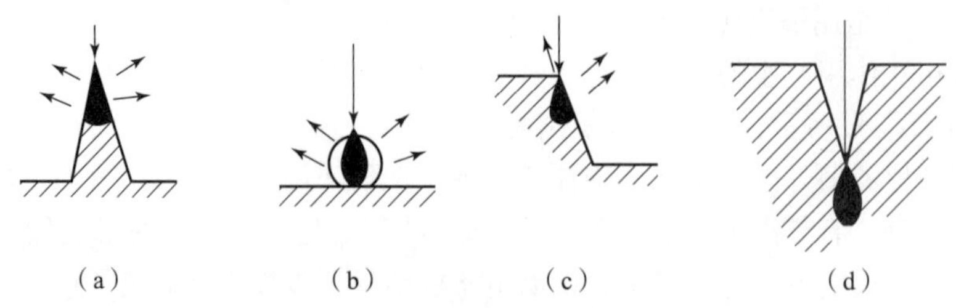

图 2-19　不同样品表面二次电子的激发过程示意图

（a）尖端；（b）小颗粒；（c）侧面；（d）凹槽

1. 用于材料微观形貌表征

为提高花瓣状 GDC（$Gd_{0.02}Ce_{0.8}O_{1.95}$）微球（FGDC）的电子导电性能，利用液相包覆技术，按 5 mol% 的比例，在 FGDC 表面包覆一层 $Sr_2Fe_{1.4}Ni_{0.1}Mo_{0.5}O_{6-\delta}$（SFNM）前驱体，并在空气下 750 ℃煅烧 5 h 制备得到 SFNM@ FGDC 复合材料。图 2－20 为包覆后的 SFNM@ FGDC 在空气中煅烧成相后的 SEM 及相应的元素面分布图。包覆后 FGDC 表面覆盖着许多纳米颗粒物质且相对粗糙，但 GDC 微球花瓣状的形貌仍然可以很清晰地观察到。这充分地表明了 SFNM 纳米颗粒成功地包覆到 FGDC 的表面，且这种包覆作用没有破坏 FGDC 的结构。分析其原因，是 FGDC 具有一个特殊的花瓣状形貌，表面有许多的片层结构，能够为 SFNM 氧化物在其表面的整合和包覆提供充足的空间。此外，对应的元素面分布图显示在包覆后的复合物中，Sr、Fe、Ni 和 Mo 元素均匀地分散在 FGDC 的表面，再次证明 SFNM 氧化物包覆到 FGDC 基体上。

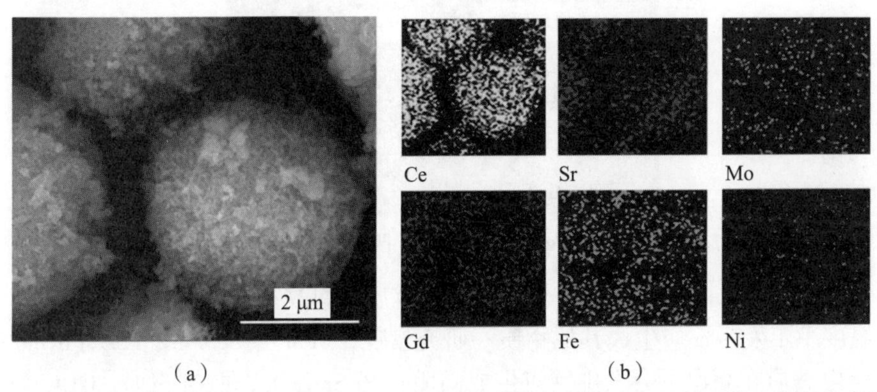

图 2－20　包覆后的 SFNM@FGDC 在空气中煅烧成相后的 SEM 及相应的元素面分布图

（a）SEM；（b）元素面分布图

除了上述应用外，SEM 在一维纳米材料形貌研究方面也有广泛应用。图 2－21（a）为采用静电纺丝法制备的 $MnCo_2O_4$尖晶石前驱体，从图中可以发现纳米纤维具有光滑的表面和均匀的直径分布，直径为 350 nm 左右；将纳米纤维前驱体在空气中高温（600 ℃）煅烧后，表面光滑的纳米纤维转化为如图 2－21（b）所示的一维纳米管材料。

图 2－21　煅烧前后纳米纤维的 SEM 图

（a）$MnCo_2O_4$ 尖晶石前驱体；（b）煅烧后的 $MnCo_2O_4$ 尖晶石纳米管

2. 用于器件微观结构表征

SFM（$Sr_2Fe_{1.5}Mo_{0.5}O_{6-\delta}$）阴极材料单电池 SEM 截面图如图 2－22 所示。从图中可以明

显看到致密 ScSZ 电解质层（氧化钪 Sc_2O_3（11mol%）稳定的氧化锆 ZrO_2，$(Sc_2O_3)_{0.11}(ZrO_2)_{0.89}$，ScSZ）、$Sm_{0.2}Ce_{0.8}O_{1.95}$（SDC）阻挡层（厚度分别大约在 10 μm 和 8 μm）以及多孔 NiO－ScSZ 阳极和 SFM 阴极层（厚度大约在 40 μm），电解质层非常致密，没有任何裂纹，达到了 SOFC（solid oxide fuel cell，固体氧化物燃料电池）电解质的要求，阴极和 SDC 阻挡层与电解质的接触良好。

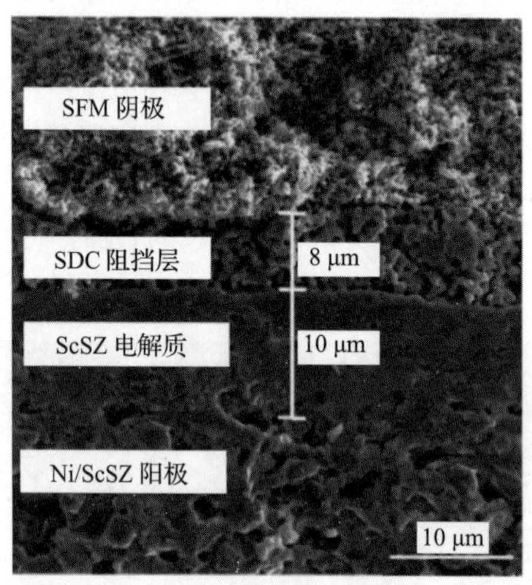

图 2－22　SFM（$Sr_2Fe_{1.5}Mo_{0.5}O_{6-\delta}$）阴极材料单电池 SEM 截面图

作为 SOFC 阴极材料，SFM 必须与所用的电解质材料具有良好的化学兼容性，即烧结过程和操作温度下不发生反应生成其他物质。研究发现，SFM 与 ScSZ 或 YSZ（8 mol% 稳定的氧化锆）等电解质在高温下会发生反应生成高阻抗相 Sr_2ZrO_4，但与 SDC、GDC 等电解质则不会发生化学反应，为进一步确定 SDC 阻挡层与 ScSZ 的兼容性，对 SDC 阻挡层和 ScSZ 电解质断面进行了 SEM 和 EDS 测试，结果如图 2－23 所示。从图中可以明显看出，ScSZ 与 SDC 间没有任何元素的扩散，即其间不会发生高温反应。

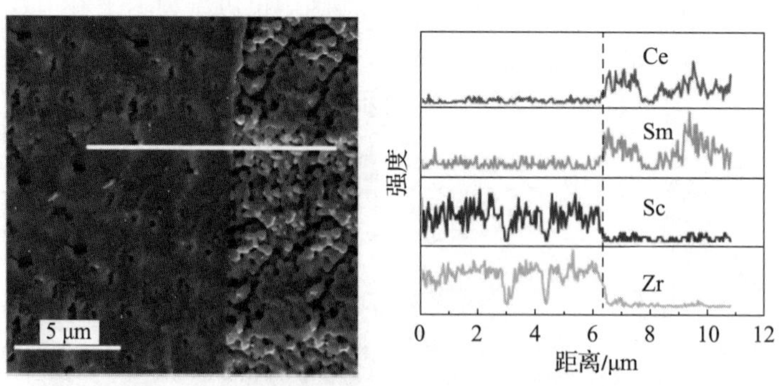

图 2－23　阻挡层 SDC/电解质 ScSZ 截面 SEM 与 EDS 线性扫描谱图（见彩插）

2.3.3　影响 SEM 图像的因素

原子序数是影响 SEM 图像的主要因素，电子束射入重元素样品中时，作用体积不呈滴状，而是半球状。电子束进入表面后立即向横向扩展，因此在分析重元素时，即使电子束的束斑很细小，也不能达到较高的分辨率。此时，二次电子的分辨率和背散射电子的分辨率之间的差距明显变小。在其他条件相同的情况下（如信号噪声比、磁场条件及机械振动等），电子束的束斑大小、检测信号的类型以及加速电压是影响扫描电子显微镜分辨率的三大因素。如高加速电压下，电子束作用于样品的表面的深度和宽度明显增加，可以激发更多的二次电子，图像变得更加清晰。SEM 样品可以是自然面、断口、块状、粉体、反光及透光光片，对不导电的样品需蒸镀一层 20 nm 的导电膜。对于导电性差的高分子样品，需采用较低电压、快速完成样品检测，以避免长时间聚焦导致电子聚集而破坏样品的表面结构。

2.4　物理吸附与化学吸附分析

2.4.1　吸附原理与类型

吸附是指气体或液体在固体表面上，或者气体在液体表面上的富集过程。被吸附的气体或液体称为吸附物或吸附质，起吸附作用的固体或液体称为吸附剂。产生吸附的推动因素主要源自相界面区域内可变的相互作用力——表面“自由”价，断裂（悬挂）键。相互作用力的特性取决于吸附体系，主要包括范德华、离子（静电）、共价键、金属等作用力。离子、共价键和金属作用与化学键强度相当，约为 80 ~ 300 kJ/mol。在一定条件下，吸附与脱附的速率保持相等，这时吸附剂表面的吸附量恒定不变，称为达到吸附平衡。从微观的角度看，吸附平衡是一个动态的过程，吸附与脱附过程不断进行，只不过达到平衡时有 $r_{吸} = r_{脱}$。

根据吸附作用力不同，吸附可分为物理吸附与化学吸附两类。物理吸附是由吸附质与吸附剂之间的物理相互作用力而引起的，如范德华力等，物理吸附的吸附能约 5 ~ 10 kJ/mol；而产生化学吸附的原因是位于吸附剂表面的吸附中心产生的剩余自由价，与吸附质发生相互作用而形成了一定强度的化学键，如图 2 – 24 所示。两类吸附宏观和微观上的主要区别如表 2 – 5 所示。当一种气体与固体催化剂表面接触时便会发生物理吸附，物理吸附技术广泛用于测定催化剂的表面积和孔结构。而化学吸附并不在所有气 – 固表面发生，只有当气体分子与固体表面的活性的点发生化学反应时才能发生，因此化学吸附可以用来研究催化剂表面的活性表面积、催化剂的酸碱性等。

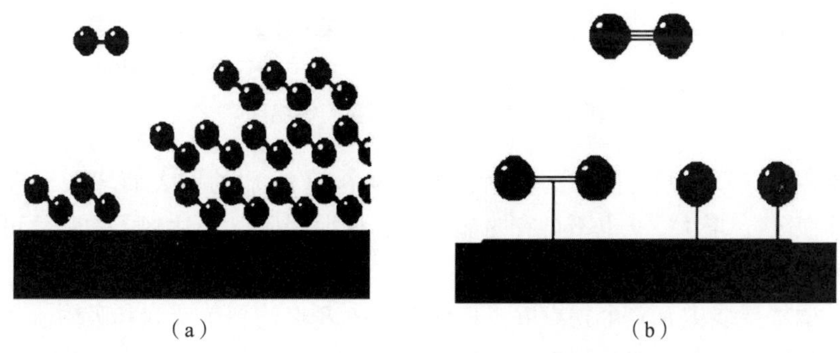

图 2 – 24　物理吸附和化学吸附示意图

（a）物理吸附；（b）化学吸附

表 2-5　物理吸附和化学吸附的区别

吸附类型	化学吸附	物理吸附
吸附热	与化学键强度相当，范围较宽（40~800 kJ/mol），可能出现吸热	与分子量、极性等因素相关（5~10 kJ/mol），与液化热相当，为放热过程
吸附速率	速率较低且需要活化能	不需活化能，速率较高
脱附活化能	大于化学吸附热	约等于冷凝热
温度范围	没有限制，对于已知分子温度范围较窄	接近气体液化点
选择性	有	无
吸附层	单层	多层、单层（超临界吸附）
晶体表面特性	不同晶面变化较大	与表面原子结构无关
吸附特性	通常为解离吸附，且不可逆	非解离吸附，可逆

2.4.2　物理吸附分析与应用

1. N_2 物理吸附法

当气体在固体表面吸附时，保持 T 一定，吸附平衡时的气体吸附量 V(或覆盖度 θ)与 p 的关系方程称为等温吸附平衡方程。实验测定所得 V（或 θ）与 p 的关系曲线，为吸附等温线，是一种最常用的吸附曲线。N_2吸附等温线是指在液氮（77 K）下测量的 N_2吸附的等温线。图 2-25 给出了五种类型的吸附等温线，其中 p_0 为吸附温度下吸附物饱和蒸气压。

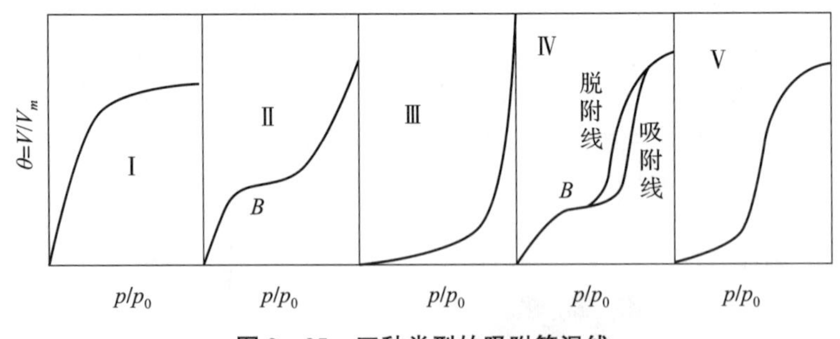

图 2-25　五种类型的吸附等温线

Ⅰ型等温线是典型的微孔固体的吸附，覆盖度 θ 随 p/p_0 的增大而增大，直到达到一最大值，这时即使 p/p_0 增大，θ 也不再有明显变化，说明吸附已经达到了饱和，可认为吸附质粒子在吸附剂表面达到了单层饱和吸附。

Ⅱ型和Ⅳ型等温线中有一个拐点 B，其意义为在 B 点达到单层饱和吸附。B 点之后吸附量的增加是因为吸附质开始在吸附剂中 >1 nm 的小孔中凝聚，随着 p/p_0 的增大，孔中的凝聚液的量也增加。在Ⅳ型线中，B 点之后出现了毛细冷凝现象，脱附线与吸附线分离，形成了一个环，称为滞后环。介孔固体上气体吸附线是典型的Ⅳ型等温线，用于分析、测定吸附剂的表面积和孔结构。

Ⅲ型和Ⅴ型线所代表的两种吸附等温线类型比较少见，其描述的是吸附物在非润湿性吸附剂上的吸附现象。当 p/p_0 较小时，吸附质的吸附较困难，不具备分析表面积和孔结构的价值。但当 p/p_0 增大到一定值时，会出现吸附物的凝聚现象，如毛细冷凝现象。

当温度 T 一定、达到吸附平衡时，用于描述 V 或 θ 与 p 之间关系的方程有以下四个：Langmuir 方程、Freundlich 方程、Temkin 方程和 BET（Brunauer – Emmett – Teller）方程。Langmuir 等温方程适用于单层吸附平衡体系。Freundlich 方程与 Temkin 方程描述的是非理想条件下单层吸附体系 V 或 θ 与 p 的平衡关系。BET 方程适用于多层吸附平衡体系，是测定固体表面积必用方程。

2. BET 法测定比表面积

粉末或多孔固体的比表面积是根据固体表面吸附的气体量来计算的，表面积测量包括所有可以到达内部或外部表面的气体。在范德华力的作用下，固体表面气体的吸附键作用力较弱。为了促进气体在固体表面的吸附，在测量过程中必须将固体冷却，一般冷却至吸附气体的沸点。氮气通常被用作吸附物，需要将固体温度冷却至液氮温度（77. 35 K）。

气体吸附法是一种测量精度最高、应用性最广的表面积测量方法。BET 法利用物理吸附原理测量固体材料的比表面积，成为比表面积测定的标准，BET 公式良好地吻合了许多吸附体系的实验数据，并且 BET 理论可以准确预测吸附与温度的相关性。BET 模型基于多层吸附理论，建立在以下条件上：吸附剂具有理想的均匀的表面；吸附是多层吸附；除第一层吸附粒子与吸附剂、催化剂作用外，其他层都为同种吸附物分子的相互作用，产生的吸附热为冷凝热；在平衡条件下，每层吸附物之间达到平衡，最后与气相达到平衡；同层吸附粒子之间无作用力或者作用力可以忽略。

基于以上条件，推导获得了 BET 等温方程（2 – 5）：

$$\frac{p}{V(p_0-p)}=\frac{1}{V_mC}+\frac{C-1}{V_mC}\times\frac{p}{p_0} \tag{2-5}$$

式中，p 为平衡压力；V 为在 p/p_0 时气体的吸附量；p_0 为吸附平衡时对应温度下吸附质的饱和蒸气压；V_m 为单层吸附饱和时吸附气体体积；C 为与温度、吸附热和冷凝热有关的常数。

通过实验测出不同相对压力 p/p_0 下所对应的一组平衡吸附体积 V，再以 $\frac{p}{V(p_0-p)}$ 对 p/p_0 作图，得到一条直线，直线在纵轴上的截距为 $\frac{1}{V_mC}$，斜率为 $(C-1)/V_mC$，于是求得 V_m 和 C，再求得 S_g，如图 2 – 26 所示。实验数据表明，多数催化剂的吸附实验数据按 BET 作图时的直线范围为 p/p_0 在 0. 05 ~ 0. 35 之间。当 p/p_0 = 0. 98 ~ 0. 99 时，N_2 分子充满样品孔道，根据此时被吸附 N_2 的体积即可计算出孔容。

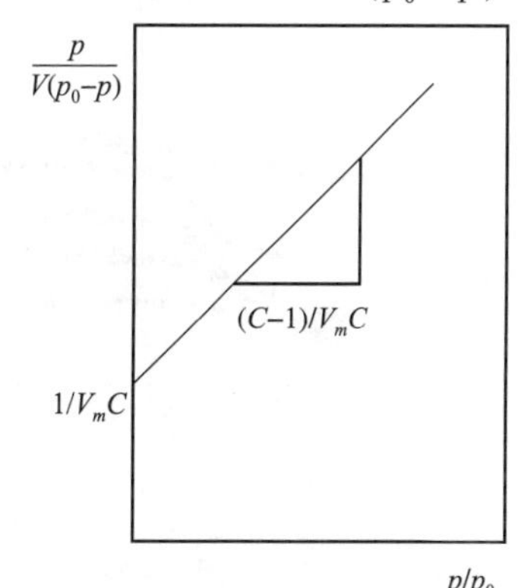

图 2 – 26　BET 法测定比表面积

BET 公式有适用的压力范围，压力过低，实验吸附量高于理论值；压力过高，实验吸附量又偏低，这是因为 BET 理论认为，吸附剂表面是均匀的且吸附分子间无相互作用。虽然 BET 等温式具有一定局限性，但仍是物理吸附研究中应用最多的等温式。

3. BET 法测定孔径大小及其分布

当孔的半径很小时，孔称为毛细管，气体在孔中吸附称为在毛细管中凝聚，当凝聚的液体润湿固体时，液体在细孔中形成弯月面，并且在细孔中凝聚时所需的蒸气压力较低，因此增压时气体先在小孔中凝结，然后才是大孔。孔内凝聚满足 Kelvin 方程（2－6）：

$$\ln \frac{p}{p_0} = -\frac{2\sigma V_1}{rPT} \tag{2-6}$$

式中，p 为孔隙中发生毛细管凝聚时的压力；p_0为在温度 T 下吸附质的饱和蒸气压力；σ 为用作吸附质的液体的表面张力；V_1为吸附质液体的摩尔体积；r 为液体弯月面的平均曲率半径。根据 Kelvin 方程可以计算出一定压力时被充满的细孔的半径。

当 $p/p_0 = 0.98 \sim 0.99$ 时，N_2分子充满样品孔道，可计算出吸附剂内孔全部填满液体的总吸附量，即总孔体积 $V_{孔}$；孔径分布曲线通常采用脱附曲线，从脱附曲线上找出相对压力 p/p_0 所对应的 $V_{脱}$，将其换算为吸附质的液体体积 V_1；由 Kelvin 方程计算出对应的被充满的细孔的半径 r_p，以 $V_1/V_{孔}$对 r_p作图即为孔径分布曲线。

4. N_2物理吸附法应用

物理吸附是由吸附质和吸附剂分子间作用力（范德华力）所引起的。利用物理吸附原理可以测定颗粒粉末等固体材料对气体（或液体蒸气）的吸附量，从而分析得到材料的比表面积以及孔结构等信息，是最常用的微孔和介孔材料的表征方法。物理吸附广泛应用于化学工业、医药工业、石油加工工业、环境保护等部门和领域。

张铭金等研究了掺入 Al、Ti 等杂原子对纯硅 MCM－41 分子筛结构的影响。图 2－27（a）所示为各样品的 N_2吸附等温线，可以看出均为Ⅳ型吸附等温线。除了 Ti－MCM－41 吸脱附回线的滞后环较大、拐点较高，大约在 $p/p_0 = 0.5$ 处，其他样品均为典型的介孔材料吸附等温线，拐点约在 $p/p_0 = 0.3 \sim 0.4$ 处。中等压力段下等温线的拐点与孔径大小相关，拐点对应的 N_2分压越大，孔径越大，与图 2－27（b）孔径分布图一致。结果表明，Al 原子的加入使得 MCM－41 孔径变小，Ti 原子加入使其孔径变大。纯硅 MCM－41 孔径分布曲线峰形尖

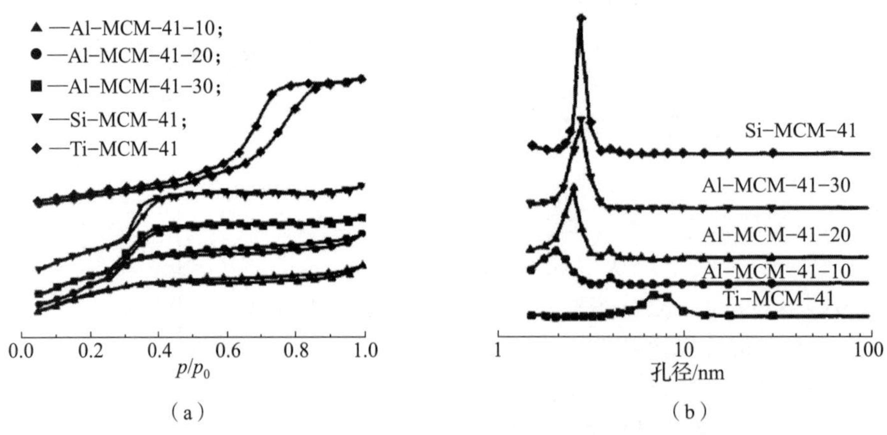

图 2－27　不同元素掺杂的 MCM－41 分子筛的 BET 测试结果图

（a）各样品的 N_2吸附等温线；（b）各试样的孔径分布

锐，孔径约为2.76 nm，加入Al原子后，孔径逐渐减小。Si/Al从30变为10时，Al-MCM-41孔径分布从2.75 nm减小为1.89 nm；试验的比表面积先增加后减小，Si/Al=20时达到最大。

2.4.3　化学吸附分析与应用

1. 化学吸附仪

分子在催化剂表面发生催化反应的众多步骤中最重要的是吸附和表面反应两个步骤，因此要明晰催化过程中催化剂的作用机理，必须对催化剂的吸附性能（化学吸附）和催化性能进行深入研究。而程序升温分析技术是研究催化剂表面分子在温度变化条件下脱附行为和各种反应行为的有效手段之一。图2-28为化学吸附的测试过程示意图，可设置温度、持续时间、爬升速率、环境温度，分析各种复杂的预处理和反应过程。

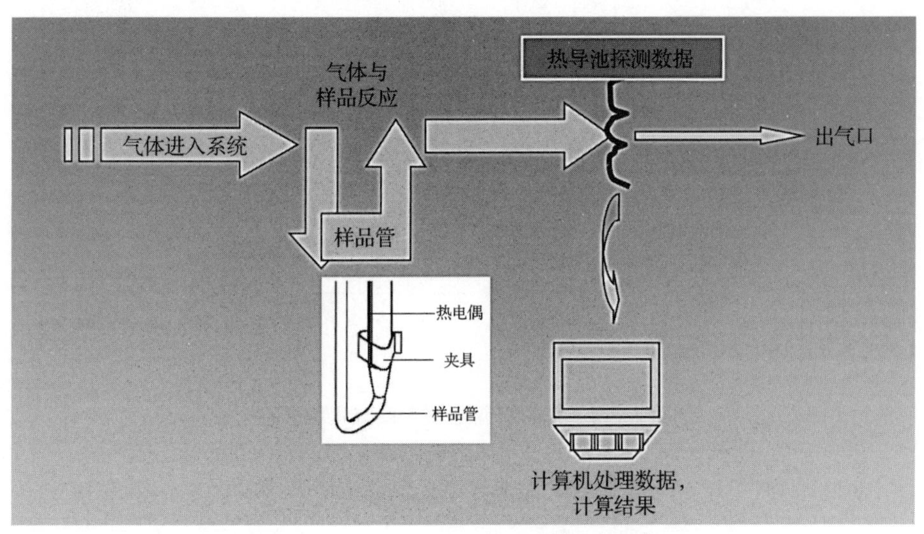

图2-28　化学吸附的测试过程示意图

程序升温技术是一种原位表征技术，可以有效地研究反应或准反应条件下的催化过程。化学吸附设备是重要的研究仪器。它可以在程序升温下进行脱附（temperature programmed desorption，TPD），在程序升温下进行还原（temperature programmed reduction，TPR），在程序升温下进行氧化（TPO）以及在程序升温下进行表面反应（TPSR）。程序升温的分析方法可以获得以下信息。

（1）表面吸附中心的类型、密度和能量分布；被吸附分子和吸附中心的结合能和结合状态。

（2）催化剂活性中心的类型、密度和能量分布；反应分子的动力学行为和反应机理。

（3）活性成分与载体、活性成分与活性成分、活性成分与助催化剂、助催化剂与载体之间的相互作用。

（4）各种催化作用——协同效应、溢流效应、助催化效应、载体效应等。

（5）催化剂的失活和再生。

2. 程序升温脱附

热脱附可用于表征催化剂的表面性质、催化剂与被吸附物之间相互作用的强度、被吸附物在催化剂表面的吸附状态等。E_{des}可以从热脱附实验中获得，而E_{ad}可以从$E_{des}=|Q_{des}|+|E_{ad}|$得到。热脱附的原理是：对于达到吸附平衡的化学吸附体系，当脱附温度升高时，$E_{热运动能}>(E_{des})_{min}$，吸附分子开始脱附，当温度升高到$E_{热运动能}>(E_{des})_{max}$时，吸附物完全从吸附剂表面脱离。通过测量脱附物信号的变化，可以获得脱附物信号与温度T之间的相关曲线，然后通过分析该曲线，就可以获得有关催化剂和催化剂状态的大量信息。对于理想的表面，热脱附曲线是对称的正态分布曲线。对于流动的系统，即为程序升温脱附法，使用热导池或质谱仪测量从催化剂脱出的吸附物信号。图2－29为程序升温脱附实验流程示意图。

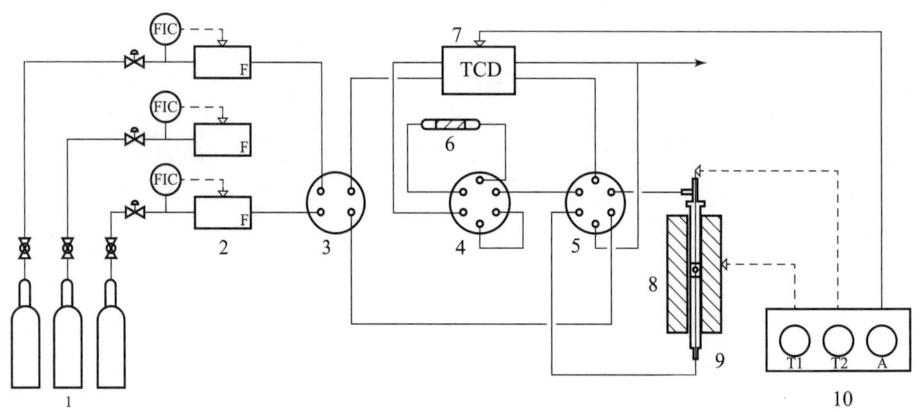

图2－29　程序升温脱附实验流程示意图

1—钢瓶气；2—流量计；3—四通阀；4，5—六通阀；6—干燥器；7—热导检测器；8—电炉；9—反应管；10—控制器

TPD可采用NH_3、O_2、H_2、CO_2等吸附气对材料的表面酸性、表面碱性、金属分散度、载体效应、助催化剂效应等进行表征。

根据碱性吸附物在酸性固体催化剂表面脱附的活化能与脱附温度之间的差异，利用程序升温脱附方法测定固体催化剂表面酸的酸度和强度分布。NH_3－TPD技术是一种动态的原位分析技术，可以提供有关催化剂酸中心类型、酸中心强度、酸性位数量等信息。图2－30显示了具有不同硅铝比的HZSM－5分子位点的NH_3－TPD谱图。图中的每条曲线具有三个峰：α、β和γ，分别对应于弱酸、中强酸和强酸，酸中心位随着硅铝比的增加而减弱。

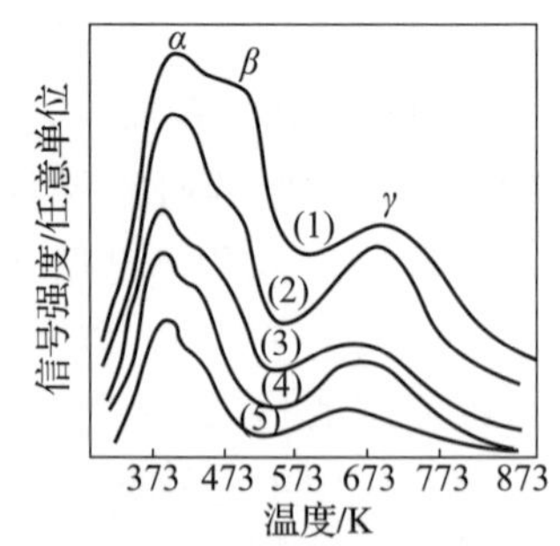

图2－30　具有不同硅铝比的HZSM－5分子位点的NH_3－TPD谱图

（1）HZSM－5（$SiO_2/Al_2O_3=34$）；
（2）HZSM－5（$SiO_2/Al_2O_3=63$）；
（3）HZSM－5（$SiO_2/Al_2O_3=127$）；
（4）HZSM－5（$SiO_2/Al_2O_3=157$）；
（5）HZSM－5（$SiO_2/Al_2O_3=202$）

图2－31为H_2－TPD用于研究重整催化剂中Sn助剂的作用，说明Sn的加入改变了Pt的性质，使之出现了新的强H吸附中心。

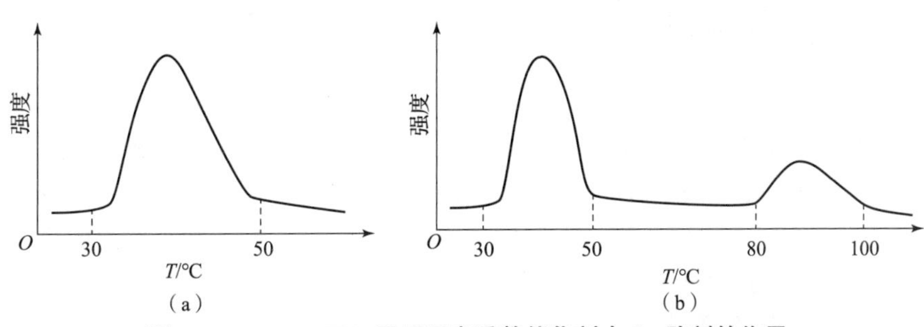

图 2-31　H_2-TPD 用于研究重整催化剂中 Sn 助剂的作用

(a) Pt/Al_2O_3 的 H_2-TPD 图；(b) $Pt-Sn/Al_2O_3$ 的 H_2-TPD 图

3. 程序升温还原

在 TPR 实验过程中，将一定量金属氧化物催化剂置于反应器中，还原性气流（如含低浓度 H_2 的 H_2/Ar 或 H_2/N_2 混合气）保持固定的流速通过催化剂，同时催化剂以恒定速率程序升温，当达到某一温度时，氧化物开始被还原：$MO(s)+H_2(g)\rightarrow M(s)+H_2O(g)$，还原性气流流速保持不变，因而通过催化剂床层后 H_2 浓度的改变量正比于催化剂的还原速率。用检测器连续检测出口气流中 H_2 浓度，得到其变化量，并用记录仪记录下相应的变化曲线，即为催化剂的 TPR 谱图，通过 TPR 实验可得到金属价态变化、金属氧化物与载体间相互作用、两种金属间的相互作用、氧化物还原反应的活化能等信息。TPR 谱图的纵坐标代表消耗氢的速度，横坐标代表还原温度，不同峰代表不同还原中心，曲线下的面积表示还原时氢气的消耗量。

图 2-32 为 $Pt-Al_2O_3$、$Re-Al_2O_3$、$Pt-Re-Al_2O_3$ 催化剂的 TPR 谱图，可以看出 $Pt-Al_2O_3$ 催化剂随再氧化温度升高，TPR 高温峰温度接近新鲜催化剂，但比新鲜催化剂的低；$Re-Al_2O_3$ 随再氧化温度降低，TPR 高温峰接近新鲜催化剂；对于 $Pt-Re-Al_2O_3$，Pt 的作

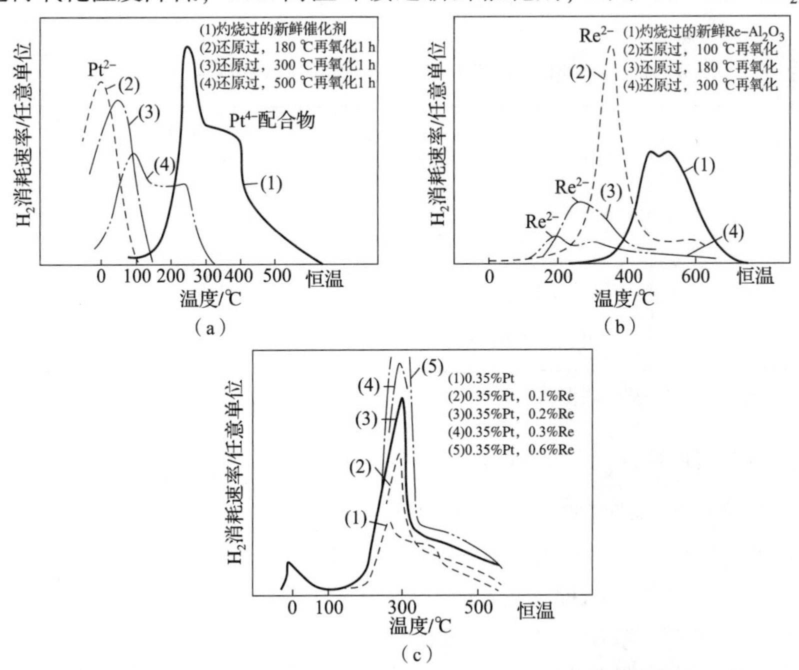

图 2-32　$Pt-Al_2O_3$、$Re-Al_2O_3$、$Pt-Re-Al_2O_3$ 催化剂的 TPR 谱图

(a) $Pt-Al_2O_3$；(b) $Re-Al_2O_3$；(c) $Pt-Re-Al_2O_3$

用使 Re_2O_3 更易还原，Pt 和 Re 之间存在一定的相互作用。

4. 程序升温氧化

TPO 与 TPR 相似，可用于积炭行为的研究。TPO 法是通入 O_2，检测尾气中 O_2 和 CO_2 的含量，不仅可以用来确定催化剂的积炭量、积炭强度，还可以用来研究积炭生成的机理、积炭类型、抗积炭途径等。如 Co－Mo/HZSM－5 催化剂上发生甲烷的无氧芳构化反应后，再对积炭催化剂进行系列程序升温表面反应（如 TPH、$TPCO_2$ 和 TPO 等）评价，不同积炭 Co－Mo/HZSM－5 催化剂样品的 TPO 谱图如图 2－33 所示。经不同处理过程的催化剂在 TPO 过程中出现了两个明显不同的峰，说明催化剂上存在两种与 O_2 反应能力不同的积炭物种。两个峰面积的相对大小即表示不同温度烧掉的积炭量的多少。将 TPO 图谱中得到各积炭的相对含量与 TG 实验中得到的绝对含量相关联，即可计算得到各种积炭的含量。表 2－6 为Co－Mo/HZSM－5 催化剂样品的烧炭峰温及积炭量。积炭催化剂经 $TPCO_2$ 实验后，低温峰积炭明显减少，高温峰处积炭量稍有减少。

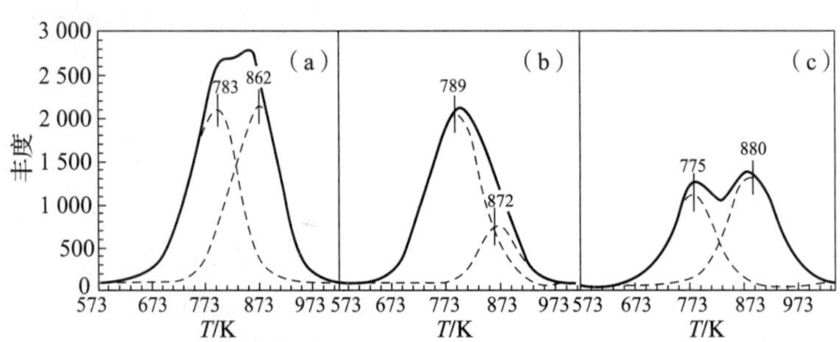

图 2－33　不同积炭 Co－Mo/HZSM－5 催化剂样品的 TPO 谱图

（a）TPO；（b）TPH→TPO；（c）TPH→$TPCO_2$→TPO

表 2－6　Co－Mo/HZSM－5 催化剂样品的烧炭峰温及积炭量

催化剂	处理过程	峰温/K		积炭量/(mg·g^{-1})		
		P_L	P_H	P_L	P_H	总量
Co－Mo/HZSM－5	DMA→TG/TPO	783	862	22	24	46
	DMA→TPH→TG/TPO	789	872	23	11	34
	DMA→TPH→$TPCO_2$→TG/TPO	775	880	7	9	16

注：P_L 表示低温峰，P_H 表示高温峰。

5. 程序升温表面反应

TPSR 将 TPD 和表面反应相结合，在程序升温过程中同时发生表面反应与脱附。TPSR 由于是在反应条件下进行脱附，因此研究的内容是在反应条件下的吸附态、吸附态类型、表征活性中心的性质，考察反应机理等。图 2－34 为 ZnO 催化剂上的 TPSR 曲线。可以看出乙烯在

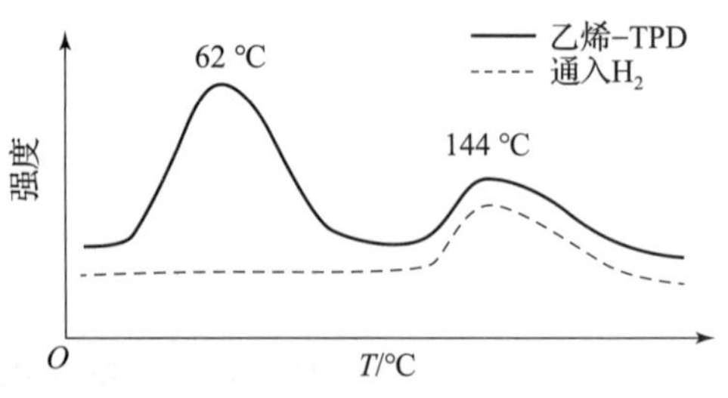

图 2－34　ZnO 催化剂上的 TPSR 曲线

ZnO 催化剂上有两种强度的吸附态：温度为 62 ℃的弱化学吸附，温度为 144 ℃的强化学吸附。室温下，通入 H_2后，62 ℃峰迅速消失，而 144 ℃峰不受影响。

2.5　红外光谱技术与拉曼光谱技术

光和物质之间存在一定的相互作用，分子对光产生吸收、发射或散射，将其对应的强度对频率作图，形成分子光谱。分子光谱包括紫外可见光谱、红外光谱、荧光光谱和拉曼光谱等。分子能够产生光谱的主要原因是分子中电子在不同的状态下运动，同时分子自身的原子核组成的框架也在不停地振动和转动。分子的能级跃迁以光吸收或光辐射的形式表现出来，形成分子光谱。分子光谱可以确定分子的转动惯量、键长及键强度等，是提供分子内部信息的主要途径和研究分子结构的重要手段。下面主要介绍催化领域中常用的红外光谱和拉曼光谱技术及其应用情况。

2.5.1　红外光谱技术与应用

1. 红外光谱原理

红外吸收光谱是将红外线照射试样，试样吸收红外光能量后产生分子振动能级跃迁而形成的光谱。化学物质中含有的化学键的振动需要且只能吸收特定波长的能量，即为化学物质的特征吸收峰。当光透过物质后，特定波长的光会被吸收，而不能被吸收的光则可以通过物质。因此，红外光谱可以用于定性分析，用各种特征吸收图表，找出基团和骨架结构引起的吸收谱带。图 2 -35 为红外光谱仪光学部件的内部构成。在测试过程中，光从光源发射出来，经过干涉仪处理后透过样品，当连续波长照射样品后，样品中的分子会吸收某些波长的光，没有被吸收的光到达检测器，检测器将检测到的光信号经过模数转换，再经过傅里叶变换，就可以得到样品的单光束光谱。从样品的单光束光谱中扣除背景的单光束光谱，就可以得到样品的红外透射光谱。

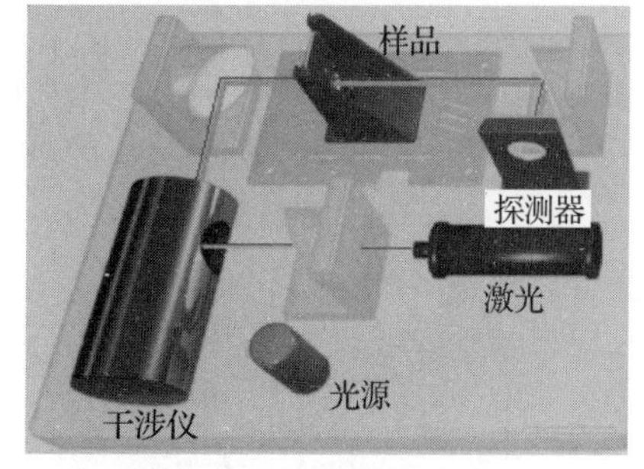

图 2 -35　红外光谱仪光学部件的内部构成

2. 红外吸收光谱的应用

红外吸收光谱是利用物质对不同波长的红外辐射的吸收特性，进行分子结构和化学组成分析。其具体的应用包括：①化合物的鉴定；②未知化合物的结构分析；③化合物的定量分析；④化学反应动力学、晶变、相变、材料拉伸与结构的瞬变关系研究等，广泛应用于卫生检疫、制药、食品、环保、公安、石油、化工、光学镀膜、光通信、材料学等诸多领域。除此之外，红外光谱法还可应用于有机化合物的定性分析和定量分析。

1）定性分析

对于已知物的鉴定，是将样品谱图与标样或文献中的标准谱图进行比较。如果两个光谱的吸收峰的位置和形状相同，峰强度也相同，则表明样品为该标准品，否则两者不相同或样品中有杂质。

确定未知物的结构是红外光谱法分析的重要用途。如果未知物不是新化合物，则可以查看标准谱图，找到与样品谱图相同的标准谱图；或者先进行谱图分析，确定可能的样品结构，再查找标准谱图进行比较。谱图分析通常从基团频率区的最强谱带开始，推测未知物可能包含的基团，并判断不可能包含的基团。找到可能包含基团的相关峰的信息，从而确认相关基团的存在。例如，某挥发性液体化合物，化学式为 C_8H_{14}，其红外光谱图如图 2 - 36 所示。各峰的归宿分析表如表 2 - 7 所示。

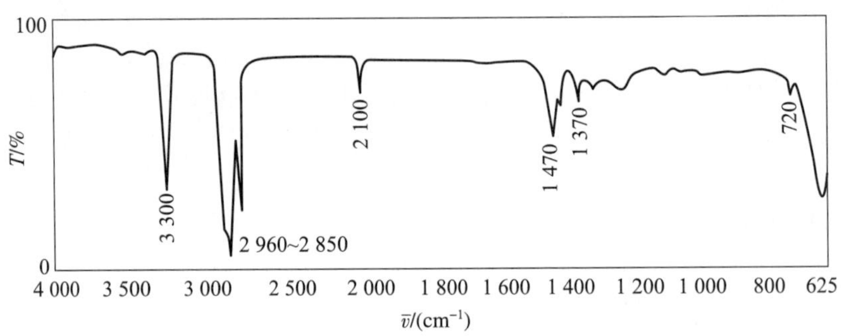

图 2 - 36　某化合物红外光谱图

表 2 - 7　各峰的归宿分析表

ν/(cm^{-1})	归宿	结构	不饱和度	化学式
3 300	ν(C≡C—H) }			
2 100	ν(C≡C) }	-C≡C—H	2	C_2H
625	τ(C≡C—H)			
2 960 ~ 2 850	ν(C—H)			
1 470	δ(C—H) }	$-(CH_2)_n-$		
720	$\rho(CH_2)$	($n\geqslant 5$)		C_5H_{10}
1 370	δ_s(C—H)	$-CH_3$		CH_3

计算出其不饱和度为 2，并且在 3 300 cm^{-1}处有一个强烈而尖锐的吸收峰，表明分子中存在唯一一个 C≡C 键。饱和烃的 C—H 伸缩振动 ν（C—H）的吸收峰都低于 3 000 cm^{-1}。1 470 cm^{-1}处是亚甲基弯曲振动的吸收峰，在 1 370 cm^{-1}处是 -CH 的对称弯曲振动的吸收峰。720 cm^{-1}处的峰是由亚甲基面内摇摆振动引起的特征峰，通常在链中至少有 5 个亚甲基时才会出现。分子中仅剩的一个碳原子就是分子中唯一的甲基。综上可以得出该化合物为辛炔，即 $CH_3CH_2CH_2CH_2CH_2CH_2C\equiv CH$。

2）定量分析

红外光谱定量分析基于材料组分吸收峰的强度，Lambert - Beer 定律是红外光谱定量分析的理论基础。使用红外光谱进行定量分析的优点是可以有许多谱带供选择，这对消除干扰很有用。具有相似的物理和化学性质，难以通过气相色谱进行定量分析的样品（如高沸点或气化时分解的样品）通常可以通过红外光谱定量；气态、液态和固态物质均可以通过红外光谱法测量。

红外光谱的定量分析通常使用基线法测定吸光度，如图 2－37 所示。假设背景吸收在样品吸收峰的两侧均保持不变，T 为在 3 050 cm^{-1}处的吸收峰顶透射比，T_0为基线透射比，则吸光度 A 可以式（2－7）计算得到：

$$A = \lg \frac{T_0}{T} = \lg \frac{93}{15} = 0.79 \tag{2-7}$$

采用与标样比较或校准曲线法来进行定量。

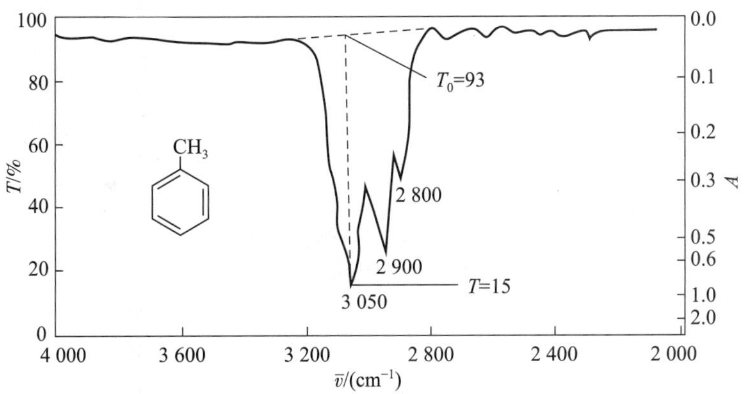

图 2－37　甲苯的芳香烃吸收峰（3 050 cm^{-1}）强度

3. 其他红外光谱技术

红外光谱技术是催化领域常用的技术手段，对于红外透过率较低或不透红外光的样品，难以得到红外投射光谱。因此其他红外光谱技术得以发展，如漫反射红外傅里叶变换光谱（DRIFT）和红外发射光谱，用于弥补透射法的不足。

漫反射（diffuse reflection）技术是一种对固体粉末样品进行直接测量的光谱方法。当入射光照射到粉末状晶粒层时，部分光在晶粒表面产生镜面反射，另一部分光折射入晶粒内部，经部分吸收后到达晶粒界面，再产生反射、折射吸收，重复多次后由粉末表面多方向反射出来，形成漫反射光。有研究者利用原位漫反射红外光谱技术研究 NO 在负载 Ag 催化剂时的选择性还原过程，结果表明，以丙烯为还原剂，在富氧和 573～773 K 条件下，氧能充分促进丙烯活化和增加 NO_x吸附态含量，并且氧的存在是产生有机－氮氧化物的不可或缺的条件。

红外发射光谱是在一定条件下收集样品发射的红外辐射光而得到的光谱，其中灵敏度较高的傅里叶红外光谱仪在催化领域得以应用。李灿等对催化剂 MoO_3进行了红外发射光谱研究，详细考察了样品厚度和测试温度等条件发射光谱的影响，并原位考察了氧化钼的氢还原和再氧化过程。

2.5.2　拉曼光谱技术与应用

1. 拉曼光谱原理及结构

拉曼光谱是研究分子振动、转动的一种光谱方法，是光照射到物质上发生的非弹性散射所产生的，是 1982 年由印度物理学家 Raman 发现的。拉曼光谱与红外光谱都是关于分子内部的各种简正振动频率和有关振动能级的情况。红外光谱产生的原因是分子偶极矩变化，而拉曼光谱是由分子极化率变化引起的。

当频率为ν_0的入射光照射到样品上时，绝大部分都会通过，只有大约0.1%的光被散射，散射包含瑞利（Rayleigh）散射和拉曼散射。瑞利散射中散射光的能量不发生改变，入射光光子与样品分子之间发生的是弹性碰撞，没有发生能量交换。而在拉曼散射中入射光光子和样品分子之间发生的是非弹性碰撞，光子将会得到或者失去能量。在拉曼散射中，如果样品分子处于基态，入射光光子与样品分子发生碰撞使其获得能量而跃迁到激发态，而散射光的能量将会减少，在散射光中可以检测频率为$\nu_0-\Delta\nu$的线，称为斯托克斯（Stokes）线。相反，处于激发态的样品分子与样品分子发生碰撞将失去能量回到基态，而散射光将会获得能量，在散射光中可以检测频率为$\nu_0+\Delta\nu$的线，称为反斯托克斯线，如图2－38所示。按Boltzmann统计，室温时绝大部分分子处于基态，因此Stokes线的强度要远远大于反Stokes线。

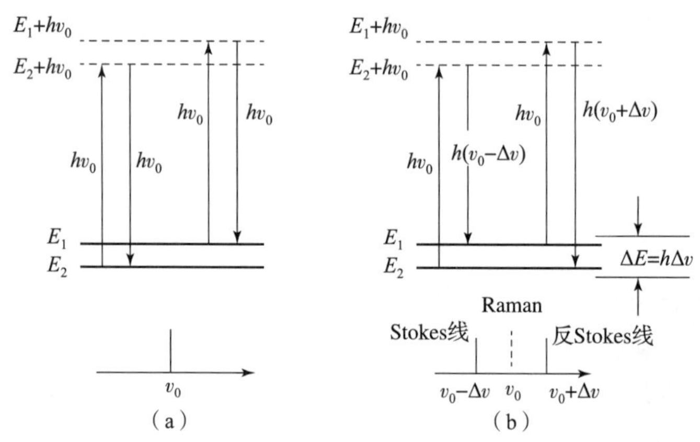

图2－38　能级图

（a）Rayleigh散射；（b）Raman散射

Stokes线（或反Stokes线）与入射光频率的差值称为Raman位移。因为Raman位移的大小等于分子的跃迁能级差，对应于同一分子能级，拉曼位移应该是相等的。同一种物质分子，随着入射光频率的改变，Raman线的频率也改变，但Raman位移始终保持不变，因此Raman位移与入射光频率无关，它与物质分子的振动和转动能级有关。不同物质分子有不同的振动和转动能级，因而有不同的Raman位移。如以Raman位移（波数）为横坐标，强度为纵坐标，而把激发光的波数作为零（频率位移的标准，即ν_0）写在光谱的最右端，并略去反Stokes谱带，便得到类似于红外光谱的Raman光谱图。利用Raman光谱，可对物质分子进行结构分析和定性鉴定。

激光Raman光谱仪的基本组成包括激光光源、样品池、单色器和检测记录系统四部分，配备有微机控制仪器操作和处理数据，其示意图如图2－39所示。

激光光源多用连续式气体激光器，如主要波长为632.8 nm的He－Ne激光器和主要波长为514.5 nm和488.0 nm的Ar离子激光器。Raman散射的强度和Rayleigh散射一样，反比于波长的四次方，因此使用较短波长的激光可以获得较大的散射强度。样品池常用微量毛细管以及常量的液体池、气体池和压片样品架等。单色器是激光Raman光谱仪的心脏，要求最大限度地降低杂散光且色散性能好。常用光栅分光，并采用双单色器以增强效果。为检

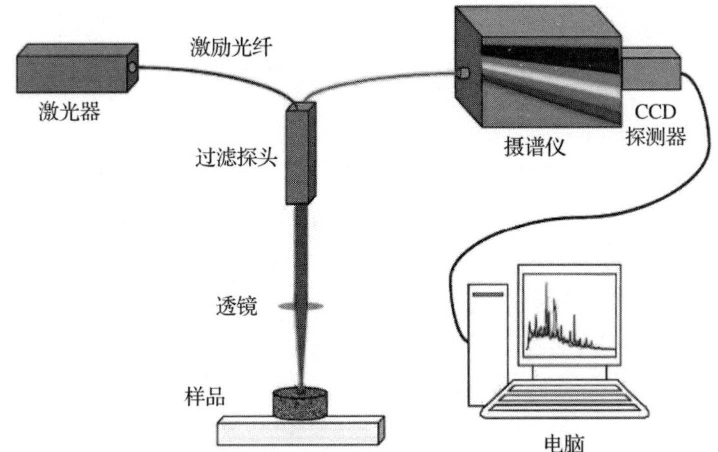

图 2－39　激光 Raman 光谱仪框图和示意图

测 Raman 位移为很低波数（离激光波数很近）的 Raman 散射，可在双单色器的出射狭缝处安置第三单色器。对于可见光谱区内的 Raman 散射光，可用光电倍增管作为检测器。通常以光子计数进行检测，现代光子计数器的动态范围可达几个数量级。

2. 拉曼光谱的应用

红外光谱和拉曼光谱都可以反映有关分子振动的信息，但是由于它们的产生机理不同，红外活性和拉曼活性通常存在很大差异。两种方法相辅相成，可以更好地解决分子结构确定的问题。—N═N—、—C≡C—、—C═C—等基团，由于它们的偶极矩在振动时变化很小，红外吸收通常很弱，但拉曼谱线通常很强，因此，拉曼光谱法可以更可靠地来识别这些基团。拉曼光谱通常比红外光谱更简单，并且更容易制备样品。固态和液态均可直接进行测量。另外，拉曼光谱可用于研究各种生物大分子的结构及其在水溶液中的构型随 pH 值、离子强度和极化温度的变化。在生物体系研究中，表面增强拉曼散射可以直接分析水相生物分子的结构状态，并且样本量小，与其他方法相比具有明显的优势。

由于拉曼光谱的强度与入射光的强度以及样品分子的浓度成正比，因此一定的实验条件下，拉曼散射强度与样品浓度具有简单的线性关系。拉曼光谱的定量分析通常通过内标法确定，可用于分析有机化合物和无机阴离子。拉曼光谱法可以确定某些无机原子团的结构，这些基团在红外光谱中没有吸收而在拉曼光谱中具有强偏振线。例如，拉曼光谱法可以检测水溶液中的汞离子。

综上所述，激光拉曼光谱已广泛应用于许多领域，可以对不同物质进行定性分析、定量分析和结构分析等。图 2－40 为常见碳材料的拉曼光谱，不同结构的碳材料具有不同的拉曼

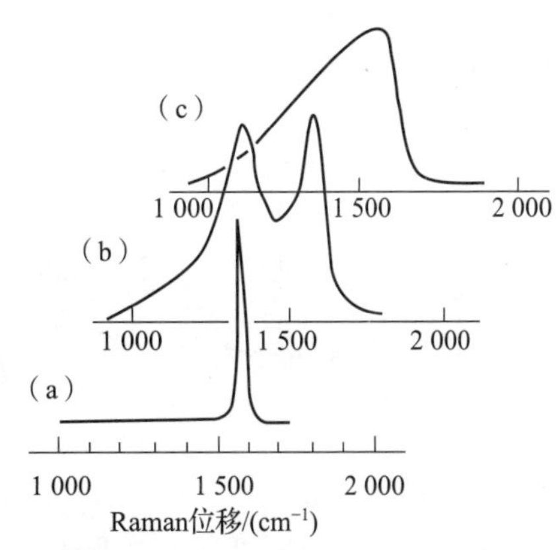

图 2－40　常见碳材料的拉曼光谱

（a）高定向热解石墨烯位于 1 582 cm^{-1}（无 D 带）；
（b）活性炭（D 带位于 1 360 cm^{-1}和 G 带位于 1 580 cm^{-1}）；
（c）无定形石墨碳（宽峰）

光谱，G 带（~1 580 cm^{-1}）是由碳环或长链中的所有 sp^2 原子对的拉伸运动产生的；缺陷和无序诱导 D 带（~1 360 cm^{-1}）的产生。这样一般用 D 峰与 G 峰的强度比来衡量碳材料的无序度。拉曼光谱常用于不同碳材料改性的电池材料的研究，如 $LiFePO_4$ 是一种优异的锂离子电池正极材料，但是其导电性差，在其表面包覆一层碳材料可以有效地提高电池性能。图 2－41 中 600~900 cm^{-1} 为 PO_4 的特征峰，波数为 1 150~1 500 cm^{-1} 处出现了明显的 D 峰，波数为 1 520~1 650 cm^{-1} 处出现了明显的 G 峰，由此表明包覆在样品表面的碳层为无定形石墨碳和石墨碳混合而成。另外，拉曼光谱在区分具有相似结构的材料方面具有明显优势。如锂电池常用正极材料锂锰氧化物，具有层状和尖晶石两种类型，其中单斜层状 $LiMnO_2$ 与尖晶石型 $LiMn_2O_4$ 通过 XRD 测试难以区分，其拉曼光谱如图 2－42 所示。单斜型与尖晶石相比，光谱峰向低能量方向移动，是区分结构相似的 LiMn 氧化物的有效手段。

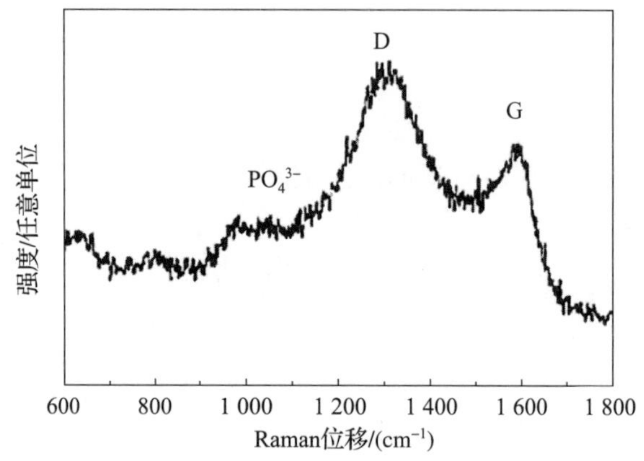

图 2－41　$LiFePO_4$ 表面包覆碳材料拉曼图谱

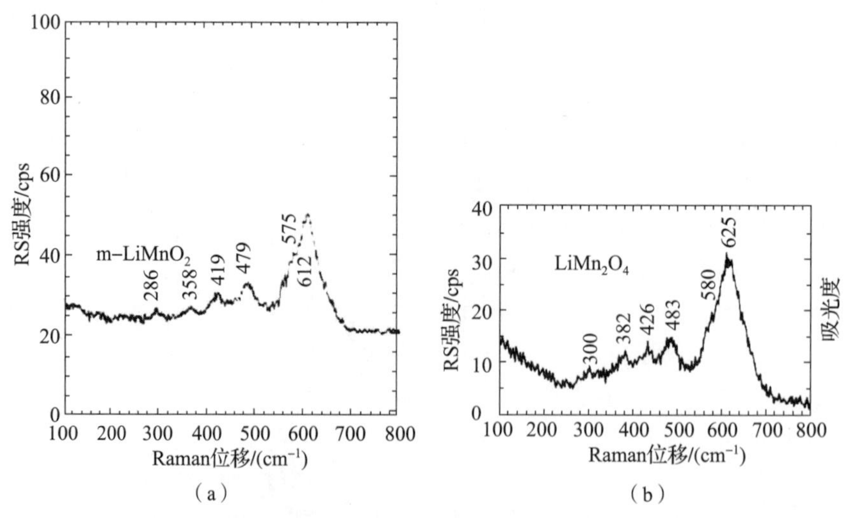

图 2－42　单斜 $LiMnO_2$ 与尖晶石型 $LiMn_2O_4$ 的拉曼光谱图

(a) 单斜 $LiMnO_2$；(b) 尖晶石型 $LiMn_2O_4$

参考文献

[1] WAGNER M，陆立明. 热分析应用基础［M］. 上海：东华大学出版社，2011.

[2] 王幸宜. 催化剂表征［M］. 上海：华东理工大学出版社，2008.

[3] 杨琅，韩龙年，宋君辉. 物理吸附仪在催化材料中的应用［J］. 山东化工，2016，45（3）：78－80.

[4] 许彦明，徐玲玲，李文伟. XRD 内标法测定高镁水泥熟料中方镁石含量和水化程度［J］. 南京工业大学学报，2014，36（5）：30－35.

[5] REN Rongzheng，WANG Zhenhua，MENG Xingguang，et al. Tailoring the oxygen vacancy to achieve fast intrinsic proton transport in a perovskite cathode for protonic ceramic fuel cells［J］. ACS applied energy materials，2020，3（5）：4914－4922.

[6] FENG Jie，QIAO Jinshuo，WANG Wenyi，et al. Development and performance of anode material based on A－site deficient $Sr_{2-x}Fe_{1.4}Ni_{0.1}Mo_{0.5}O_{6-\delta}$ perovskites for solid oxide fuel cells［J］. Electrochimica acta，2016，215：592－599.

[7] WU Haitao，SUN Wang，SHEN Junrong，et al. Improved structural design of single－ and double－wall $MnCo_2O_4$ nanotube cathodes for long－life Li－O_2 batteries［J］. Nanoscale，2018，10（27）：13149－13158.

[8] YANG Guoquan，FENG Jie，SUN Wang，et al. The characteristic of strontium－site deficient perovskites $Sr_xFe_{1.5}Mo_{0.5}O_{6-\delta}$（$x = 1.9-2.0$）as intermediate－temperature solid oxide fuel cell cathodes［J］. Journal of power sources，2014，268：771－777.

[9] 王小艳，李国栋. 物理吸附仪测定活性炭载体比表面积及孔结构的方法［J］. 中国氯碱，2011（11）：28－30.

[10] 张铭金，姚瑞平，赵惠忠，等. 杂原子介孔分子筛 MCM－41 的合成与表征［J］. 武汉科技大学学报，2005，28（2）：154－157.

[11] 杨春雁，张喜文，凌凤香. 化学吸附仪在催化剂研制过程中的应用［J］. 辽宁化工，2004（11）：645－648.

[12] 叶宪曾，张新详. 仪器分析教程［M］. 2 版. 北京：北京大学出版社，2007.

[13] 吴刚. 材料结构表征及应用［M］. 北京：化学工业出版社，2001.

[14] 伍林，欧阳兆辉，曹淑超，等. 拉曼光谱技术的应用及研究进展［J］. 光散射学报，2005（2）：180－186.

第3章

专业基础实验（能源储存与转换、转化与合成）

3.1 实验一 阴极极化曲线的测量

3.1.1 实验目的

（1）学习并掌握极化曲线的基本原理及测试方法。

（2）了解添加剂和扫描速度对极化曲线的影响。

3.1.2 实验原理

在电化学测量的研究中，测定电极的极化曲线是很重要的研究方法，这是因为大部分电化学反应表现在电极的极化上。电极极化反应分为阴极极化和阳极极化，阴极极化是指当电流通过电极与电解液相界面时，电极电位偏离可逆平衡电位向负向偏移。相反，电极电位偏离可逆电极电势向正向偏移则是发生了阳极极化。在电镀工业领域中，多数通过测定阴极极化的方法研究镀液组分、浓度以及生产工艺条件对镀层质量的影响；阳极极化则通常用于阳极行为和防腐蚀金属钝化层的研究。

研究电极电位与电流密度之间关系的曲线称为极化曲线。极化曲线的测量方法分为恒电流法和恒电位法，而每种方法又可分为稳流法和暂态法。本实验是测量不同组分的碱性镀锌溶液中，添加香草醛、二甲胺等添加剂对阴极极化过程的影响。

3.1.3 实验仪器与试剂和耗材

仪器：上海辰华 CHI660E 电化学工作站1台，100 mL H 型电解池1个。

试剂和耗材：ZnO，NaOH，添加剂（香草醛或二甲胺），金相砂纸，低碳钢工作电极（表面积为1 cm^2）1支，铂片对电极1支，饱和甘汞电极1支。

3.1.4 实验步骤及方法

（1）溶液配制：按比例称量一定量的 NaOH 和 ZnO 分别放置于烧杯中，加热搅拌至 NaOH 透明，将 ZnO 悬浊液分次缓慢加入 NaOH 溶液中。待混合溶液冷却至常温后，定容、转移至试剂瓶中备用。

（2）测试电极准备：①工作电极。工作电极为低碳钢电极，表面积为1 cm^2，背面用绝缘漆涂好，实验前需用金相砂纸打磨，再用酒精棉擦洗，滤纸吸干即可。②参比电极。保持参比电极中的填充液为饱和状态，保证填充液液面与内部电极处于接触状态。

（3）电极在 H 型电解池上的装配：首先利用胶塞固定低碳钢工作电极和铂片对电极，使其在电解池中处于同一高度。向 H 型电解池中加入 60～70 mL 预先配好的溶液，等待电解池内的各液面变成同一高度。加入低碳钢工作电极、铂片对电极、参比电极。注意：工作电极和铂片对电极处于同一高度且面对面平行于隔离玻璃砂。控制工作电极与鲁金毛细管的距离等于毛细管直径。饱和甘汞电极测量时需摘掉上、下两个橡皮帽。

（4）测量过程：本实验测量的以下几种电解液的阴极极化曲线均是基于 CHI660E 电化学工作站中的线性扫描伏安法（LSV）得到，参数设定为：扫描速度为 2 mV/s，电极电位扫描范围为 -1.746～-0.746 V。

①ZnO 12 g/L + NaOH 120 g/L。

②ZnO 12 g/L + NaOH 120 g/L + 香草醛 0.2 g/L。

③ZnO 12 g/L + NaOH 120 g/L + 二甲胺 0.2 g/L。

启动 CHI660E 电化学工作站，连接三电极体系。其中，绿色线接工作电极、红色线接对电极、白色线接参比电极。运行测试软件，在设置菜单中单击“Technique”选项，选择“Linear Sweep Voltammetry”测试方法，单击 OK 按钮。依次输入测试参数：Init E（初始电位），Final E（终止电位），Scan Rate（扫描速度），Sample Interval（取点间隔）为 0.001 V，Quiet Time（静置时间）为 2 s，Sensitivity（灵敏度）为 e-006，选择自动调节灵敏度。单击 OK 按钮即可开始测试，测试结束后保存数据到指定路径，命名。随后改变扫描速度、溶液组成，测试阴极极化曲线，测试条件同上。也可采用即时电位法模拟恒电流电镀过程镀出光亮的锌层。

（5）实验后处理：关闭电化学工作站，取下三电极体系。用去离子水冲洗参比电极，盖上上、下橡皮帽。用去离子水冲洗铂片对电极，滤纸吸干。低碳钢电极需先用金相砂纸打磨，再用酒精棉擦洗，去离子水冲洗，滤纸吸干，放回指定位置。将测试后的溶液转移至废液瓶中，清洗玻璃仪器。

3.1.5　结果分析与讨论

（1）绘制添加添加剂前后碱性镀锌溶液的阴极极化曲线。

（2）绘制同种溶液在不同扫描速度下的阴极极化曲线。

（3）对比阴极极化曲线，分析添加剂和扫描速度对极化曲线的影响。

（4）硫酸亚汞电极的标准电位是 0.675 8 V，饱和甘汞电极的标准电位为 0.241 5 V，试计算以硫酸亚汞电极为参比电极时的最佳扫描范围。

（5）香草醛的工作原理是什么？类似的光亮剂有哪些？

3.2　实验二　循环伏安法测定电极反应参数

3.2.1　实验目的

（1）学习循环伏安法（CV）测定电极反应参数的基本原理。

（2）熟悉伏安法测量的实验技术。

3.2.2 实验原理

循环伏安法是最重要的电分析化学研究方法之一，在电化学、无机化学、有机化学、生物化学的研究领域广泛应用。它由于仪器简单、操作方便、图谱解析直观，常常是首选进行实验的方法。CV是将循环变化的电压施加于工作电极和参比电极之间，记录工作电极上得到的电流与施加电压的关系曲线。这种方法也常称为三角波线性电位扫描方法。图3-1表明了施加电压的变化方式：起扫电位为+0.8 V，反向起扫电位为-0.2 V，终点又回扫到+0.8 V，扫描速度可从斜率反映出来，其值为50 mV/s。循环伏安法的典型激发信号三角波电位，转换电位为+0.8 V和-0.2 V（vs. SCE），虚线表示的是第2次循环。一台现代的电化学分析仪具有多种功能，可方便地进行一次或多次循环，任意变换扫描电压范围和扫描速度。当工作电极被施加的扫描电压激发时，其上将产生响应电流。以该电流（纵坐标）对电位（横坐标）作图，称为典型的循环伏安图，如图3-2所示。

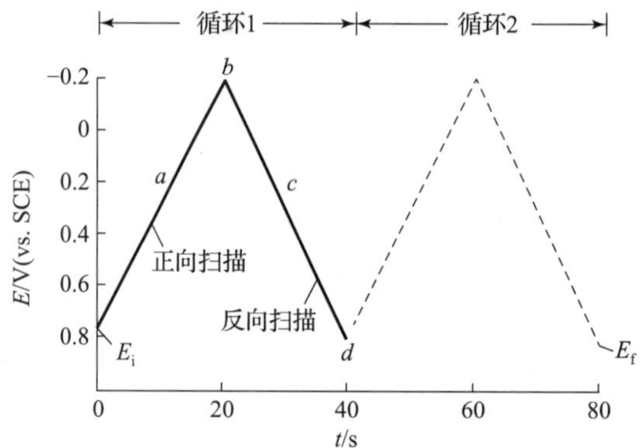

图3-1 循环伏安法的典型激发信号

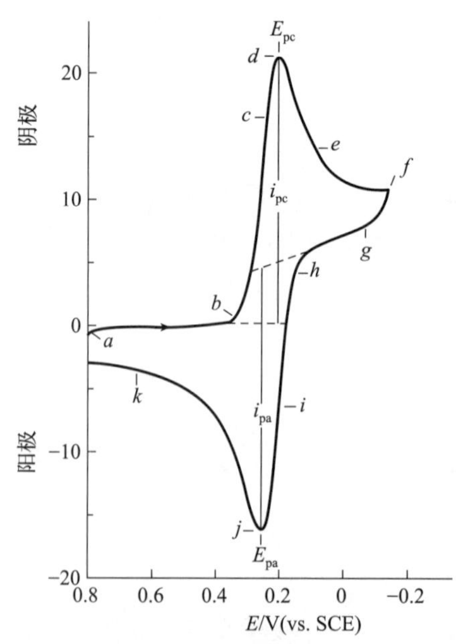

图3-2 典型的循环伏安图

注：6×10^{-3} mol/L $K_3Fe(CN)_6$ 在1 mol/L KNO_3 溶液中的循环伏安图。

扫描速度：50 mV/s；铂电极面积：2.54 mm^2。

图 3-2 为在 1.0 mol/L KNO_3 电解质溶液中，6×10^{-3} mol/L$K_3Fe(CN)_6$ 在 Pt 工作电极上反应所得到的结果。从图可见，起始电位 E_i 为 +0.8 V（a 点），电位比较正的目的是避免电极接通后 $Fe(CN)_6^{3-}$ 发生电解。

沿负的电位扫描，如箭头所指方向，当电位至 $Fe(CN)_6^{3-}$ 可还原时，即析出电位，将产生阴极电流（b 点）。其电极反应为：$Fe(CN)_6^{3-}+e\rightarrow Fe(CN)_6^{4-}$，随着电位变负，阴极电流迅速增加（$b\rightarrow d$），直至电极表面的 $Fe(CN)_6^{3-}$ 浓度趋近零，电流在 d 点达到最高峰。然后电流迅速衰减（$d\rightarrow g$），这是因为电极表面附近溶液中的 $Fe(CN)_6^{3-}$ 几乎全部电解转变为 $Fe(CN)_6^{4-}$ 而耗尽，即贫乏效应。当电压扫至 -0.15 V（f 点）处，虽然已经转向，开始阳极化扫描，但这时的电极电位仍相当负，扩散至电极表面的 $Fe(CN)_6^{3-}$ 在不断还原，故仍呈现阴极电流，而不是阳极电流。当电极电位继续正向变化至 $Fe(CN)_6^{4-}$ 的析出电位时，聚集在电极表面附近的还原产物 $Fe(CN)_6^{4-}$ 被氧化，其反应为：$Fe(CN)_6^{4-}-e\rightarrow Fe(CN)_6^{3-}$，这时产生阳极电流（$i_a$）。阳极电流随着扫描电位正移迅速增加，当电极表面的 $Fe(CN)_6^{4-}$ 浓度趋于零时，阳极化电流达到峰值（j 点 i_{pa}）。扫描电位继续正移，电极表面附近的 $Fe(CN)_6^{4-}$ 耗尽，阳极电流衰减至最小（k 点）。当电位扫至 +0.8 V 时，完成第 1 次循环，获得了循环伏安图。实验中获得的循环伏安图如图 3-3 所示。

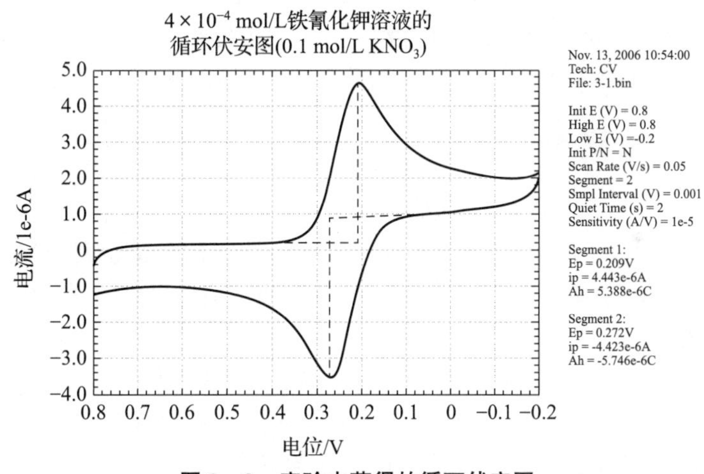

图 3-3　实验中获得的循环伏安图

简而言之，在正向扫描（电位变负）时，$Fe(CN)_6^{3-}$ 在电极上还原产生阴极电流而指示电极表面附近它的浓度变化的信息。在反向扫描（电位变正）时，产生的 $Fe(CN)_6^{4-}$ 重新氧化产生阳极电流而指示它是否存在和变化。因此，CV 能迅速提供电活性物质电极反应过程的可逆性、化学反应历程、电极表面吸附等许多信息。从循环伏安图中可得到的几个重要参数是：阳极峰电流（i_{pa}）、阴极峰电流（i_{pc}）、阳极峰电位（E_{pa}）和阴极峰电位（E_{pc}）。测量确定 i_p 的方法是：沿基线作延长线至峰下，从峰顶作垂线至延长线，其间高度即为 i_p（图 3-2）。E_p 可直接从横轴与峰顶对应处读取。实验中的 i_p 和 E_p 均可直接从仪器上读取（图 3-3）。在可逆反应且反应产物稳定的情况下，标准电极电势 $E^{\Theta'}$ 与 E_{pa} 和 E_{pc} 的关系可表示为

$$E^{\Theta'}=\frac{E_{pa}+E_{pc}}{2} \tag{3-1}$$

而两峰之间的电位差值为

$$\Delta E_p = E_{pa} - E_{pc} \approx \frac{59}{n}\ \text{mV} \tag{3-2}$$

对铁氰化钾电对，其反应为单电子过程，ΔE_p 是多少？从实验求出来与理论值比较。

对可逆体系的正向峰电流，由 Randles - Sevcik 方程可表示为

$$i_p = 2.69 \times 10^5 n^{3/2} A D^{1/2} v^{1/2} c \tag{3-3}$$

式中，i_p 为峰电流，A；n 为电子转移数；A 为电极面积，cm^2；D 为扩散系数，cm^2/s；v 为扫描速度，V/s；c 为浓度，mol/L。根据式（3-2），i_p 与 $v^{1/2}$ 和 c 都是直线关系，对研究电极反应过程具有重要意义。在可逆电极反应过程中

$$\frac{i_{pa}}{i_{pc}} = 1 \tag{3-4}$$

对一个简单的电极反应过程，式（3-2）和式（3-4）是判别电极反应是否可逆体系的重要依据。

3.2.3 实验仪器与试剂和耗材

仪器：CHI660 电化学工作站、超声清洗仪。

试剂和耗材：圆盘玻碳电极、铂丝电极、饱和甘汞电极、电解池、1 mol/L 的 KNO_3 溶液、0.02 mol/L $K_3Fe(CN)_6$ 溶液、量筒、氧化铝粉末、研磨麂布、去离子水、烧杯。

3.2.4 实验步骤及方法

（1）Pt（玻碳电极）工作电极预处理。

将 Pt（玻碳电极直径 3 mm）工作电极在放有氧化铝粉末的抛光布上轻轻研磨 5~10 min，二次蒸馏水拎洗干净后，用超声波清洗 1 min，用滤纸吸干表面水分即可进行测定。

（2）配制试液。

在 5 个 50 mL 容量瓶中，分别加入 2.0×10^{-2} mol/L 的铁氰化钾溶液 0、0.5 mL、1.0 mL、2.0 mL、5.0 mL，再各加入 1 mol/L 的硝酸钾溶液 5.0 mL。用二次蒸馏水稀释至刻度，摇匀。

（3）循环伏安法测量。将配制的系列铁氰化钾溶液逐一转移至电解池中，插入干净的电极系统。起始电位 +0.8 V，转向电位 -0.1 V，以 50 mV/s 的扫描速度测量，当测量 2×10^{-3} mol/L 的溶液时，逐一变化扫描速度：20 mV/s、50 mV/s、100 mV/s、125 mV/s、150 mV/s、175 mV/s、200 mV/s 进行测量。在完成每一个扫速的测定后，要重新处理电极。

3.2.5 结果分析与讨论

（1）列表总结铁氰化钾溶液的测量结果（E_{pa}，E_{pc}，ΔE_p，i_{pa}，i_{pc}）。

（2）绘制铁氰化钾溶液的 i_{pa}、i_{pc} 与相应浓度 c 的关系曲线；绘制 i_{pa}、i_{pc} 与相应的 $v^{1/2}$ 关系曲线。

（3）求算铁氰化钾电极反应的 n 和 $E^{\Theta'}$。

（4）铁氰化钾的 E_p 与其相应的 v 是什么关系？由此可表明什么？

（5）由铁氰化钾的循环伏安图解释它在电极上的可能反应机理。

3.3　实验三　循环伏安法测定超级电容器比容量

3.3.1　实验目的

（1）掌握测量循环伏安曲线的基本原理和测试方法。
（2）学习循环伏安法测定超级电容器比容量的基础原理。
（3）熟悉伏安法测量的实验技术。

3.3.2　实验原理

循环伏安法是电化学测量中重要的表征方法。其施加电压的变化方式如图 3－4 所示，由初始电位 U_i 以一定的速度扫描至转向电位 U_s，再扫回至初始电位，其斜率即为扫描速度。超级电容器（super capacitors），是介于传统电容器和充电电池之间的新型储能装置，具有快速充放电、功率密度高、循环寿命长、绿色环保等优势，广泛应用在太阳能能源系统和风力发电系统等方面。本实验采用二氧化锰作为工作电极，利用循环伏安法测定超级电容器的比容量。

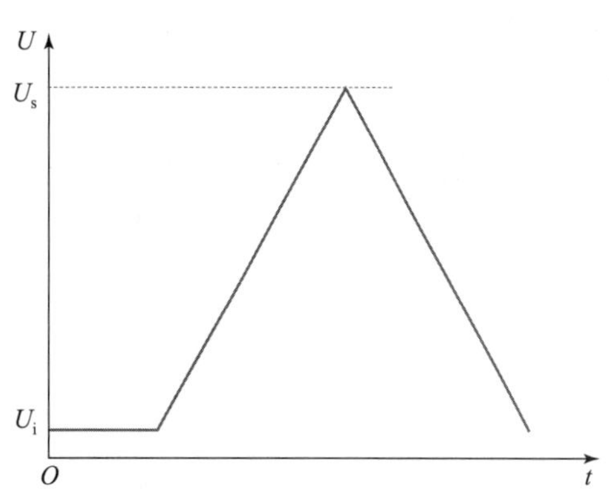

图 3－4　循环伏安法电压信号图（见彩插）

在电极上施加线性变化的电压时，会得到对应的响应电流，同时在一定的扫描速度下，响应电流密度越大，电极的容量越高，它们的关系是成正比的。在循环伏安曲线中，纵坐标为电流密度，横坐标为电极电势，这里采用三电极体系进行超级电容器的比容量的研究，超级电容器的循环伏安曲线中，电流密度大于 0，即为充电过程，电流密度为负时，即为放电过程，通过积分计算可以得到电容器的放电比电容，公式为 $C = \frac{1}{w\upsilon(V_c - V_a)}\int_{V_a}^{V_c} I(V)\mathrm{d}V$，其中，$C$ 是比电容（$F \cdot g^{-1}$），ω 是电极当中活性物质的质量（g），υ 是电势扫描速率（$mV \cdot s^{-1}$）；V_c 和 V_a 是伏安曲线的积分限制（V），I（V）表示响应的电流密度（$A \cdot cm^{-2}$）。

3.3.3　实验仪器与试剂和耗材

仪器：上海辰华 CHI660E 电化学工作站 1 台，100 mL H 型电解池 1 个。
试剂和耗材：$1 \times 1\ cm^2$ 铂片对电极、饱和甘汞电极、6 mol/L KOH 水溶液。

3.3.4　实验步骤及方法

（1）溶液配制：按比例称量一定量的氢氧化钾，向烧杯中加入一定比例的去离子水，将氢氧化钾溶液缓慢加入去离子水中，注意要边搅拌边加入，形成澄清溶液即可。

（2）测试电极准备：工作电极为泡沫镍负载的二氧化锰，具体制作方法为将活性材料、石墨、乙炔黑按照质量比 80% ：7.5% ：7.5% 混合均匀，加入 5% 的聚四氟乙烯（PTFE）黏稠液调成糊状，可加入乙醇调节黏度，然后将上述黏稠液涂覆在泡沫镍集流体上，涂覆面积控制在 1 cm^2，质量约为 10 mg，之后经 80 ℃ 真空干燥 16 h，称量，计算活性物质质量；对电极为 1×1 cm^2 铂片对电极；参比电极为饱和甘汞电极，保持参比电极中的填充液为饱和状态，保证填充液液面与内部电极处于接触状态。

（3）电极的装配：利用胶塞固定铂片对电极，再固定泡沫镍工作电极，使其在电解池中处于同一高度。之后向 H 型电解池中加入 60 ~ 70 mL 氢氧化钾的溶液。加入并固定参比电极。注意：饱和甘汞电极测量时需摘掉上、下两个橡皮帽。

（4）测量过程：本实验的测量结果采用 CHI660E 电化学工作站中的循环伏安法得到。开启电化学工作站电源，连接三电极体系，绿色线接工作电极，红色线接对电极，白色线接参比电极，之后启动 CHI 测试软件，在设置菜单中单击“Technique”选项，选择“Cyclic Voltammetry”测试方法，单击 OK 按钮，输入测试参数：电极电位扫描范围为 -0.6 ~ -0.2 V，扫描速度为 10 mV/s、30 mV/s 和 50 mV/s。

（5）实验后操作：关闭电化学工作站，取下三电极体系。用去离子水冲洗参比电极，盖上上、下橡皮帽。用去离子水冲洗铂片对电极，滤纸吸干。泡沫镍工作电极放到指定回收位置，将测试后的溶液转移至废液瓶中，清洗玻璃仪器。

3.3.5 结果分析与讨论

（1）用 Origin 软件绘制超级电容器的不同扫描速度的循环伏安曲线。

（2）计算二氧化锰超级电容器的放电比容量，并解释计算方法。

（3）分析不同扫描速度的比容量变化趋势及原因。

3.4 实验四 旋转圆盘电极测定扩散系数

3.4.1 实验目的

（1）了解旋转圆盘电极的工作原理。

（2）掌握用旋转圆盘电极测定扩散系数的方法。

（3）测定 $Fe(CN)_6^{3-}$ 和 $Fe(CN)_6^{4-}$ 在水溶液中的扩散系数。

3.4.2 实验原理

旋转电极是一种特殊的电化学研究电极，常见的有旋转圆盘电极（RDE）和旋转环盘电极（RRDE）。当电极旋转时，电极表面的扩散层厚度均匀一致。通过控制旋转速度，可调节扩散层厚度，这就可能改变电极过程的控制步骤，有目的地进行研究工作。目前，它广泛地应用于电化学研究。

旋转圆盘电极的构造如图 3-5 所示，其由一镶嵌于塑料圆柱底面的金属圆盘构成。整个圆柱体底面经抛光以保证平整。

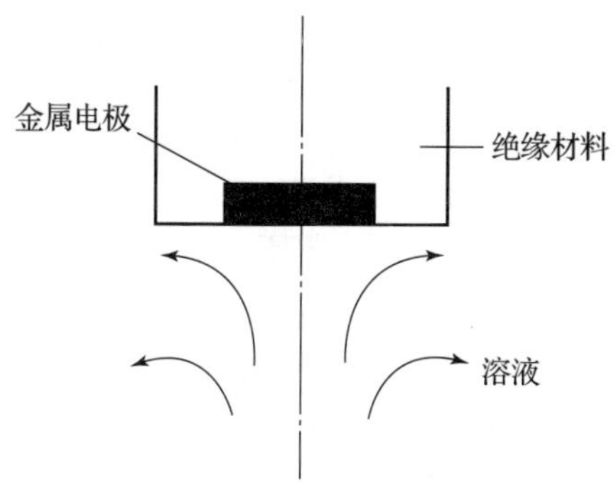

图 3-5　旋转圆盘电极的构造

电极的实际使用面积是金属圆盘的下表面。电极旋转时，由于流体的黏度，圆盘附近的液体被抛向电极四周，下面的溶液向圆盘的中心区上升，形成如图 3-5 所示的液体流动。根据 Levich 提出的旋转电极附近的流体动力学理论，电极上各点沿轴向的传质状况相同，电流密度相同，浓度分布相同。

由于旋转电极的上述特点，它被广泛应用于电化学的各个领域，例如电化学机理研究，电分析化学，各种电化学反应动力学参数的测定及扩散系数的测定，其结果往往比较准确。

根据流体动力学理论，对于水溶液，在层流条件下，旋转电极表面的扩散层厚度近似为

$$\delta = 1.61 D^{1/3} \gamma^{1/6} \omega^{-1/2} \tag{3-5}$$

根据浓差极化方程式，极限扩散电流与扩散层厚度的关系为

$$i_d = nFDC^0/\delta \tag{3-6}$$

因此，

$$i_d = 0.62 nFD^{2/3} \gamma^{-1/6} C^0 \omega^{1/2} \tag{3-7}$$

式中，D 为反应粒子的扩散系数，cm^2/s；n 为该离子进行电化学反应时的得（或失）电子数；γ 为溶液的动力学黏度，它等于黏度与密度之比：$\gamma = \eta/\rho$，对于 25 ℃ 的水溶液，$\gamma = 10^{-2}\ cm^2/s$；C^0 为反应粒子的本体浓度，mol/L；ω 为旋转电极的转速，弧度/s。本实验所使用的玻碳电极的直径为 5 mm。

根据式（3-7），在层流条件下，i_d 与 $\omega^{1/2}$ 呈线性关系。因此，我们可以测定一系列 ω 下的 i_d，由斜率求出扩散系数 D。

3.4.3　实验仪器与试剂和耗材

仪器：PINE 旋转圆盘电极及其配件一套；电化学工作站 CHI660D 或 CHI660E；分析天平。

试剂和耗材：烧杯，玻璃棒，一次性滴管，氧化铝抛光粉，抛光布，玻璃板，1 mmol/L $K_3Fe(CN)_6$ 溶液，1 mmol/L $K_4Fe(CN)_6$ 溶液，1 mol/L 的 KCl 溶液。

3.4.4　实验步骤及方法

（1）取下旋转电极的特制电解池，洗净，加入溶液至电解池高度的 2/3 处。小心将电解池装在电极下面，装好辅助电极和参比电极。由于旋转电极是比较贵重的仪器，拆、装电解池时一定注意不要把水或溶液弄到底座或电极头上方的螺旋处。

（2）通 N_2 15 min，以除去溶液中溶解的 O_2。

(3) 将旋转圆盘电极作为研究电极，其他接线与循环伏安实验完全相同。接线经检查后，开始测定。先测出开路电位即平衡电位。

(4) 开启旋转系统，预热后，调至1 000 r/min左右。由平衡电位开始向负进行慢扫描，扫描速度为2 mV/s～10 mV/s，扫描范围由平衡电位向负约0.7 V，同时用记录仪启示 $i \sim \varphi$ 曲线。此时研究电极上发生的是 $Fe(CN)_6^{3-}$ 还原为 $Fe(CN)_6^{4-}$ 的反应。再由平衡电位向正进行同样速度的慢扫描，扫描范围由平衡电位向正约0.7 V，此时研究电极上发生的是 $Fe(CN)_6^{4-}$ 氧化为 $Fe(CN)_6^{3-}$ 的反应。1 000 r/min的测试完成后，分别在转速200、400、800、2 000、3 000 r/min左右，进行相同的测定。测定曲线可记录在同一记录纸上。

(5) 逐渐减小转速直至关闭旋转系统，关机后，小心取下电解池，洗净后加入二次蒸馏水，重新装好。

3.4.5 结果分析与讨论

(1) 根据不同转速下 $Fe(CN)_6^{3-}$ 还原的 i_d 值，作 $i_d - \omega^{1/2}$ 直线，由斜率根据式(3－7)求算 $Fe(CN)_6^{3-}$ 的扩散系数。

(2) 用同样的方法求 $Fe(CN)_6^{4-}$ 的扩散系数。

扩散系数的文献值可采用：$DFe(CN)_6^{3-} = 7.6 \times 10^{-6}\ cm^2/s$；$DFe(CN)_6^{4-} = 6.3 \times 10^{-6}\ cm^2/s$。

(3) $i_d - \omega^{1/2}$ 的关系是一条通过原点的直线，这意味着当 $\omega = 0$ 时 $i_d = 0$，实验情况如何？如何理解？

(4) 体会旋转圆盘电极在电化学研究其他方面的应用。

3.5 实验五 旋转圆盘测定氧还原的电子转移数

3.5.1 实验目的

(1) 掌握旋转圆盘电极构造及工作原理。

(2) 学习K－L方程计算氧还原电子转移数的方法。

3.5.2 实验原理

旋转圆盘电极是电化学测量强制对流技术中常用的一种电极体系，它的构造是将电极材料作为圆盘镶嵌在绝缘圆柱底面。例如，铂的圆棒嵌入聚四氟乙烯或其他绝缘材料中。通过控制电机可在一定转速范围内旋转。当电极旋转时，电极表面与溶液形成扩散层，由于离心力和溶液黏性的作用，溶液除了向外流动，还存在切向流动，如图3－6(a)所示。电极附近的溶液随着电极旋转快速离开，造成中心区域压力下降，稍远处的溶液快速向中心区域补充，形成纵向流动，如图3－6(b)所示。电极表面的纵向等距离处，溶液的纵向流动速度相等，也可以说成水平方向强制对流状况相同，由此推断电极表面各处的扩散层厚度一致。当转速在一定范围内提高时，扩散层厚度减小，扩散电流密度越大，浓差极化作用越小，进而电极过程的控制步骤趋向于传荷控制过程。这时就可以利用稳态极化曲线测定动力学参数了。

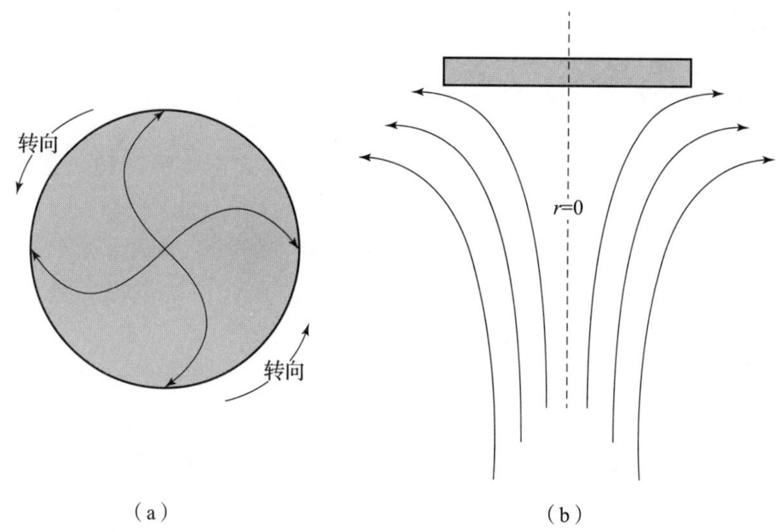

图 3-6　旋转圆盘表面流向图及纵向流向图

（a）表面流向图；（b）纵向流向图

根据 Fick 第一定律，可推导极限扩散电流密度 i_d 有如下公式：

$$i_d = 0.62nFAD^{2/3}\gamma^{-1/6}C^0\omega^{1/2} \tag{3-8}$$

式中，D 为反应粒子的扩散系数，cm^2/s；n 为该离子进行电化学反应时的得（或失）电子数；γ 为溶液的动力学黏度，对于 25 ℃的水溶液，$\gamma = 10^{-2}$ cm^2/s；C^0 为反应粒子的本体浓度，mol/L；ω 为旋转电极的转速，rad/s。

此时，令 $B = 0.62nFAD^{2/3}\gamma^{-1/6}$，则式（3-8）可写成

$$i_d = BC^0\omega^{1/2} \tag{3-9}$$

当电极过程处于混合控制过程，外推法消除浓差极化的影响时，电极过程动力学关系式为

$$i = \left(1 - \frac{i}{i_d}\right)i^{\ominus}\exp\left(-\frac{\alpha nF}{RT}\eta\right) \tag{3-10}$$

阴极还原电流 $i_e = i^{\ominus}\exp\left(-\frac{\alpha nF}{RT}\eta\right)$，将其代入式（3-10）中可得到如下关系：

$$i = \left(1 - \frac{i}{i_d}\right)i_e$$

进一步改写为

$$\frac{1}{i} = \frac{1}{i_e} + \frac{1}{i_d} \tag{3-11}$$

将式（3-9）代入式（3-11）可得

$$\frac{1}{i} = \frac{1}{i_e} + \frac{1}{BC^0}\omega^{-1/2} \tag{3-12}$$

此方程即为 Koutecky-Levich（K-L）方程，根据 K-L 方程可知，在层流条件下，电极过程处于混合控制过程，$\frac{1}{i}$ 与 $\omega^{-1/2}$ 呈线性关系，因此，通过 6 组不同转速的 LSV 曲线，

选择同电位下的$\frac{1}{i}$与$\omega^{-1/2}$值，作图，斜率即为$\frac{1}{BC^0}$，进而可求出转移电子数。

3.5.3 实验仪器与试剂和耗材

仪器：上海辰华 CHI660E 电化学工作站 1 台、旋转圆盘电极、超声清洗器、计算机、移液枪、吹风机。

试剂和耗材：Pt/C 催化剂、1－丙醇、无水乙醇、氧气、去离子水、黏结剂（5% 的 Nafion 溶液）、0.1 mol/L KOH 溶液、铂丝对电极、Hg/HgO 参比电极、电解池、滤纸、烧杯、玻璃搅棒、脱脂棉、量筒、试剂瓶、封口膜。

3.5.4 实验步骤及方法

（1）称量一定氢氧化钾粉末置于烧杯中，加入去离子水，定容配制成 0.1 mol/L 的氢氧化钾溶液，转移至试剂瓶中备用。

（2）称取一定量的 Pt/C 粉末置于 10 mL 的试剂瓶中，加入乙醇和 Nafion 溶液，控制体积比例为 985：15，配制成 2 mg/L 的 Pt/C 溶液，密封后冰浴超声 30 min。

（3）将玻碳工作电极置于有氧化铝粉末的抛光布上，轻轻画圈研磨 1 min，之后用去离子水冲洗干净，超声 1 min，用滤纸吸干表面水分。注意，不要把水弄在电极头上方的螺旋处。

（4）用移液器移取 4 μL Pt/C 悬浊液置于圆盘电极的玻碳处，晾干。

（5）用量筒称量 65 mL 的氢氧化钾溶液加入电解池中。向电解液中通入 O_2，时间为 30 min，使溶液中的氧气达到饱和。

（6）安装玻碳工作电极。之后小心地将电解池安装在工作电极下，安装铂丝对电极和氧化汞参比电极。注意：若圆盘电极下有气泡存在，需去除后才可进行测试。开启电化学工作站，连接三电极体系，连接方式：绿色线接工作电极，红色线接对电极，白色线接参比电极。

（7）启动 CHI 软件，调节旋转圆盘转速为 2 025 r/min，选择 LSV 测试，设定扫描速度为 5 mV/s，输入初始电压为 0.3 V，终止电压为 －0.8 V。测试完毕后，分别在转速 1 600 r/min、1 225 r/min、900 r/min、625 r/min 和 400 r/min 下进行平行测试，保存测试数据。

（8）关闭旋转系统，关闭电化学工作站，取下三电极体系。小心地取下电解池，洗净。废液转移至废液瓶中，用去离子水冲洗铂丝对电极、参比电极，放置到指定位置。玻碳电极需用抛光布进行研磨处理，去掉负载的 pt/C 材料，之后用去离子水冲洗，超声 1 min，用滤纸吸干表面水分。

3.5.5 结果分析与讨论

（1）绘制并对比不同转速的 LSV 曲线，选取 6 个过电位，并说明选择原因。

（2）列表总结测试结果（过电位、转速、电流密度）。

（3）绘制不同电压下的 Koutecky－Levich 图，计算斜率和电子转移数。

文献参考值：F(法拉第常数)＝96 485 C/mol，C^{O2}（0.1 mol/L KOH 溶解氧的浓度）＝1.2×10^{-3} mol/L，D^{O2}（0.1 mol/L KOH 溶液中氧气的扩散系数）＝$1.9\times10^{-5}\ cm^2\cdot s^{-1}$。

3.6 实验六 直流电子负载的使用

3.6.1 实验目的

（1）了解应用直流电子负载研究电池发电性能的基本原理。

（2）初步掌握应用不同发电模式研究电池。

（3）初步掌握放电速度等方法影响电池性能的基本规律。

3.6.2 实验原理

电子负载用于测试直流稳压电源、蓄电池等电源的性能。其原理为控制电子负载内的功率 MOSFET（金属—氧化物半导体场效应晶体管）或晶体管的导通量，利用它们产生的耗散功率来消耗电源的电能。电子负载能够准确检测出负载电压，精确调整负载电流，同时可以实现模拟负载短路。模拟负载可以是电感、电阻或电容，或者兼而有之。它的基本工作方式有恒压、恒流、恒阻、恒功率。

1. 定电流模式

在定电流模式（CC）中，在额定使用环境下，不论输入电压大小如何变化，电子负载都将根据设定值来吸收电流。

若被测电压在 5～10 V 变化，设定电流为 100 mA，则当调节被测电压值时，负载上的电流值应维持在 100 mA 不变，而此时负载值是可变的。定电流模式能用于测试电压源及 AD/DC 电源的负载调整率。负载调整率是电源在负载变动情况下提供稳定的输出电压的能力，是电源输出电压偏差率的百分比。

2. 定电阻模式

此种状态下，负载如纯电阻，吸收与电压成线性正比的电流。此方式适用于测试电压源、电流源的启动与限流特性。

在定电阻模式（CR）中，电子负载将吸收与输入电压成线性的负载电流。若负载设定为 1 kΩ，当输入电压在 1～10 V 变化时，电流变化则为 10～100 mA。

3. 定电压模式

在定电压模式（CV）下，电子负载将吸收足够的电流来控制电压达到设计值。定电压模式能被使用于测试电源的限流特性。另外，负载可以模拟电池的端电压，故也可以使用于测试电池充电器。

4. 定功率模式

在定功率模式（CP）下，电子负载所流入的负载电流依据所设定的功率大小而定，此时负载电流与输入电压的乘积等于负载功率设定值，即负载功率保持设定值不变。

3.6.3 实验仪器与耗材

仪器：IT8500 型可编程直流电子负载、18650 锂电池、万用电表、锂离子电池充电器。

耗材：连接导线 2 个，连接头 4 个，紧固螺栓 4 组，绝缘胶带。

3.6.4 实验步骤及方法

1. 认识实验对象

IT8500 型可编程直流电子负载的界面如图 3－7 所示。

序号	名称	说明
1	显示屏	
2	旋钮	
3	输入端子：极性为红正黑负	①电压反极性输入可能导致大电流
4	按键	
5	电源开关⚡	

图 3－7　IT8500 型可编程直流电子负载的界面

IT8500 型可编程直流电子负载的按键功能如图 3－8 所示。

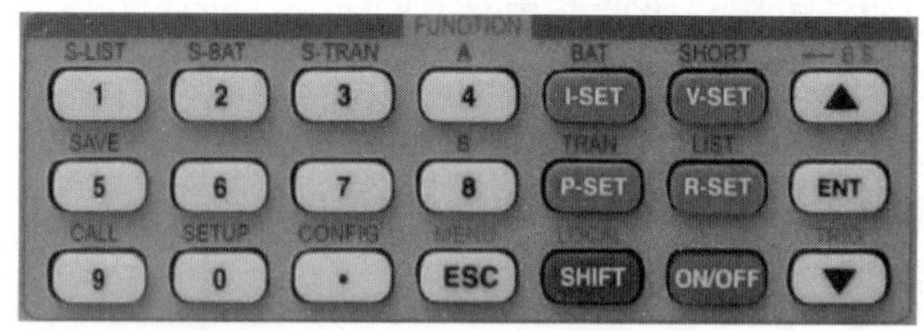

数字键	1、2、3、4、5、6、7、8、9、0
负载基本模式键	I－SET, V－SET, P－SET, R－SET
启动停止键	ON/OFF
菜单操作键	ESC, ENT, ▲, ▼
第二功能键	S－LIST, S－BAT, S－TRAN, SAVE, CALL, SETUP, CONFIG BAT, SHORT, TRAN, LIST, A, B
上档键	SHIFT
派生功能键	MENU, LOCAL, BackSpace(B.S.), TRIG

图 3－8　IT8500 型可编程直流电子负载的按键功能

18650 锂电池如图 3－9 所示。

图 3－9　18650 型锂电池

其中，一节电池的电压为 3.7 V，电容量为 3 000 mAh。

2. 装置连接

将电池包装（1～3 节电池均可），引出正负极导线，将正极和负极分别连接到直流电子负载上的正极和负极，不可反向连接。确认连接正确后，打开负载的电源。

3. 测试

1）定电流模式

在定电流模式下，不管输入电压是否改变，电子负载都消耗一个恒定的电流。按【I－SET】键进入定电流模式，按【ON/OFF】键启动或停止工作。当负载开始工作时，机器自动记录时间和电压，当电压到达某已设定值时，负载自动停止工作。将数据中的电压和时间作图。

2）定电压模式

在定电压模式下，不管输入电流是否改变，电子负载都消耗一个恒定的电压。按【V－SET】键进入定电压模式，按【ON/OFF】键启动或停止工作。当负载开始工作时，机器自动记录时间和电流，当电流到达某已设定值时，负载自动停止工作。将数据中的电流和时间作图。

3）定功率模式

在定功率模式下，不管输入电压是否改变，电子负载都会改变电流，使功率恒定。按【P－SET】键进入定电流模式，按【ON/OFF】键启动或停止工作。当负载开始工作时，机器自动记录时间、电压和电流，当电压或电流到达某已设定值时，负载自动停止工作。将数据中的电压、电流和时间作图。

4）定电阻模式

在定电阻模式下，负载被等效为一个恒定的电阻，负载会消耗随着输入电压的改变而改变的电流。按【R－SET】键进入定电阻模式，按【ON/OFF】键启动或停止工作。当负载开始工作时，机器自动记录时间、电压和电流，当电压或电流到达某已设定值时，负载自动停止工作。将电压或电流和时间作图。

3.6.5　结果分析与讨论

（1）根据计算机绘出不同工作模式图，说明锂电池的标称功率和测定功率模式的优劣势。

（2）叙述不同的直流负载工作模式对应的电源工作场合。

（3）说明直流负载测试燃料电池和二次电池的异同点。

3.7 实验七 氢气在不同电极上析出的测量及分析

3.7.1 实验目的

（1）掌握线性电位扫描法测试氢气阴极析出曲线的基本原理和方法。
（2）掌握电化学工作站的使用方法。
（3）测定氢气在不同金属电极上析出的阴极极化曲线。
（4）了解不同金属对氢气析出行为的影响。

3.7.2 实验原理

线性电位扫描法是指控制电极电位在一定的范围内，以一定的速度均匀连续变化，同时记录下个电位下反应的电流密度，从而得到电位－电流密度曲线，即稳态极化曲线的方法。在这种情况下，电位是自变量，电流是因变量，极化曲线表示稳态电流密度与电位之间的函数关系：$i=f(\varphi)$。

氢气在金属电极上析出具有以下规律。

（1）大多数金属上 H_2 析出反应均须在高过电位下进行，此时析氢过电位 η_c 与电流密度 i 符合 Tafel（塔菲尔）方程：

$$\eta_c = a + b\lg i \tag{3-13}$$

其中，

$$a = -\frac{2.303\,RT}{\alpha_c F}\lg i^0,\quad b = \frac{2.303RT}{\alpha_c F} \tag{3-14}$$

（2）不同金属电极在不同酸性电解液中发生析氢反应时的 a、b 值不同，如表 3－1 所示。

表 3－1 不同体系 Tafel 公式的 a、b 值

体系	a	b
Pb/0.5 mol/L H_2SO_4	1.56	0.11
Hg/0.5 mol/L H_2SO_4	1.41	0.113
Pb/1 mol/L HCl	1.406 5	0.116
Cd/0.65 mol/L H_2SO_4	1.4	0.12
Zn/0.5 mol/L H_2SO_4	1.24	0.118
Sn/1 mol/L HCl	1.24	0.116
Ag/1 mol/L HCl	0.95	0.116
Fe/1 mol/L HCl	0.7	0.125
Cu/2 mol/L HCl	0.8	0.125
Pt/1 mol/L HCl	0.1	0.13
Pd/1 mol/L H_2SO_4	0.26	0.12

（3）在常温下，b 值的范围为 0.11～0.13 V（0.12 V 附近），这说明电极电位（φ）对析氢反应的活化作用大致相同。有时，在某些体系中可观察到比较高的 b 值（>0.14 V），这往往是金属表面状态发生了变化所引起的。例如，当金属表面被氧化时，就可得到较高的 b 值。

（4）不同体系电极中发生析氢反应时的 a 值相差较大，变化范围在 0.1～1.5。根据公式 $a=-\frac{2.303RT}{\alpha_c F}\lg i^0$ 可知，a 值与交换电流密度（i^0）有关，即与反应的可逆性有关，故可用 a 值判断或比较电极的可逆性：i^0 越大，a 越小，电极的可逆性越好，也表明金属对析氢反应的催化能力越强，此时只需要较小的过电位即可在该金属电极上发生析氢反应；相反，i^0 越小，则 a 越大，电极的可逆性越差，说明金属对析氢反应的催化能力越弱，则该金属电极上氢气析出时需较大的过电位。通常可按 a 值大小，将常用的金属电极材料分为三类：

高过电位金属：（a=1.0～1.5）Pb、Cd、Hg、Zn、Sb、Bi、Sn、Tl；

中过电位金属：（a=0.5～0.9）Fe、Co、Ni、Cu、Ag、Au；

低过电位金属：（a=0.1～0.3）Pt、Pd。

氢气在金属上析出虽然具有以上规律，但是在不同的金属上析出时，其反应的机理并不相同。在高氢过电位金属上，氢气的析出按迟缓放电机理进行，即 $H^+ + M + e^- \leftrightarrow MH$ 为反应的控制步骤；而在中低氢过电位金属上，氢气析出的控制步骤往往是 $MH + MH \leftrightarrow 2M + H_2$ 反应或 $H^+ + MH + e^- \leftrightarrow M + H_2$ 反应，此时反应机理分别为复合脱附机理和电化学脱附机理。

3.7.3　实验仪器与试剂和耗材

仪器：电化学工作站 CHI660D 或 CHI660E。

试剂和耗材：面积为 1 cm^2 的 Pb 电极、Cu 电极、Pt 电极；0.5 mol/L H_2SO_4 溶液，2 mol/L 的 HCl 溶液，1 mol/L 的 HCl 溶液；H 型电解池、硫酸亚汞和氯化亚汞参比电极，乙醇。

3.7.4　实验步骤及方法

（1）连接好测试路线。

（2）氢气析出的极化曲线测量。

①研究电极为金属电极（Pb、Cu 或 Pt），表面积为 1 cm^2（单面），另一面用环氧树脂封住。将待测的一面用金相砂纸打磨，除去氧化膜，用乙醇洗涤除油。再用脱脂棉沾酒精擦洗，用蒸馏水冲洗干净，用滤纸吸汗，放进电解池中。电解池中的辅助电极为铂电极，参比电极分别选用硫酸亚汞电极（体系 1）和氯化亚汞电极（体系 2、体系 3），电解池中注入适当溶液。

②启动工作站，运行 CHI 测试软件。在 Setup 菜单中单击 Technique 选项。在弹出菜单中选择 Linear Sweep Voltammetry 测试方法，单击 OK 按钮。

③在 Setup 菜单中单击 Parameters 选项。在弹出菜单中输入测试条件：Init E 和 Final E 根据体系决定，Scan Rate 为 0.005 V/s，Sample Interval 为 0.001 V，Quiet Time 为 2 s，Sensitivity 为 1e－006，选择 Auto－sensitivity，单击 OK 按钮。

④在 Control 菜单中单击 Run Experiment 选项，进行极化曲线的测量。

⑤改变体系组成，测试氢气在不同体系中的阴极极化曲线，测试条件同上。

⑥实验完毕，关闭仪器，将研究电极清洗干净待用。

3.7.5 结果分析与讨论

（1）由极化曲线分别计算出各自体系的析氢过电位。

（2）对比3条曲线，分析不同金属电极对氢气阴极析出极化曲线的影响。

（3）思考参比电极的选择依据。

3.8 实验八 电化学阻抗谱的测量与解析

3.8.1 实验目的

（1）了解应用电化学阻抗谱进行电化学研究的基本原理。

（2）熟悉应用CHI电化学工作站进行各种方法电化学测量的基本步骤。

（3）初步掌握应用CHI电化学工作站测量电化学阻抗谱的基本方法。

（4）初步掌握应用拟合软件进行电化学阻抗谱解析的方法。

3.8.2 实验原理

交流阻抗方法应用于电化学体系时，也称为电化学阻抗谱法（electrochemical impedance spectroscopy，EIS）。该方法是指控制通过电极的电流（或电位）在小幅度条件下随时间按正弦规律变化，同时测量作为其响应的电极电位（或电流）随时间的变化规律，或直接测量电极的交流阻抗（或导纳）的方法。该方法由于具有线性关系简化、交流平稳态以及扩散等效电路集中参数化等优势，已经成为研究电极过程动力学和电极表面现象最重要的方法之一。

如一个正弦交流电压可表示成

$$E(t)=E_0\sin\omega t \tag{3-15}$$

式中，E_0 为交流电压的幅值；ω 为角频率，有 $\omega=2\pi f$。

一个电路的交流阻抗是一个矢量，这个矢量的模值为：$Z=\dfrac{E_0}{I_0}$，矢量的幅角为 ψ。也可以将交流阻抗以复数的形式表示：

$$Z=|Z|(\cos\psi-j\sin\psi)=Z_{\mathrm{Re}}-jZ_{\mathrm{Im}} \tag{3-16}$$

Z_{Re}称为阻抗的实部，Z_{Im}称为阻抗的虚部：

$$Z_{\mathrm{Re}}=|Z|\cos\psi \tag{3-17}$$

$$Z_{\mathrm{Im}}=|Z|\sin\psi \tag{3-18}$$

故有

$$|Z|=\sqrt{Z_{\mathrm{Re}}^2+Z_{\mathrm{Im}}^2} \tag{3-19}$$

$$\mathrm{tg}\,\psi=\frac{Z_{\mathrm{Im}}}{Z_{\mathrm{Re}}} \tag{3-20}$$

由于该方法在一个很宽的频率范围内对电极系统进行测量，因而可以在不同的频率范围内分别得到溶液电阻、双电层电容及电化学反应电阻的有关信息。在更为复杂的情况下，不但可以在不同的频率下得到有关参数的信息，而且可以得到阻抗谱的时间常数个数及有关动力学过程的信息，从而推断电极系统中包含的动力学过程及机理。因此，测量电极系统的交流阻抗，一般来说有两个目的：一个目的是推测电极系统中包含的动力学过程及其机理，确定与之相适应的物理模型或等效电路。另一个目的是，在确定物理模型或等效电路之后，根据测得的阻抗谱，求解物理模型中各个参数，从而估算有关的动力学参数。

由不同频率下的电化学阻抗数据绘制的各种形式的曲线，都属于电化学阻抗谱，因此电化学阻抗谱包括许多不同的种类。其中最常见的是阻抗复平面图和阻抗波特图（Bode plot）。

阻抗复平面图是以阻抗的实部为横轴、以阻抗的虚部为纵轴绘制的曲线，也叫作奈奎斯特图（Nyquist plot），或者叫作斯留特图（Sluyter plot）。

阻抗波特图由两条曲线组成：一条曲线描述阻抗的模随频率的变化关系，即 $\lg|Z|-\lg f$ 曲线，称为 Bode 模图；另一条曲线描述阻抗的相位角随频率的变化关系，即 $\psi-\lg f$ 曲线，称为 Bode 相图。通常，Bode 模图和 Bode 相图要同时给出，才能完整描述阻抗的特征。

交流阻抗谱的解析一般是通过等效电路来进行的，其中基本的元件包括：纯电阻 R；纯电容 C，阻抗值为 $1/j\omega C$；纯电感 L，其阻抗值为 $j\omega L$。实际上，由于电极表面弥散效应的存在，所测得的双电层电容不是一个常数，而是随交流信号的频率和幅值发生改变，提出了一种新的电化学元件常相位角原件（constant phase angle element，CPE），它的阻抗数值可以表示为 $Z=\frac{1}{T\cdot\omega^{n}}\left[\cos\left(\frac{-n\pi}{2}\right)+j\sin\left(\frac{-n\pi}{2}\right)\right]$，它的阻抗的数值是角频率 ω 的函数，而它的幅角与频率无关，故文献上把这种元件称为常相位角元件。当 $n=1$ 时，$Z=1/(j\omega C)$，CPE 相当于一个纯电容，波特图上为一正半圆，相应电流的相位超过电位正好 90°；当 $n=-1$ 时，则有 $Z=j\omega L$，CPE 相当于一个纯电感，波特图上为一反置的正半圆，相应电流的相位落后电位正好 90°；当 $n=0$ 时，则 $Z=R$，此时 CPE 完全是一个电阻。

在两电极体系（如滴汞电极体系和超微电极体系）中，通过对电解池电压和极化电流的测量来确定电解池的阻抗。电解池的等效电路如图 3－10 所示。

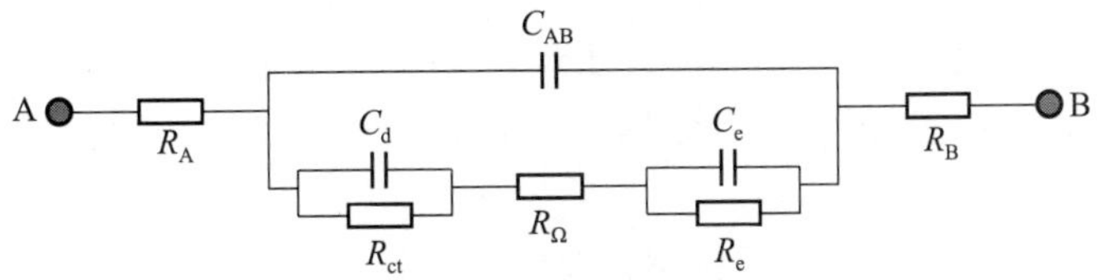

图 3－10　电解池的等效电路

图 3－10 中 A、B 两端分别代表研究电极和辅助电极。R_A、R_B 分别代表研究电极和辅助电极的欧姆电阻；C_{AB} 表示两电极之间的电容；R_Ω 表示研究电极和辅助电极之间的溶液欧姆电阻；C_d、C_e 分别表示研究电极和辅助电极的界面双电层电容；R_{ct}、R_e 分别表示研究电极和辅助电极的法拉第阻抗，其数值大小决定于电极的动力学参数及测量信号的频率。

如果研究电极和辅助电极均为金属电极，电极的欧姆电阻很小，R_A、R_B 可忽略不计；两电极间的距离比双电层厚度大得多（双电层厚度一般不超过 10^{-5} cm），故 C_{AB} 比双电层电

容 C_d、C_e 小得多，且 R_Ω 不是很大，则 C_{AB} 支路容抗很大，C_{AB} 可略去。这样，电解池等效电路可简化为如图 3－11 所示。

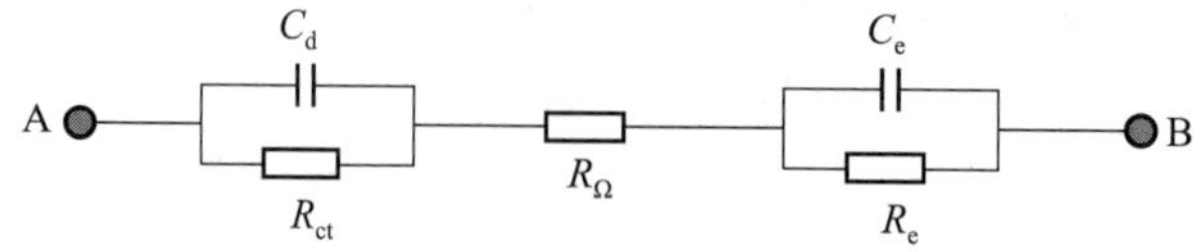

图 3－11　简化后的电解池的等效电路

3.8.3　实验仪器与试剂和耗材

仪器：电化学工作站 CHI660D 或 CHI660E、分析天平。

试剂和耗材：烧杯，玻璃棒，一次性滴管，H 型电解槽，2 个 1 cm^2 的镍电极片（电极侧面和背面用环氧树脂密封保护），50 mL 容量瓶，15 mmol/L $K_3Fe(CN)_6$ + 15 mmol/L $K_4Fe(CN)_6$ + 1 mol/L 的 KCl 溶液。

3.8.4　实验步骤及方法

采用两电极体系，接好电解池，绿色和黄色的线接工作电极（Ni 电极），红色和白色的线接对电极（Ni 电极，或称辅助电极）。实验步骤及方法如下。

（1）启动 CHI 电化学工作站，运行测试软件。在 Setup 菜单中单击“Technique”选项。在弹出菜单中选择“A C Impedance ”测试方法，然后单击 OK 按钮。

（2）在 Setup 菜单中单击“Parameters”选项。在弹出菜单中输入测试条件：Init E（初始电位）为 0 V，High Frequency（高频）为 10^5 Hz，Low Frequency（低频）为 0.1 Hz，Amplitude（振幅）为 0.01 V，Quiet Time（静止时间）为 2 s，Sensitivity（灵敏度）选择 Auto－sensitivity。然后单击 OK 按钮。

（3）在 Control 菜单中单击“Run Experiment”选项，进行电化学阻抗曲线的测量。

（4）测试完毕后，保存并命名测试结果，将测试文本文件保存为 CSV 格式，删除 CSV 文件中后两列数据保存为 TXT 格式文件，以备后续 ZSimpWin 模拟使用。

（5）打开模拟软件 ZSimpWin，打开之前存放的 TXT 格式数据，单击拟合电路图标，选择 R(CR)模型和 R(QR)模型，单击 OK 按扭进行拟合，保存拟合结果（格式 * par），然后右击“Save Impedance Data”保存拟合数据（格式为 * dat），可用记事本软件打开结果进行查看。

（6）测试 3 次，取平均值。实验完毕，关闭仪器，将电极清洗干净。

3.8.5　结果分析与讨论

（1）根据计算机绘出的复数平面图，确定该体系的控制过程。

（2）绘制复数平面图所用的数据是整个电解池的阻抗数据，试确定单电极等效电路的元件数值 R_{ct}、C_d。

（3）求出该体系的动力学参数 i^0。

（4）试分析拟合模型中 Q 与 C 的关系。

（5）分析 3 次测试之间的误差。

3.9　实验九　溶胶凝胶法制备 $LiFePO_4$ 正极材料

3.9.1　实验目的

（1）了解磷酸铁锂正极材料的结构特点。

（2）掌握溶胶凝胶法制备材料的方法。

（3）学习水浴反应、煅烧及 XRD 测试操作技术及注意事项。

3.9.2　实验原理

溶胶凝胶法就是用含高化学活性组分的化合物作为前驱体，在液相下将这些原料均匀混合，并进行水解、缩聚化学反应，在溶液中形成稳定的透明溶胶体系，溶胶经陈化胶粒间缓慢聚合，形成三维空间网络结构的凝胶，凝胶网络间充满失去流动性的溶剂，形成凝胶。凝胶经过干燥、烧结固化，制备出分子乃至纳米亚结构的材料（图 3－12）。

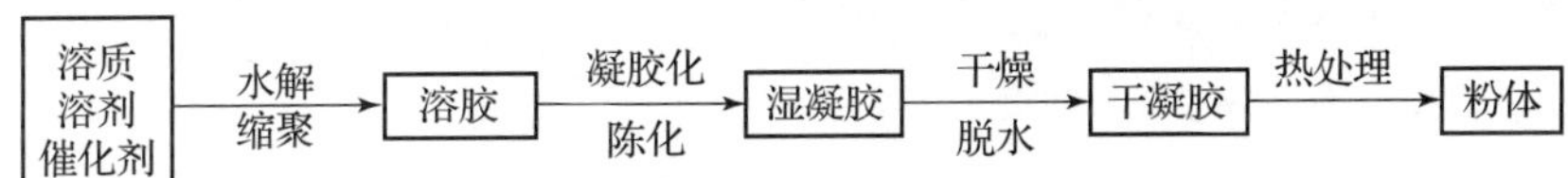

图 3－12　溶胶凝胶法制备流程

在本实验中，将铁源、锂源、磷源溶解于蒸馏水或去离子水中，再加入溶胶凝胶剂通过搅和醇解或水解反应形成均匀的溶胶，其均匀程度可达到分子级别，所以可以在该阶段掺入碳源和其他金属离子，溶胶经减压蒸发得到黏度很高的湿凝胶，湿凝胶再继续进行深度干燥形成干凝胶，这一过程中因失去湿凝胶中的水和其他易挥发物而形成多孔结构，干凝胶再研磨和煅烧，进而制得 $LiFePO_4$。溶胶凝胶法制备的正极材料纯度高、均匀性好、反应条件温和、粒径小，而且分布均匀、生产设备简单、产品和反应过程易控制。

3.9.3　实验仪器与试剂和耗材

仪器：分析天平、水浴锅、鼓风干燥箱、管式马弗炉。

试剂和耗材：氢氧化锂、氯化铁、磷酸、柠檬酸、去离子水、500 mL 烧杯、药匙、玻璃棒、搅拌子、称量纸、保鲜膜、研钵、坩埚、移液管。

3.9.4　实验步骤及方法

1. 溶液的配制

（1）药品称量：按照 1∶1∶1 的比例分别称量 0.01 mol 的氢氧化锂、氯化铁和磷酸放置于同一烧杯中，加入 0.02～0.04 mol 柠檬酸、300～400 mL 蒸馏水，搅拌均匀。

（2）形成凝胶：烧杯中放入搅拌子，置于水浴锅中（水浴锅封好口，防止水蒸干，烧杯不用封口），80 ℃搅拌 6～12 h 至形成黄色凝胶。

2. 磷酸铁锂的制备

（1）预烧：将前一日得到的凝胶放入鼓风干燥箱中，250 ℃预烧 0.5 h，使有机物柠檬

酸碳化。(若担心燃烧过程中样品飞出来，可在烧杯口盖铝箔，扎适量均匀大孔)

（2）研磨：将预烧后得到的黑色粉末置于研钵中研磨 0.5 h，使粉末均匀、细化。

（3）煅烧：将研磨后的粉末转移至坩埚中，置于管式炉内，在氩氢混合气气氛下，5 ℃/min 升温，600～750 ℃煅烧 4～10 h，得到最终产物。

（4）整理：清洗烧杯、研钵、坩埚，关闭鼓风干燥箱、马弗炉。

3. 样品的 XRD 表征

（1）用酒精棉擦拭干净盖玻片、载玻片后，用洗耳球吹干。

（2）取适量粉末放置于载玻片凹槽处，用盖玻片刮平后，将盖玻片放置于粉末上方，压实，粉末约与凹槽同高。

（3）放入设备中，设置参数测试扫描范围为 10°～80°(2θ/min)，测试。

4. 震实密度测试

（1）所制备的磷酸铁锂粉末置于 120 ℃真空烘箱中干燥备用。

（2）称量一干燥移液管筒质量 m_1。

（3）在移液管中加入一定量的磷酸铁锂粉末，堵住移液管口，反复振动移液管，直至管内试样体积不再减小为止，记下试样体积 V。

（4）再次称量移液管 + 试样的质量 M_2。

3.9.5 结果分析与讨论

（1）记录实验过程、现象，绘制具有详细工艺参数的制备流程。

（2）绘制 XRD 图并进行分析。

（3）加入柠檬酸的作用是什么?

（4）高温煅烧前为什么要预烧?

（5）为什么要在氩氢混合气气氛下煅烧?

3.10 实验十 溶液成膜法制备磺化聚醚砜质子交换膜

3.10.1 实验目的

（1）了解溶液成膜法的制备原理。

（2）了解质子交换膜制备过程不同因素对性能的影响。

（3）掌握溶液成膜法的具体步骤。

3.10.2 实验原理

质子交换膜燃料电池是一种将化学能转化为电能的新型、高效、环保的能源转化装置，由阳极、阴极和质子交换膜组成。其中，质子交换膜能够实现阴极与阳极的物理隔离，并传递质子以保证电化学反应的顺利进行，是质子交换膜燃料电池的重要组件之一。溶液成膜法是制备高分子膜材料的常用方法。该方法成膜均匀、厚度易调节、形状易控制、操作简单，在工业领域得到了广泛应用。本实验采用溶液成膜法制备磺化聚醚砜质子交换膜，原理是利用磺化聚醚砜材料在不同溶剂中的溶解、溶胀、不溶的特性，制备特定厚度、特定大小的质子交换膜。

通过本实验的学习，加强学生对高分子材料在不同溶剂中的作用状态的了解，促进学生了解高分子材料的溶解、溶胀等现象在实际中的应用。

磺化聚醚砜的分子结构图如图 3－13 所示。

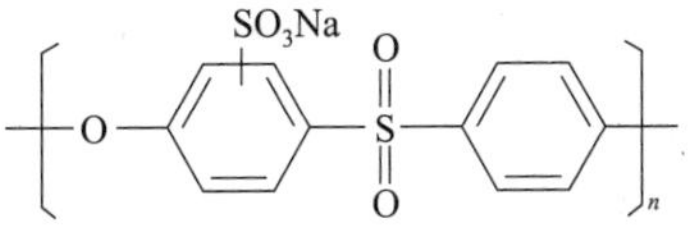

图 3－13　磺化聚醚砜的分子结构图

3.10.3　实验仪器与试剂和耗材

仪器：磁力搅拌器、鼓风干燥箱。

试剂和耗材：磺化聚醚砜、N，N－二甲基乙酰胺、去离子水、丙酮、一次性塑料烧杯、一次性滴管、20 mL 烧杯、聚四氟搅拌子、超平培养皿、钥匙。

3.10.4　实验步骤及方法

1. 不同溶解现象的观察

称取 0.2 g 磺化聚醚砜置于 3 个独立的一次性塑料杯中，分别标记为 A、B、C；用一次性滴管分别量取 10 mL N，N－二甲基乙酰胺、去离子水、丙酮，分别加入标记为 A、B、C 的一次性塑料杯中，静置，观察实验现象并记录。

思考选择何种溶剂用于铸膜液的配制、选择何种溶剂用于脱模。

2. 磺化聚醚砜铸膜液的配制

称取 1.0 g 磺化聚醚砜加入 20 mL 的烧杯中，加入 10 g 溶剂，放入适当大小的聚四氟搅拌子磁力搅拌 30 min 使高分子充分溶解。仔细观察并记录实验现象。

3. 质子交换膜的制备

将配制好的铸膜液过滤、脱泡后倒入超平培养皿中，放入 80 ℃鼓风干燥箱过夜或 110 ℃鼓风干燥箱中 2 h 后取出。加入去离子水进行脱模。脱模后，经 30 ℃水浴条件下的质子交换，得到质子交换膜，并放入 80 ℃烘箱干燥备用。制备过程如图 3－14 所示。

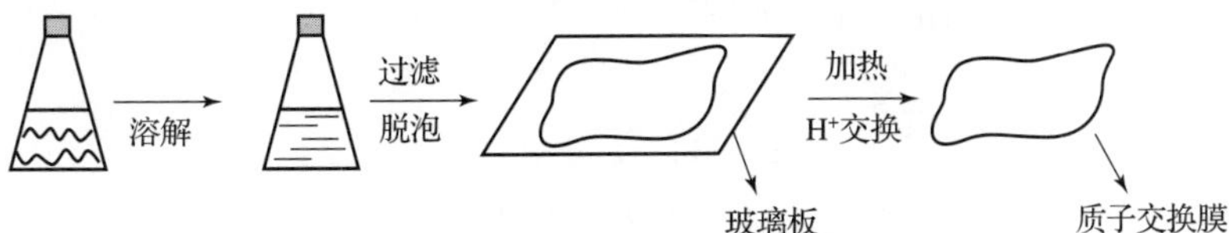

图 3－14　磺化聚醚砜成膜过程示意图

3.10.5　结果分析与讨论

（1）怎样从微观角度描述高分子的溶解、溶胀、不溶现象？

（2）磺化聚醚砜为什么在 N，N－二甲基乙酰胺、去离子水、丙酮中有不同的溶解现象？

（3）若质子交换膜中含有未脱除的杂质，可能的杂质类型有哪些？

3.11 实验十一 离子交换法制备 H－ZSM－5 分子筛催化剂

3.11.1 实验目的

（1）了解分子筛的结构特点。

（2）掌握材料合成的离子交换法。

（3）学习离心机、电热鼓风干燥箱及马弗炉的操作技术及注意事项。

3.11.2 实验原理

沸石（zeolite）的晶体具有许多大小相同的空腔，空腔之间又有许多直径相同的微孔相连，形成均匀的、尺寸大小为分子直径数量级的孔道，因不同孔径的沸石就能筛分大小不一的分子，故又得名分子筛（molecular sieve）。

沸石分子筛是结晶硅铝酸盐，其化学组成可表示为

$$M_{2/n}O \cdot Al_2O_3 \cdot xSiO_2 \cdot yH_2O$$

式中，M 为金属离子，人工合成时通常从 Na 开始；n 为金属离子的价数；x 为 SiO_2的分子数，也可称为 SiO_2/Al_2O_3的摩尔比，俗称硅铝比；y 为 H_2O 分子的分子数。

利用离子交换的手段把活性组分以阳离子的形式交换吸附到载体上，Na 型沸石分子筛通过氯化铵处理后，变成 NH4$^+$沸石，煅烧后脱出氨气，生成 H 型沸石分子筛。其具体原理如图 3－15 所示。

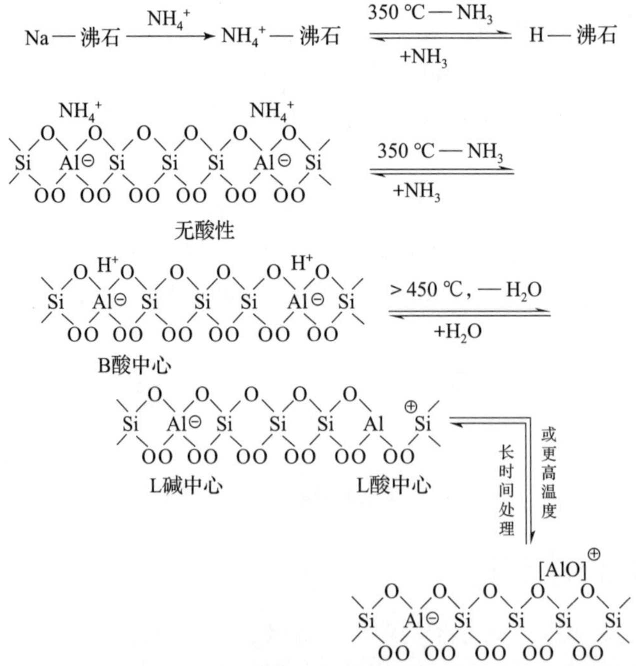

$$Na—沸石 \xrightarrow{NH_4^+} NH_4^+—沸石 \underset{+NH_3}{\overset{350\ ℃—NH_3}{\rightleftharpoons}} H—沸石$$

图 3－15 氨沸石分子筛成为 H 型分子筛机构及受热变化图

3.11.3　实验仪器与试剂和耗材

仪器：干燥箱、马弗炉、离心机、恒温磁力搅拌器、电热恒温干燥箱。

试剂和耗材：1 mol/L 的 NH_4Cl 溶液，NaZSM－5，$AgNO_3$、烧杯、量筒、玻璃棒、三口烧瓶、容量瓶。

3.11.4　实验步骤及方法

1. H－ZSM－5 分子筛的制备

称量 5 g NaZSM－5 分子筛加入 250 mL 三口烧瓶中，然后加入 100 mL 1 mol/L 的 NH_4Cl 溶液，对样品分子筛在 90 ℃下密闭搅拌 2 h 进行离子交换，交换完毕，离心，倒去上层溶液，用去离子水洗涤多次，用 $AgNO_3$ 检测滤液是否有白色沉淀生成，如没有白色沉淀说明已洗涤干净。将交换完毕的分子筛放入鼓风干燥箱中 120 ℃下干燥 6 h，然后将鼓风干燥后的分子筛放入马弗炉中，升温程序为：以 2 ℃/min 升温至 100 ℃保持 1 h，继续 2 ℃/min 升温到 550 ℃焙烧 6 h，得到 H－ZSM－5 分子筛。离子交换实验装置图如图 3－16 所示。

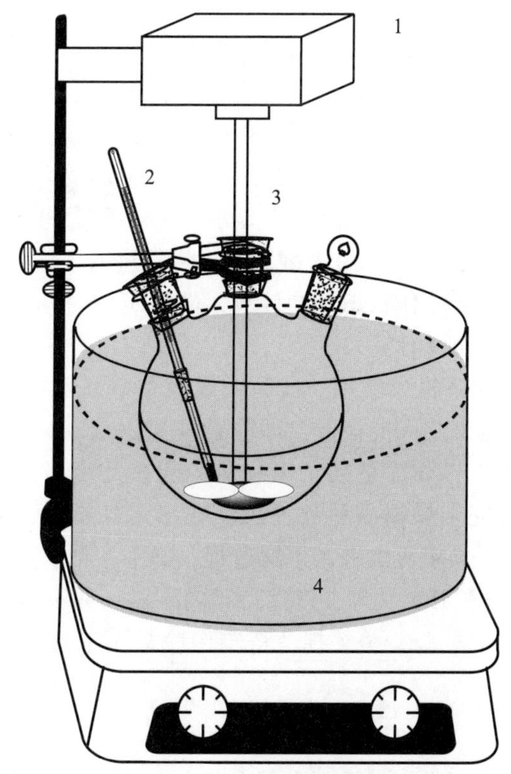

图 3－16　离子交换实验装置图

1—搅拌器；2—温度计；3—搅拌桨；4—磁力搅拌恒温油浴锅

2. 离心机操作规程

（1）工作台应水平、稳固，防止出现震动，工作间应整洁、干燥并通风良好；开机前应将内腔和转头擦拭干净；工作前应均匀放入空的离心管并使机器以最高转速运行 1～2 min，无异常情况才可进行正常工作。

（2）把离心机放置于平面桌或平台上，目测使之平衡，检查离心机是否放置平衡。

（3）插上电源插座，按下电源开关（电源开关在离心机背面、电源座上方）。

（4）按“STOP”键，打开门盖（未接通电源，请用小杆从机箱右侧小孔插入顶开电子锁）。将离心管放入转子内，离心管必须成偶数对放入（离心管试液目测均匀），注意把转子体上的螺帽旋紧，并重新检查上述步骤，完毕用手轻轻旋转一下转子体，使离心管架运转灵活。

（5）关上门盖，注意一定要使门盖锁紧，完毕用手检查门盖是否关紧。

3. 鼓风干燥箱操作规程

（1）样品放置：把需干燥处理的物品放入干燥箱内，确保样品不会泄漏流出，上下四周应留存一定空间，保持工作室内气流畅通，关闭箱门。

（2）风门调节：根据干燥物品的潮湿情况，把风门调节旋钮旋到合适位置，一般旋至“Z”处；若比较潮湿，将调节旋钮调节至“三”处（注意：风门的调节范围约为60°角）。

（3）开机：打开电源及风机开关。此时电源指示灯亮，电机运转。控温仪显示经过“自检”过程后，PV屏应显示工作室内测量温度，SV屏应显示使用中需干燥的设定温度，此时干燥箱即进入工作状态。

（4）设定所需温度：按一下SET键，此时PV屏显示“5P”，用↑键或↓键改变原SV屏显示的温度值，直至达到需要值为止。设置完毕后，按一下SET键，PV显示“5T”（进入定时功能）。若不使用定时功能则再按一下SET键，使PV屏显示测量温度，SV屏显示设定温度即可。（注意：不使用定时功能时，必须使PV屏显示的“ST”为零，即ST=0）

（5）定时设定：若使用定时，则当PV屏显示“5T”时，SV屏显示“0”；用+键设定所需时间（min）；设置完毕，按一下SET键，使干燥箱进入工作状态即可。（注意：定时的计时功能是从设定完毕、进入工作状态开始计算，故设定的时间一定要考虑把干燥箱加热、恒温、干燥三阶段所需时间合并计算。）

（6）控温检查：第一次开机或使用一段时间或当季节（环境湿度）变化时，必须核查工作室内测量温度和实际温度之间的误差，即控温精度。

（7）关机：干燥结束后，如需更换干燥物品，则在开箱门更换前先将风机开关关掉，以防干燥物被吹掉；更换完干燥物品后（注意：取出干燥物时，千万小心烫伤），关好箱门，再打开风机开关，使干燥箱再次进入干燥过程；如不立刻取出物品，应先将风门调节旋钮旋转至“Z”处，再把电源开关关掉，以保持箱内干燥；如不再继续干燥物品，则将风门调节旋钮转至“三”处，把电源开关关掉，待箱内冷却至室温后，取出箱内干燥物品，将工作室擦干。

4. 马弗炉操作规程

接通电源，此时仪表出现数字显示，表示设备进入工作状态。

通过操作温度控制器，设定所需要的箱内温度。其具体操作步骤如下：①按<键，显示初始温度，按<键和↑、↓键进行调整；②按回车键，显示初始温度到第一个升温点的时间，按<键和↑、↓键进行调整；③按回车键，显示第一个升温点的温度，按<键和↑、↓键进行调整；④如有第二、三……个升温点，重复第②、③步；⑤升温点设定完毕，继续按回车键，将显示的时间设置为-121。

仪器开始工作，箱内温度逐渐达到设定值，经过所需的焙烧时间后，焙烧工作完成。关闭电源，待箱内温度接近环境温度后，打开马弗炉门，取出样品。

3.11.5　结果分析与讨论

（1）分析 HZSM－5 的结构。
（2）为什么用 $AgNO_3$检测？
（3）HZSM－5 具有什么特点？
（4）离子交换法制备过程中为什么高温焙烧？

3.12　实验十二　拟薄水铝石的制备

3.12.1　实验目的

（1）了解拟薄水铝石的结构特点。
（2）掌握材料合成的沉淀法。
（3）学习离心机、鼓风干燥箱的操作技术及注意事项。

3.12.2　实验原理

拟薄水铝石（SB）又名一水合氧化铝、假一水软铝石，化学式为 $Al_2O_3 \cdot nH_2O$（n = 0.08～0.62），是一类组成不确定、结晶不完整、从无序到有序的系列铝氧化物。由于拟薄水铝石溶胶后具有良好的黏结性能，热处理后可生成孔结构丰富的 $\gamma-Al_2O_3$，所以在石油化工行业中，拟薄水铝石广泛应用于裂化、加氢和重整催化剂的黏结剂或载体。通常在一定温度（550 ℃）下焙烧拟薄水铝石可以得到 $\gamma-Al_2O_3$催化剂。

沉淀法的原理是将沉淀剂加入金属盐类溶液，得到沉淀后再进行处理，分为单组分沉淀法、共沉淀法、均匀沉淀法、导晶沉淀法。本次采用单组分沉淀法制备非贵金属的单组分催化剂或载体拟薄水铝石。其反应原理如图 3－17 所示。

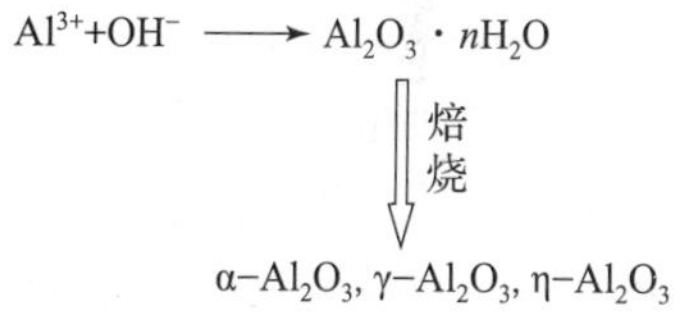

$$Al^{3+}+OH^- \longrightarrow Al_2O_3 \cdot nH_2O$$

$$\Downarrow \text{焙烧}$$

$$\alpha-Al_2O_3,\ \gamma-Al_2O_3,\ \eta-Al_2O_3$$

图 3－17　拟薄水铝石的反应原理

3.12.3　实验仪器与试剂和耗材

仪器：超声波发生器、分析天平、真空干燥箱、低速离心机、油浴锅；温度计（量程 200 ℃）。

试剂和耗材：十八水合硫酸铝，偏铝酸钠，碳酸钠，无水甲醇，pH 试纸，蒸馏水、烧杯（200 mL 3 个，500 mL 1 个）、玻璃棒、三口烧瓶、搅拌桨、恒压滴液漏斗（2 个）、离心瓶、培养皿。

3.12.4　实验步骤及方法

1. 拟薄水铝石的制备

实验采用 $Al_2(SO_4)_3 \cdot 18H_2O$ 为酸、$NaAlO_2$为碱合成拟薄水铝石，其流程如图 3－18 所示。

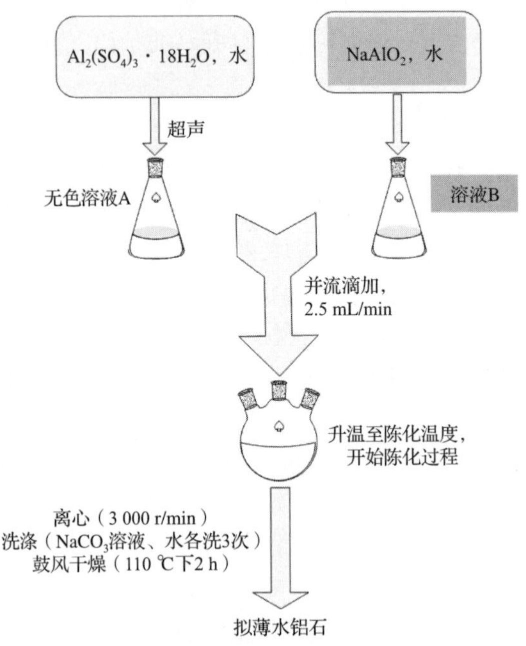

图 3－18　拟薄水铝石的制备过程

其具体操作过程如下。

（1）称取 32.6 g $Al_2(SO_4)_3 \cdot 18H_2O$ 溶于 100 g 蒸馏水中，放在超声波发生器中超声至完全溶解，获得溶液 A。称取 64.3 g $NaAlO_2$ 溶解于 100 g 蒸馏水中，获得溶液 B。称取碳酸钠 53 g，溶于大烧杯中加水至 500 mL，得 $NaCO_3$ 水溶液。

（2）将油浴锅升温至成胶温度 70 ℃，待温度稳定后，利用恒压滴液漏斗，将溶液 A、B 以并流加料的方式缓慢滴加到圆底烧瓶中混合搅拌，滴加速率控制在 2.5 mL/min 左右，并流加料实验装置如图 3－19 所示。滴加完毕，注意检测混合液的 pH 值，保证 pH＞8。

（3）在 70 ℃ 下恒温老化 1 h，然后取出冷却至室温。

（4）反复离心、洗涤，先用 $NaCO_3$ 溶液洗涤 3 次，然后水洗 3 次。

（5）将离心后的沉淀胶体转移至培养皿中，于 110 ℃下鼓风干燥 2 h。

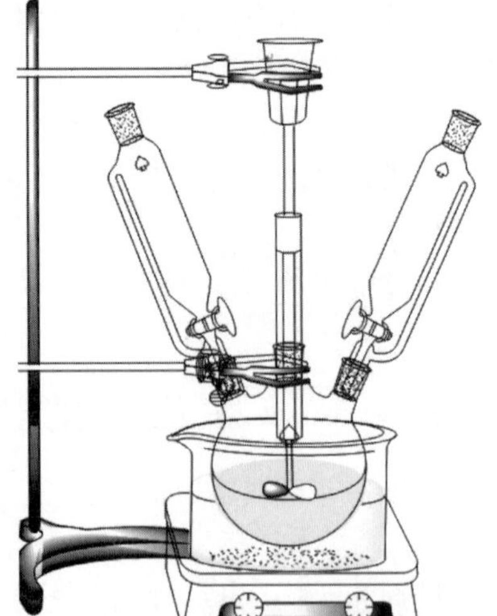

图 3－19　并流加料实验装置

2. 低速离心机操作规程

（1）开机前应将内腔和转头擦拭干净。

（2）将盛有材料的离心管置于离心机金属管套内，调节管内材料的量，使相对两管连同其管套的重量相等。如仅有一管材料，则可盛清水于相对应管中以平衡。将离心机的盖盖好。

（3）打开电源（低速离心机电源在右侧，高速离心机电源在背面），设定程序（包括转速和时间等），单击确定，启动/START。

（4）待显示屏上转速显示为 0 或提示 END 时，取出离心管。

（5）检查离心机中有无漏液，清理晾干，将盖盖好，关闭电源。

3. 鼓风干燥箱操作规程

（1）样品放置：把需干燥处理的物品放入干燥箱内，上下四周应留存一定空间，保持工作室内气流畅通，关闭箱门。

（2）开机：打开电源及风机开关。此时电源指示灯亮，电机运转。控温仪显示经过“自检”过程后，PV 屏应显示工作室内测量温度，SV 屏应显示使用中需干燥的设定温度，此时干燥箱即进入工作状态。

（3）设定所需温度：按一下 SET 键，此时 PV 屏显示“5P”，用↑键或↓键改变原 SV 屏显示的温度值，直至达到需要值为止。设置完毕后，按一下 SET 键，PV 显示“5T”（进入定时功能）。若不使用定时功能则再按一下 SET 键，使 PV 屏显示测量温度，SV 屏显示设定温度即可。（注意：不使用定时功能时，必须使 PV 屏显示的“ST”为零，即 ST =0）。

（4）关机：干燥结束后，如需更换干燥物品，则在开箱门更换前先将风机开关关掉，以防干燥物被吹掉；更换完干燥物品后（注意：取出干燥物时，千万小心烫伤），关好箱门，再打开风机开关，使干燥箱再次进入干燥过程；如不再继续干燥物品，把电源开关关掉，待箱内冷却至室温后，取出箱内干燥物品，将工作室擦干。

3.12.5　结果分析与讨论

（1）根据实验现象和记录，绘出带有工艺参数的流程图。

（2）溶液 A、B 混合加料时，为什么采用并流操作？

（3）为什么用碳酸钠溶液洗涤样品？

（4）真空干燥和鼓风干燥有什么区别？

3.13　实验十三　纳米 TiO_2 光催化剂制备

3.13.1　实验目的

（1）了解 TiO_2 一维纳米材料的结构特点。

（2）掌握材料的水热合成方法。

（3）学习离心机、电热鼓风干燥箱及马弗炉的操作技术及注意事项。

3.13.2　实验原理

TiO_2一维纳米材料既保持了其传统的价格低廉、化学性质稳定、无毒副作用等优点，同时又增大了比表面积，提高了吸附能力，可望提高 TiO_2 在光催化、太阳能电池、传感器、催化剂载体等方面的应用性能而受到关注。目前，TiO_2一维纳米材料的制备方法主要有三种：模板法、阳极氧化法和水热法。其中，水热法是 Kasuga 等于 1998 年首先开发的，与模板法、阳极氧化法相比，它简单易行、成本低、产率高（几乎为 100%），因而成为研究的热点。

水热法制备 TiO_2 一维纳米材料的原理是，水热条件下，TiO_2 颗粒在 Na^+ 和 OH^- 的进攻下，Ti—O—Ti 化学键断裂，形成纳米薄片。由于反应釜的旋转，反应体系在不受外界环境影响的直接作用条件下，保持了均匀混合的状态；并且，反应釜旋转产生的流体环境有利于纳米薄片的取向连接。因此，纳米薄片易于以纳米薄片团簇的形式存在，而由纳米薄片卷曲而成的纳米管则相应地易于以纳米管束的形式存在。纳米管束的形成则为纳米管重结晶进一步转变为纳米带提供了有利条件。当反应温度升高或时间延长，纳米管束重结晶形成纳米带结构。TiO_2 纳米带制备流程如图 3－20 所示。

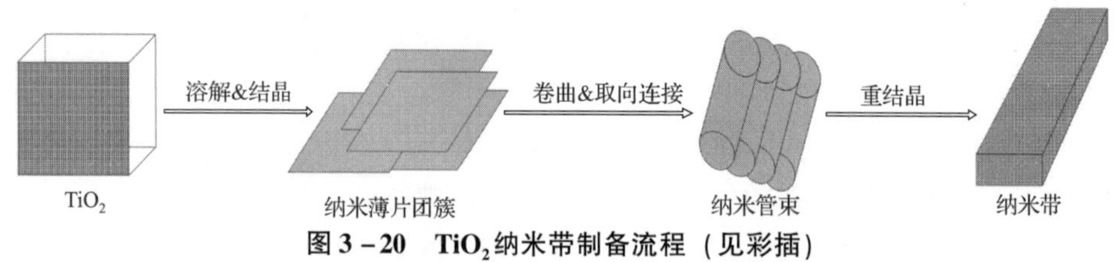

图 3－20　TiO_2 纳米带制备流程（见彩插）

3.13.3　实验仪器与试剂和耗材

仪器：电子分析天平、磁力搅拌、真空干燥箱、低速离心机、反应釜、电热鼓风恒温干燥箱、马弗炉。

试剂和耗材：氢氧化钠、二氧化钛（TiO_2）、硝酸、去离子水、烧杯（50 mL 1 个）、玻璃棒。

3.13.4　实验步骤及方法

1. TiO_2 一维纳米材料的制备

将 0.3 g TiO_2 颗粒加入 30 mL、10 mol/L 的 NaOH 溶液中，激烈搅拌 1 h 形成均一的乳白色悬浊液，转入聚四氟乙烯内衬的反应釜中，在旋转条件下于 170 ℃下反应 24 h，旋转速度为 60 r/min。反应完毕并冷却至室温后，用蒸馏水和 0.01 mol/L 的硝酸溶液洗涤得到 TiO_2 一维纳米材料前体——钛酸盐一维纳米材料。将该 TiO_2 一维纳米材料前体放入马弗炉中，在空气的氛围下，以 0.5 ℃/min 的升温速率，从室温升温至 350～650 ℃，并保温 2 h，再冷却至室温，得到 TiO_2 一维纳米材料。

2. 离心机操作规程

（1）工作台应水平、稳固，防止出现震动，工作间应整洁、干燥并通风良好；开机前应将内腔和转头擦拭干净；工作前应均匀放入空的离心管并使机器以最高转速运行 1～2 min，无异常情况才可进行正常工作。

（2）把离心机放置于平面桌或平台上，目测使之平衡，检查离心机是否放置平衡。

（3）插上电源插座，按下电源开关（电源开关在离心机背面、电源座上方）。

（4）按 STOP 键，打开门盖（未接通电源，请用小杆从机箱右侧小孔插入顶开电子锁）。将离心管放入转子内，离心管必须成偶数对放入（离心管试液目测均匀），注意把转子体上的螺帽旋紧，并重新检查上述步骤，完毕用手轻轻旋转一下转子体，使离心管架运转灵活。

（5）关上门盖，注意一定要使门盖锁紧，完毕用手检查门盖是否关紧。

3. 鼓风干燥箱操作规程

（1）样品放置：把需干燥处理的物品放入干燥箱内，确保样品不会泄漏流出，上下四周应留存一定空间，保持工作室内气流畅通，关闭箱门。

（2）风门调节：根据干燥物品的潮湿情况，把风门调节旋钮旋到合适位置，一般旋至“Z”处；若比较潮湿．将调节旋钮调节至“三”处（注意：风门的调节范围约为60°角）。

（3）开机：打开电源及风机开关。此时电源指示灯亮，电机运转。控温仪显示经过“自检”过程后，PV 屏应显示工作室内测量温度，SV 屏应显示使用中需干燥的设定温度，此时干燥箱即进入工作状态。

（4）设定所需温度：按一下 SET 键，此时 PV 屏显示“5P”，用↑键或↓键改变原 SV 屏显示的温度值，直至达到需要值为止。设置完毕后，按一下 SET 键，PV 显示“5T”（进入定时功能）。若不使用定时功能则再按一下 SET 键，使 PV 屏显示测量温度，SV 屏显示设定温度即可。（注意：不使用定时功能时，必须使 PV 屏显示的“ST”为零，即 ST = 0）

（5）定时设定：若使用定时，则当 PV 屏显示“5T”时，SV 屏显示“0”；用 + 键设定所需时间（min）；设置完毕，按一下 SET 键，使干燥箱进入工作状态即可。（注意：定时的计时功能是从设定完毕、进入工作状态开始计算，故设定的时间一定要考虑把干燥箱加热、恒温、干燥三阶段所需时间合并计算。）

（6）控温检查：第一次开机或使用一段时间或当季节（环境湿度）变化时，必须核查工作室内测量温度和实际温度之间的误差，即控温精度。

（7）关机：干燥结束后，如需更换干燥物品，则在开箱门更换前先将风机开关关掉，以防干燥物被吹掉；更换完干燥物品后（注意：取出干燥物时，千万小心烫伤），关好箱门，再打开风机开关，使干燥箱再次进入干燥过程；如不立刻取出物品，应先将风门调节旋钮旋转至“Z”处，再把电源开关关掉，以保持箱内干燥；如不再继续干燥物品，则将风门调节旋钮转至“三”处，把电源开关关掉，待箱内冷却至室温后，取出箱内干燥物品，将工作室擦干。

4. 马弗炉操作规程

接通电源，此时仪表出现数字显示，表示设备进入工作状态。

通过操作温度控制器，设定所需要的箱内温度。其具体操作步骤如下：①按 < 键，显示初始温度，按 < 键和↑、↓键进行调整；②按回车键，显示初始温度到第一个升温点的时间，按 < 键和↑、↓键进行调整；③按回车键，显示第一个升温点的温度，按 < 键和↑、↓键进行调整；④如有第二、三……个升温点，重复第②、③步；⑤升温点设定完毕，继续按回车键，将显示的时间设置为 -121。

仪器开始工作，箱内温度逐渐达到设定值，经过所需的焙烧时间后，焙烧工作完成。

关闭电源，待箱内温度接近环境温度后，打开马弗炉门，取出样品。

3.13.5　结果分析与讨论

（1）分析 TiO_2 一维纳米材料的结构特点。

（2）为什么用硝酸溶液洗涤得到 TiO_2 一维纳米材料前体？

（3）分析煅烧温度对得到的 TiO_2 一维纳米材料结构的影响。

3.14 实验十四 $\gamma-Al_2O_3$ 固体酸催化剂煅烧温度的确定

3.14.1 实验目的

（1）掌握 $\gamma-Al_2O_3$ 制备的基本方法。

（2）掌握热分析仪的基本操作。

（3）了解煅烧温度对样品形貌的影响。

3.14.2 实验原理

晶型是 γ 型的氧化铝即为 γ－氧化铝。γ－氧化铝具有多孔性、比表面大、吸附性能优、热稳定性好、活性位分散均匀、表面具有一定酸性等特点。另外，γ－氧化铝还具有粒度分布均匀、纯度高、硬度高、尺寸稳定性好等优良特性，常作为催化剂或催化剂载体使用，还广泛应用于吸附、环保、医药等领域。

γ－氧化铝的制备通常采用氢氧化铝在 450～600 ℃高温条件下脱水制得。采用拟薄水铝石在一定温度（550 ℃）下焙烧是制备 $\gamma-Al_2O_3$ 的常用手段。

$\gamma-Al_2O_3$ 反应原理如图 3－21 所示。

$$Al_2O_3\quad nH_2O \xrightarrow{\text{焙烧}} \alpha\text{-}Al_2O_3,\ \gamma\text{-}Al_2O_3,\ \eta\text{-}Al_2O_3$$

图 3－21　$\gamma-Al_2O_3$ 反应原理

氧化铝具有多种晶型。拟薄水铝石在不同的热处理条件（如温度、气氛、升温速率等）下，会产生不同晶型或非单一相态的氧化铝产物，其中煅烧温度又是影响氧化铝产物晶型结构的主要因素。确定适宜的拟薄水铝石煅烧温度是制备得到单一晶相 $\gamma-Al_2O_3$ 的关键。

图 3－22　WCT－1D 型热重－差热分析仪

热重分析法是在程序控制温度下，测量物质质量与温度关系的一种技术。许多物质在加热过程中常伴随质量的变化，这种变化过程有助于研究晶体性质的变化，如熔化、蒸发、升华和吸附等物质的物理现象；也有助于研究物质的脱水、解离、氧化、还原等物质的化学现象。热重分析仪工作原理见第 2 章“常用分析检测方法”热重－差热分析。本实验所用热重仪为 WCT－1D 型号，如图 3－22 所示，由设备主机、气体控制系统、循环冷却水及电脑显示系统组成。研究不同温度条件下，拟薄水铝石的热失重及热量效应，采用 SEM、XRD 表征热处理产物的形貌，确定氧化铝的最佳煅烧温度。

3.14.3 实验仪器与耗材

仪器：WCT－1D 型热重－差热分析仪、扫描电子显微镜、X 射线衍射仪、天平。

耗材：拟薄水铝石（自制）。

3.14.4　实验步骤及方法

1. 开机预热

开机预热 20 min。

2. 装样操作

抬起炉体，装参比物样品及拟薄水铝石实验样品于坩埚中，放置在热电偶板上，放下炉体。

3. 开启冷却水

冷却水流量不要太大，以人眼看出水在流动为宜。

4. WCT－1D 型热重－差热分析仪数据采集分析系统操作

（1）双击 WCT 图标，出现标志界面，将鼠标移至界面上后单击，屏幕右上角会出现软件操作总菜单，总菜单会自动隐藏，在鼠标移到电脑屏幕右上方时，总菜单会自动出现。

（2）单击“新采集”选项会出现采集参数对话框。参数包括试样名称、试样序号、仪器型号、操作者、试样重量。在做 TG 实验时，试样重量需准确称量，重量数值输入试样重量一栏中，作为 TG 曲线分析的数据依据。样品的质量可以由天平称量，也可利用仪器自动称量。起始温度设为 20 ℃，升温速率为 10 ℃/min，终止温度为 900 ℃，保温时间为 5 min，温度轴最大值为 1 200 ℃。单击确定按钮。

（3）开启气源开关，调节前面板上的两个稳压旋钮，使对应的压力表指针在 0.04 MPa 左右，气体流速为 60 mL/min。

（4）实验结束后，关闭气体、冷凝水、热分析工作站。

5. SEM、XRD 分析

样品冷却后，产物进行 SEM、XRD 分析。

3.14.5　结果分析与讨论

（1）绘制 TG 图，选定每个台阶的起止位置，求出各个反应阶段的 TG 失重百分比，失重始温、终温，失重速率最大点温度。依据失重百分比，推断测试样品失水过程。

（2）结合样品 SEM、XRD 结果分析热处理条件对产物形貌的影响。

（3）不同升温速率对拟薄水铝石的 TG－DSC 曲线有何影响？

（4）拟薄水铝石热处理产物的形貌如何确定？

（5）不同热处理温度条件下得到的氧化铝晶型结构有何不同？

3.15　实验十五　H－ZSM－5 催化剂的酸性测定

3.15.1　实验目的

（1）掌握固体酸催化剂表面酸性的研究方法。

（2）了解吡啶红外测试技术的工作原理，掌握仪器的操作。

（3）掌握催化剂酸类型、催化剂表面酸量的分析方法。

3.15.2 实验原理

1. 吡啶红外吸附（Py－IR）法基本原理

IR（红外光谱）法是目前最常用的分析固体酸催化剂表面酸性的方法之一，它可同时得到催化剂表面酸的类型、强度和酸量的信息，常用的探针分子有 Py、NH_3等。

IR 法测定固体酸催化剂表面酸性的基本原理：将固体酸催化剂在高真空下进行程序升温脱附和活化之后，以碱性分子（本实验选无水吡啶 Py）为探针分子，使其与催化剂的酸性位作用。吡啶为强碱性分子，其氮原子上的电子对易与 B 酸作用生成 PyH^+，或和 L 酸作用形成配合物。利用这种性质，通过观察酸作用后的吡啶在 1 650～1 400 cm^{-1}环振动区的吸收峰可以判断固体酸的酸类型、酸强度和酸量。通常用于鉴别酸性的吡啶振动模式有四种：19b、19a、8b 和 8a 振动模式。其中应用最普遍的是 19b、8a 两种振动模式，即吡啶与 Brønsted 酸作用形成 PyH^+（BPy）在 1 540 cm^{-1}和 1 631～1 640 cm^{-1}附近出现特征吸收带；吡啶与 Lewis 酸作用形成 Py－L 配位络合物（LPy）在 1 450 cm^{-1}和 1 602～1 632 cm^{-1}附近出现特征吸收带。根据特征峰的位置可以判断酸类型、酸强度，根据特征峰的峰面积计算酸含量。

Py－IR 法是通过 IR 谱图中吸收峰的面积并根据 Lambert－Beer 定律［式（3－21）］来计算酸量的，样品在某波长或频率处的吸光度与样品上吡啶的含量和样品厚度成正比。若保持样品的厚度基本不变，则特征峰（1 450 cm^{-1}、1 540 cm^{-1}处）的吸光度分别与 L 酸和 B 酸的含量成正比，这就是红外光谱法定量分析的基础。

$$A = a \cdot C \cdot d \tag{3-21}$$

式中，A 为某波长处的吸光度，%；a 为消光系数，$cm^2/\mu mol$；C 为样品中吡啶含量，$\mu mol/g$；d 为膜片厚度，g/cm^2。由于代表 B 酸和 L 酸特征吸收峰的波长不同，所以分别存在关系式（3－22）和式（3－23）：

$$A_B = a_B \cdot C_B \cdot d \tag{3-22}$$

$$A_L = a_L \cdot C_L \cdot d \tag{3-23}$$

$$C = C_B + C_L \tag{3-24}$$

由这 4 个关系式可以得到线性方程（3－25）：

$$\frac{A_B}{C \cdot d} = a_B - \left(\frac{a_B}{a_L}\right) \cdot A_L/(C \cdot d) \tag{3-25}$$

膜片厚度是实验中的一个敏感参数，要得到真实的厚度值也比较困难，所以一般以单位面积的质量代表膜片厚度。

2. 实验设备

用吡啶探针分子的化学吸附与红外光谱法相结合测定表面酸性的设备由红外光谱仪、配套的真空处理装置和吸附装置三部分组成。

红外光谱仪可用一般的透过吸收红外光谱仪，其他如漫反射红外光谱仪、衰减全反射红外光谱仪、光声红外光谱仪也被采用，它们给出的基本红外光谱信息是等同的。

高真空装置用于活化待测样品、净化探针分子并辅助进行定量化学吸附，其真空度应达 1.33×10^{-2} Pa。样品中的水分以及其他吸附物应在真空装置上加热脱附除去。因为水是弱碱性分子而且是红外活性的，它的存在会干扰吡啶探针分子的红外测定。液体探针分子中所溶解的微量空气也会干扰红外测定，故应在干燥脱水之后进一步在真空装置上经冷冻—脱气—融化反复处理将其脱除。

探针分子的吸附装置如图 3－23 所示，它由探针分子的贮瓶、定量吸附管、红外吸收池以及开启式电炉四部分组成。

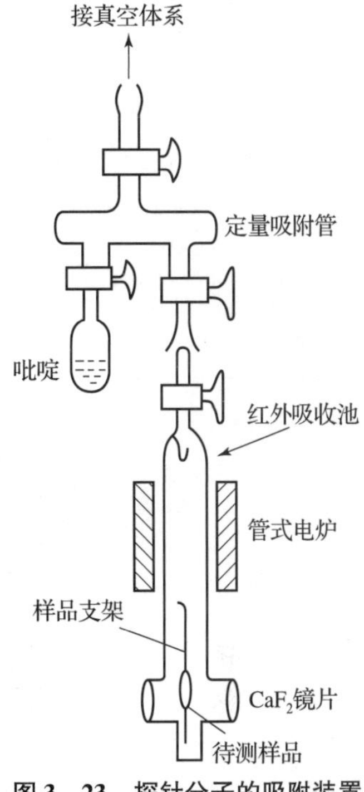

图 3－23 探针分子的吸附装置

3.15.3 实验仪器与试剂和耗材

仪器：红外光谱仪、配套的真空处理装置和吸附装置。

试剂和耗材：H－ZSM－5 催化剂、无水吡啶。

3.15.4 实验步骤及方法

取一定量样品压片，将样品在 500 ℃抽真空下热处理 0.5 h，然后降温到室温，采集干净表面催化剂的红外光谱图。随后以干净表面催化剂的红外光谱图为参比采集样品的红外光谱图（差谱）。其过程具体如下：在室温下进行吡啶吸附 1 h，进行红外光谱测试；抽真空吹扫 0.5 h，进行红外光谱测试；在真空下升温，分别在 100 ℃、150 ℃、200 ℃、300 ℃和 400 ℃保持 0.5 h，并在每个温度点进行红外光谱测试。根据红外谱图中 1 540 cm^{-1}（B 酸中心）和 1 450 cm^{-1}（B 酸中心）附近特征峰确定酸类型及酸强度，根据特征峰面积确定其 B 酸量和 L 酸量。

3.15.5 结果分析与讨论

（1）判断 H－ZSM－5 的酸类型，计算表面酸量。

（2）测试红外时，为何使用石英红外吸收池？

（3）H－ZSM－5 为什么存在两种类型的酸中心？

（4）吡啶红外吸附特征峰的原理是什么？

3.16 实验十六 拟薄水铝石的结构测定

3.16.1 实验目的

（1）掌握红外光谱、XRD 测试技术在催化剂中的应用，根据测定数据分析催化剂样品的结构及仪器操作。

（2）掌握红外光谱、XRD 谱图的分析方法。

（3）练习用 KBr 压片法制备样品的方法。

3.16.2 实验原理

红外线本身的能量可以激发电子进行能级跃迁，电子在跃迁的同时吸收的能量等于两个能级之间的能量差，不同的化学键或官能团，其振动能级从基态跃迁到激发态所需的能量不同，因此需要吸收不同能量的红外光，形成不同波长位置的吸收峰，检测红外线被物质吸收的情况，即可得到某物质的红外吸收光谱。红外光谱可以用于分子结构和化学组成分析，包括化合物的鉴定与定量分析、未知化合物的结构分析、化学反应动力学、晶变、相变、材料拉伸与结构的瞬变关系研究等，广泛应用在各种化学化工实验中。本实验中检测拟薄水铝石所使用的红外光谱仪为岛津傅里叶红外光谱仪（IRAffinity－1s 型，日本岛津 Shimadzu）如图 3－24 所示。

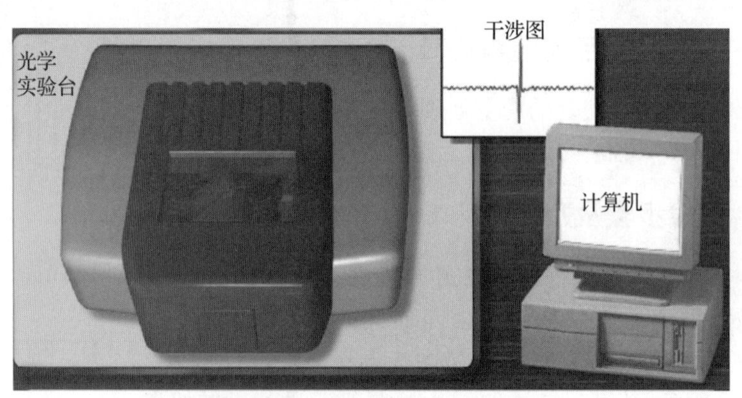

图 3－24 红外光谱仪的硬件构成

用一定波长的 X 射线照到结晶性物质上时，晶体中的电子受迫振动产生相干散射，当晶面间距 d 和 X 射线的波长 λ 的关系可以用布拉格方程来表示，且散射的光线在某些方向上得到一致衍射加强时，就会产生特有的衍射线，其方向和强度都反映了材料内部的晶体结构和相的组成信息。由于物质都有特定的晶格类型和晶胞参数，因此每种物质都有特定的衍射图形，为被测物质结构分析提供依据。X 射线衍射分析方法不损伤试样，测试精确、快捷，可获得大量有关晶体完整性的信息，是材料科学研究中常用的一种分析方法。本实验中所使用的 X 射线衍射仪为 Bruker D8 Advance X 射线粉末衍射仪，采用的是 Cu－Kα 射线，波长为 1.541 8 nm，管电压和管电流大小分别为 40 kV 和 40 mA。扫描范围为 5°~80°，扫描速率为 10°/min。

3.16.3 实验仪器与试剂和耗材

仪器：红外光谱仪（IRAffinity－1s 型，日本岛津 Shimadzu）；X 射线衍射仪（Bruker D8 Advance）；压片装置；干燥器。

试剂和耗材：光谱纯 KBr；拟薄水铝石；$\gamma-Al_2O_3$催化剂；$\alpha-Al_2O_3$；玛瑙研钵。

3.16.4 实验步骤及方法

1. 红外光谱

（1）测试前准备：干燥 KBr；清洗并烘干压片模具。

（2）背景测试：取适量的 KBr，用玛瑙研钵研磨成粉末，放于压片模具的样品池内，压片，并进行测试，保存背景。

（3）样品测试：取适量的 KBr，用玛瑙研钵研磨成粉末，加入约等于 1% 的 KBr 质量的样品粉末，研磨混合均匀后，放于压片模具的样品池内，压片，并进行测试，保存数据。

（4）扫描完成后，取下薄片，将压片模具等擦洗工具置于干燥器中保存好。

2. XRD

1）开机

（1）打开仪器总电源。

（2）开启“循环水冷机”电源开关，待温度面板出现温度显示后，将运行开关拨至运行打开水冷机。

（3）开启 XRD 主机的电源开关，一定要先向下扳，再扳到 ON 位置，仪器开机。

（4）开启计算机。

2）测量

（1）放入样品。

①按仪器门上的“Door Lock”按钮，向左、右拉开仪器门，放入样品。

②关仪器门，再按一下“Door Lock”按钮（门锁上，提示音消失）。

（2）实验参数的设置及测量。

①打开“My Computer”，在“D:/DATA”目录下建立导师名目录，在导师名目录下建立自己的相关目录。

②双击桌面“Standard measurement”图标，出现“Standard measurement”对话框。

③在“Standard measurement”对话框中，双击“Condition”下的数字，确定样品测试的模式，即“Start angle”“Stop angle”“Scan Speed”。

④在“Standard measurement”对话框中，输入样品测试的文件信息，即子目录路径，“Folder name”、文件名“File name”及样品名称“Sample name”。

⑤单击“Executing measurement”图标，出现“Right console”对话框，仪器开始自动检测，等出现提示框“Please change to 10 m”时，单击“OK”按钮，仪器开始自动扫描并保存数据。

3）关机

（1）全部样品测试完成后，双击文件夹“Rigaku”→“Control”，双击“XG operation”图标，出现“XG control RIN2220 Target：CU”对话框。

（2）在“XG control RIT2220 Target：CU”对话框，先单击“Set”将电流升至 40 mA，电压升至 40 kV。将电流降至 2 mA，电压降至 20 kV，然后单击“X－Ray off”图标，主机“X－Ray”指示灯灭，X 射线关闭，等“红绿灯”图标的绿灯变亮后，单击“Power off”图标，即主机电源关闭。

（3）主机电源关闭半小时后关闭循环冷却水系统，即先将运行开关拨到停止，再关闭其电源开关。

（4）关闭总电源，测试结束。

3.16.5　结果分析与讨论

（1）为什么 KBr 需要保持干燥？

（2）如何计算粒径大小？

3.17 实验十七 H－ZSM 的 NH_3－TPD 性能表征

3.17.1 实验目的

（1）了解程序升温脱附的原理。
（2）掌握化学吸附仪的基本操作。
（3）掌握催化剂表面酸性定性、定量分析的方法。

3.17.2 实验原理

程序升温脱附法是程序升温分析法的一种。NH_3－TPD，即程序升温氨脱附技术，是表征固体酸催化剂（如沸石分子筛、金属氧化物和无机盐等）表面酸性质的常用技术。NH_3－TPD 技术作为一种动态原位分析技术，其谱图可以提供酸性活性中心类型、酸性中心的强弱、相应酸强度的酸性位数量以及脱附级数等信息。NH_3－TPD 以 NH_3为探针分子，在常温下对待表征样品进行定量吸附，然后以 N_2、Ar 等载气为脱附介质在程序升温的条件下将吸附在样品上的 NH_3脱附下来。NH_3吸附的强度大小与吸附位的酸性强弱相关，一般来说，吸附位酸性越强，NH_3吸附的强度越大，氨脱附温度越高。NH_3吸附量与样品表面酸性位数量相关，表面酸性位点越多，氨吸附量越大，在该温度下的氨脱附峰面积也越大。通过氨脱附温度、脱附峰面积大小及其相互关系，便可分析得到样品酸性位类型及相对数量。

3.17.3 实验仪器与试剂和耗材

仪器：化学吸附仪（TP－5076）。
试剂和耗材：H－ZSM 分子筛；Ar 载气；NH_3。
NH_3－TPD 实验装置图如图 3－25 所示。

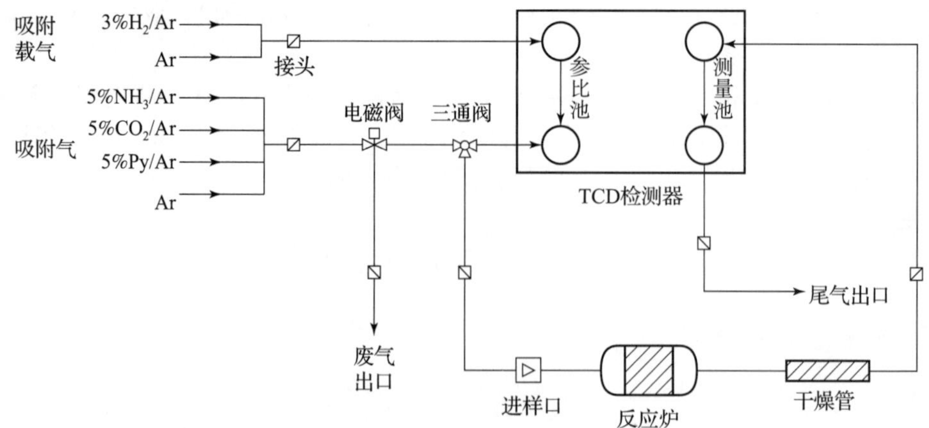

图 3－25 NH_3－TPD 实验装置图

3.17.4 实验步骤及方法

1. 催化剂装填

（1）称量适量催化剂样品（30～100 mg，如无特殊说明，称取 50 mg）。

（2）石英管一端放少许石英棉，倒入称好的样品，在另一端装入少许石英棉，使催化剂两端的石英棉阻隔气路。

（3）将石英管安装至气路中，如图 3－26 所示。

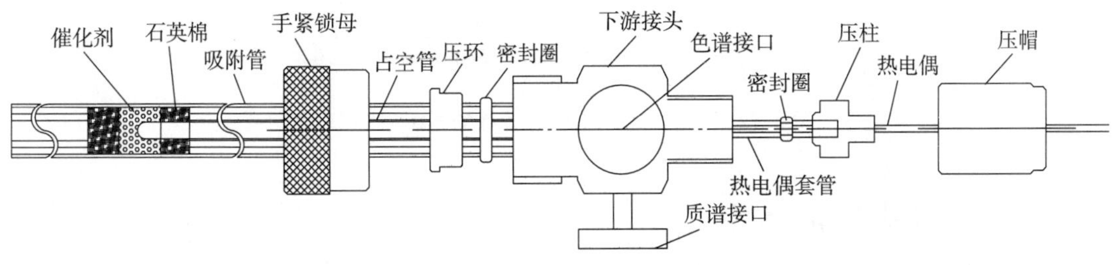

图 3－26 吸附管的连接和装样方式

2. 催化剂预处理

（1）连接 Ar 气路，压力为 0.1 MPa，先把流程图工作区中 S1 电磁阀打到“1”切换到吸附炉。

（2）在流程图工作区，单击吸附炉“T1”之后，设置预处理温度：

500 ℃，20 min——用 20 min 升至 500 ℃；

500 ℃，30 min——在 500 ℃下恒温 30 min。

（3）设置好之后单击下载，之后单击开始，执行预处理程序、升温程序，将样品吸附的水分及其他吸附物脱附，净化样品表面。

（4）炉子自然降温，到 300 ℃以下，才可启动风扇，在阀表控制中单击风扇启动，将炉温降至室温。

3. 催化剂程序升温脱附

（1）室温下接通 NH_3气路，吸附 30 min，压力为 0.2 MPa，流量为 30 mL/min。

（2）在流程图工作区，把 S1 打到“0”断开吸附 NH_3气。

（3）连接 Ar 气路，压力为 0.1 MPa，流量为 30 mL/min，吹扫 30 min。

（4）在参数设置中找到热导设置（100 mA），单击闭合。切换至记录曲线工作区，软件右上方热导桥流为 100 mA 时，单击开始记录，稳定 20 min 后，在参数设置中，单击基线归零，把信号值调为 10 mV，等待基线稳定（约 30 min）。

（5）设置脱附程序，切换至流程图工作区，单击“T1”：800 ℃，1 h 20 min；800 ℃，5 min。设置好之后单击下载、开始，执行升温脱附程序。图 3－27 为典型 H－ZSM 分子筛 NH_3－TPD 图。

（6）程序执行完，单击停止记录，保存数据，断开桥流。

（7）待炉子降温至 300 ℃以下，启动风扇，直至降至室温，关闭风扇。

（8）关闭气路，实验结束。

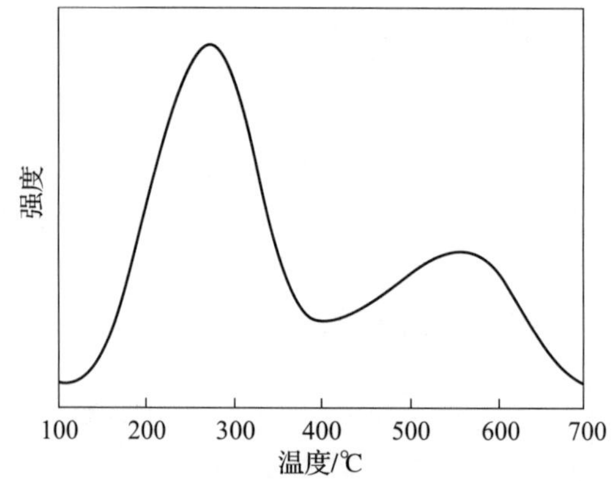

图 3-27　典型 H-ZSM 分子筛的 NH_3-TPD 图

3.17.5　结果分析与讨论

（1）绘制 H-ZSM 分子筛的 NH_3-TPD 图，并进行分析。

（2）氨吸附后，升温脱附前，Ar 气吹扫的作用是什么？

（3）如果将氨替换为反应原料进行 TPD，能得到催化剂样品哪方面的信息？

3.18　实验十八　金属氧化物（Fe_2O_3）的 TPR 性能表征

3.18.1　实验目的

（1）了解程序升温还原的原理。

（2）掌握催化剂在微型反应器中的装填。

（3）掌握分析催化剂还原特性的方法。

3.18.2　实验原理

程序升温还原法是程序升温分析法的一种。在 TPR 实验中，将一定量金属氧化物催化剂置于固定床反应器中，还原性气流（通常为含低浓度 H_2 的 H_2/Ar 或 H_2/N_2 混合气）以一定流速通过催化剂，同时催化剂以一定速率程序升温，当温度达到某一数值时，催化剂上的氧化物开始被还原：$MO(s) + H_2(g) \rightarrow M(s) + H_2O(g)$，由于还原性气流流速不变，故通过催化剂床层后 H_2 浓度的变化与催化剂的还原速率成正比。用气相色谱热导检测器（thermal conductivity detector，TCD）连续检测经过反应器后的气流中 H_2 浓度的变化，并用记录仪记录 H_2 浓度随温度的变化曲线，即得到催化剂的 TPR 谱图（图 3-28），呈峰形。图中每一个 TPR 峰一般代表着催化剂中一个可还原物种，其最大值所对应的温度称为峰温（T_M），T_M 为最大还原速率所对应的温度，其高低反映了催化剂上氧化物种被还原的难易程度，峰形曲线下包含的面积大小正比于该氧化物种量的多少。TPR 的研究对象为负载或非负载的金属或金属氧化物催化剂。通过 TPR 实验可获得金属价态变化、两种金属间的相互作用、金属氧化物与载体间相互作用、氧化物还原反应的活化能等信息。

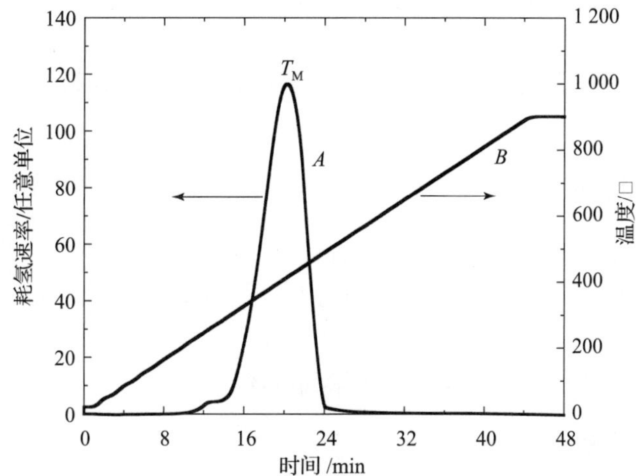

图 3－28　金属氧化物的 TPR 谱图

注：*A* 为 TCD 输出信号与时间的关系；*B* 为以 20 ℃/min 的升温速率从室温升至 900 ℃的温度与时间的关系。（峰面积与还原反应所吸收的氢气的量成正比）

3.18.3　实验仪器与试剂和耗材

仪器：化学吸附仪。

试剂和耗材：Fe_2O_3；H_2/N_2或 H_2/Ar；载气。

3.18.4　实验步骤及方法

1. 催化剂装填和催化剂预处理

依次进行催化剂装填和催化剂预处理，具体操作步骤见实验十七。

2. 催化剂程序升温还原

（1）吸附载气接通 H_2/N_2混合器进行吹扫，压力为 0.2 MPa，流量为 30 mL/min。

（2）在流程图工作区，把 S1 打到“0”断开吸附 N_2 气。

（3）在参数设置中找到热导设置（100 mA），单击闭合。切换至记录曲线工作区，软件右上方热导桥流为 100 mA 时，单击开始记录，稳定 20 min 后，在参数设置中，单击基线归零，把信号值调为 10 mV，等待基线稳定（约 30 min）。

（4）设置还原程序，切换至流程图工作区，单击“T1”：800 ℃，1 h 20 min；800 ℃，5 min。设置好之后单击下载、开始，执行升温还原程序。

（5）程序执行完，单击停止记录，保存数据，断开桥流。

（6）待炉子降温至 300 ℃以下，启动风扇，直至降至室温，关闭风扇。

（7）关闭气路，实验结束。

3.18.5　结果分析与讨论

（1）画出 Fe_2O_3的 TPR 曲线，分析样品的还原过程。

（2）TPR 用热导检测时，是否可以用 H_2/He？

（3）不同温度出现的还原峰分别代表催化剂中的哪类物质？

（4）为什么装填时需要用石英棉阻隔催化剂与气路？

3.19 实验十九 4-氯-邻苯二甲酰亚胺的合成

3.19.1 实验目的

（1）了解有机合成过程重要反应类型、合成路线设计的基本原理、方法。

（2）加强学生对胺化、硝化、还原、桑德迈耳（Sandmeyer）反应过程机理、影响因素的理解。

（3）提高学生混酸配制、低温反应、重结晶等操作技能。

3.19.2 实验原理

胺化、硝化、还原等反应过程不但是有机化合物合成过程中广泛应用的单元反应，而且是制备重要含能材料的最常见的反应类型，是含能材料合成领域的关键技术。4-氯-邻苯二甲酰亚胺的合成，以邻苯二甲酸酐为起始原料，经胺化、硝化、还原、桑德迈耳反应四步，最终制得4-氯-邻苯二甲酰亚胺，如图3-29所示。其过程涉及反应物料的加入方式、条件调控方法、产物分离、精制等环节。

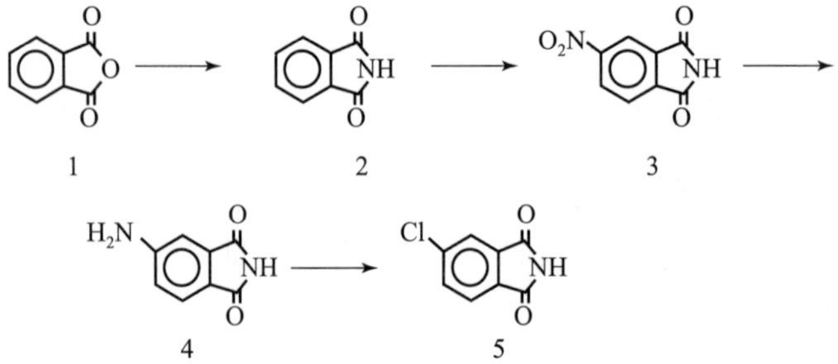

图3-29 4-氯-邻苯二甲酰亚胺的合成过程

3.19.3 实验仪器与试剂和耗材

仪器：机械搅拌、电磁搅拌、旋转蒸发仪、循环水泵、电光天平、熔点仪、分水器。

试剂和耗材：邻苯二甲酸酐、二甲苯、尿素、硫酸、硝酸、氯化亚锡、盐酸、亚硝酸钠、硫酸铜、氯化钠、亚硫酸氢钠、三口烧瓶、烧杯、玻璃棒等。

3.19.4 实验步骤及方法

1. 邻苯二甲酰亚胺1

在装有搅拌、分水器、冷凝器的三口烧瓶中，加入250 mL二甲苯，然后分别加入120 g邻苯二甲酸酐和30 g尿素。搅拌下，升温至回流。由分水器将反应生成的水分出，冷却，过滤，干燥，得115.6 g产品，收率97%，熔点：236~238 ℃。

2. 4－硝基－邻苯二甲酰亚胺 2

将 20 g 邻苯二甲酰亚胺加入 94.1% H_2SO_4、6.1% HNO_3的混酸中。水浴升温到 70 ℃，并保温 0.5 h，迅速冷却到室温后，将混酸倒入碎冰中，过滤，水洗至中性，在乙醇中重结晶，干燥，得白色片状晶体，产率 76%。

3. 4－氨基－邻苯二甲酰亚胺 4

将 30 g 4－硝基－邻苯二甲酰亚胺分批加入溶有 180 g $SnCl_2 \cdot 2H_2O$ 的 1 100 mL 26% 的盐酸溶液中，物料加完后升温到 40 ℃，保温 2 h。反应完毕将溶液冷却至室温，静置，过滤，干燥，得 22.8 g 黄色粉末状产品，产率 90.67%，熔点：290～292 ℃。

4. 4－氯－邻苯二甲酰亚胺 5

将 10 g 4－氨基－邻苯二甲酰亚胺分散于 200 mL 18% 盐酸，称取 5 g 亚硝酸钠于 15 mL 水中配成溶液。在 0～3 ℃进行重氮化反应，用淀粉碘化钾试纸控制反应终点。取重氮盐清液滴入 Cu_2Cl_2溶液中，滴完之后低温搅拌 3 h，然后水浴加热（40 ℃）1 h。冷却至室温，过滤，水洗，干燥，得 8.1 g 乳黄色产品，乙醇重结晶，收率 62%，熔点：208～212 ℃。

注意事项：

（1）氯化亚铜的制备。在 250 mL 圆底烧瓶中放入 7.5 g 结晶硫酸铜、2.3 g 氯化钠（精盐）及 25 mL 水，加热使之溶解。趁热（60～70 ℃）在摇荡下加入由 1.8 g 亚硫酸氢钠、1.2 g 氢氧化钠及12.5 mL 水配制的溶液。反应液由蓝绿色渐变为浅绿色（或无色），并析出白色氯化亚铜沉淀。把反应混合物置于冰水浴中冷却，用倾泻法去除上层浅绿色溶液，再用水洗涤两次，减压过滤，挤压去水分，得到白色氯化亚铜沉淀。把氯化亚铜溶于 12.5 mL 冷的浓盐酸中，塞紧瓶塞，置于冰水浴中备用。

（2）硝化反应、还原反应、桑德迈耳反应必须严格控制反应温度、加料速度以减少副反应的发生。

（3）注意观察实验过程中实验现象的变化，并思考可能原因。

3.19.5　结果分析与讨论

（1）混酸配制过程中应注意的安全问题有哪些？

（2）桑德迈耳氯化反应收率低的原因是什么（从反应机理分析）？

（3）步骤“1. 邻苯二甲酰亚胺 1”中分水器的作用是什么？

3.20　实验二十　离子液体 N－丁基吡啶四氟硼酸盐的微波合成

3.20.1　实验目的

（1）学习微波合成仪的使用方法。

（2）了解微波反应过程的特点。

（3）掌握吡啶基离子液体合成的基本方法。

3.20.2　实验原理

离子液体具有高沸点、低挥发，对有机、无机物均具有较好溶解能力等特点，在反应过程、分离过程、催化、电化学等领域有广泛应用。目前离子液体在能源化学领域有广泛应用，如电池电解液、纤维素转化过程的溶剂、燃料合成过程的催化剂等。

微波反应技术是近年来发展起来的一种高效、清洁的新型化学反应技术，能够加速反应过程、提高热效率。

N－丁基吡啶四氟硼酸盐的合成：首先，以吡啶、溴代正丁烷为原料，微波条件下，制备N－丁基吡啶四氟硼酸盐；再与氟硼酸铵反应得到N－丁基吡啶四氟硼酸盐，如图3－30所示。

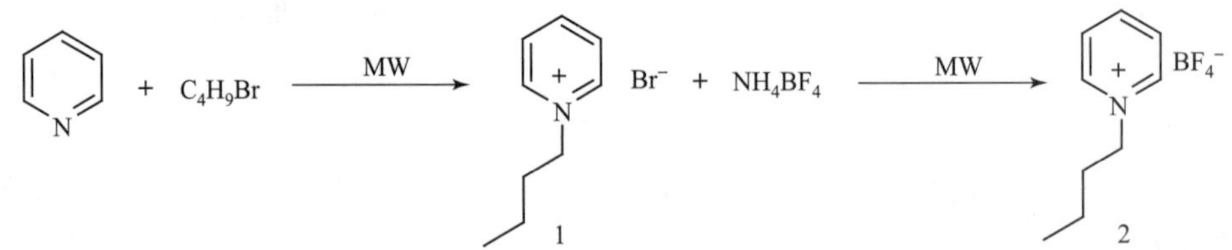

图3－30　制备N－丁基吡啶四氟硼酸盐的反应原理

3.20.3　实验仪器与试剂

仪器：微波反应器、真空干燥箱、水泵、旋转蒸发仪、电子天平、石英管、烧杯、分液漏斗、布氏漏斗。

试剂：吡啶、正溴丁烷、氟硼酸铵、乙酸乙酯、二氯甲烷。

3.20.4　实验步骤及方法

1. 化合物1的合成

在石英微波反应管中，加入吡啶1.0 mL、正溴丁烷2.0 mL。将反应管放入微波反应器，于100 ℃反应15 min，冷却后，将过量正溴丁烷用乙酸乙酯洗涤，所得黄色黏稠液体，干燥得灰白晶体化合物1。

2. N－丁基吡啶四氟硼酸盐的合成

将等摩尔量的化合物1与氟硼酸铵加入微波反应管中，60 ℃反应15 min，冷却后，加入二氯甲烷，过滤去除不溶无机物，将二氯甲烷蒸干，得黄色液体产物2。

3.20.5　结果分析与讨论

（1）微波加热与传统加热方式有何不同？

（2）离子液体纯化的方法有哪些？

（3）产物中的主要杂质有哪些？这些杂质对离子液体的理化特性有哪些不利影响？

参考文献

[1] 贾铮. 电化学测量方法 [M]. 北京：化学工业出版社，2006.

[2] LIANG Yongye，LI Yangguang. Co_3O_4 nanocrystals on graphene as a synergistic catalyst for oxygen reduction reaction [J]. Nature materials，2011，10（10）：780 – 786.

[3] 刘长久. 电化学实验 [M]. 北京：化学工业出版社，2011.

[4] 查全性. 电极过程动力学导论 [M]. 北京：科学出版社，2002.

[5] 田昭武. 电化学研究方法 [M]. 北京：科学出版社，1984.

[6] 张宣宣，冉奋，范会利，等. 互通多孔碳/二氧化锰纳米复合材料的原位水热合成及电化学性能 [J]. 物理化学学报，2014，30（5）：881 – 890.

[7] DURÁN E，ANDÚJAR J M，SEGURA F，et al. A high – flexibility DC load for fuel cell and solar arrays power sources based on DC – DC converters [J]. Applied energy，2010，88（5）：1690 – 1702.

[8] 孙克宁，马茜茜，侯瑞君，等. 氧化铝载体改性及其应用研究进展 [J]. 过程工程学报，2019，19（3）：465 – 472.

[9] XIAO Lei，CHEN Xing，XU Jingjing，et al. synthesis and properties of novel side – chain sulfonated poly（arylene ether sulfone）s for proton exchange membranes [J]. Journal of polymer science Part A：polymer chemistry，2019，57（23）：2304 – 2313.

[10] 王春蓉. 沸石分子筛离子交换的方法及应用研究 [J]. 矿冶，2011，20（2）：52 – 54.

[11] LI Xuefei，ZHAO Yun，JIAO Qingze，et al. Preparation of one – dimensional titanate nanomaterials using different titania sources [J]. Acta Physico – Chimica Sinica，2011，27（8）：1996 – 2000.

[12] 吴刚. 材料结构表征及应用 [M]. 北京：化学工业出版社，2001.

[13] 侯松松，辛秀兰，尹利华，等. 加酸顺序对拟薄水铝石结构的影响 [J]. 石油化工，2018，47（12）：1307 – 1311.

[14] 朱玉霞，林伟，田辉平，等. 固体酸催化剂酸性分析方法的研究进展 [J]. 石油化工，2006，35（7）：607 – 614.

[15] SANG Yu，JIAO Qingze，LI Hansheng，et al. HZSM – 5/MCM – 41 composite molecular sieves for the catalytic cracking of endothermic hydrocarbon fuels：nano – ZSM – 5 zeolites as the source [J]. Journal of nanoparticle research，2014，16（12）：2755.

[16] 杨春雁，张喜文，凌凤香. 化学吸附仪在催化剂研制过程中的应用 [J]. 辽宁化工，2004（11）：645 – 648.

[17] 刘哲男，耿云峰，石泉，等. CoMoS_ x/γ – Al_2O_3催化剂在还原脱硫中的吸附性能和催化活性 [J]. 无机化学学报，2019，35（1）：44 – 52.

[18] 孙海洋，易封萍. 离子液体 N – 丁基吡啶四氟硼酸盐的合成研究 [J]. 化学试剂，2009，31（6）：450 – 452.

第4章
专业综合实验（能源储存与转换、转化与合成）

4.1 实验二十一 锂离子电池装配及表征

4.1.1 实验目的

（1）熟悉扣式锂离子电池制备的一般工艺步骤及其工艺方法。
（2）掌握锂离子电池充放电性能的测试及容量计算方法。
（3）锂离子扣式电池循环伏安、电化学阻抗谱的测试及其解析方法。

4.1.2 实验原理

锂离子电池实际上是锂离子浓差电池，是基于脱嵌反应而异于氧化还原反应。锂离子电池正负极材料均为能够可逆脱/嵌锂的化合物。正极材料一般选择电势相对较高且在空气中稳定的脱嵌锂过渡金属氧化物，负极材料则选择电势可能接近金属锂电势的可嵌锂的物质。

如图4-1所示，锂离子电池在充电时，锂离子从正极材料的晶格中脱出，经过电解液和隔膜，嵌入负极材料的晶格中，这个过程同时伴随电荷的转移；电池放电时，锂离子从负极材料的晶格脱出，经过电解液和隔膜，重新嵌入正极材料的晶格。在充放电过程中，锂离子在正极和负极之间来回迁移，所以锂离子电池被形象地称为“摇椅电池”。由于锂离子在正、负极材料中有相当固定的位置和空间，因此电池充放电的可逆性很好，从而保证了电池的长寿命和工作的安全性。$LiCoO_2$ 是最早被商业化的锂离子电池正极材料，其放电电压较高、放电平台稳定、放电比容量大，适合大电流放电。$LiCoO_2$ 属于层状 $\alpha-NaFeO_2$ 结构，其理论容量为274 mAh/g，实际可达到140 mAh/g左右。

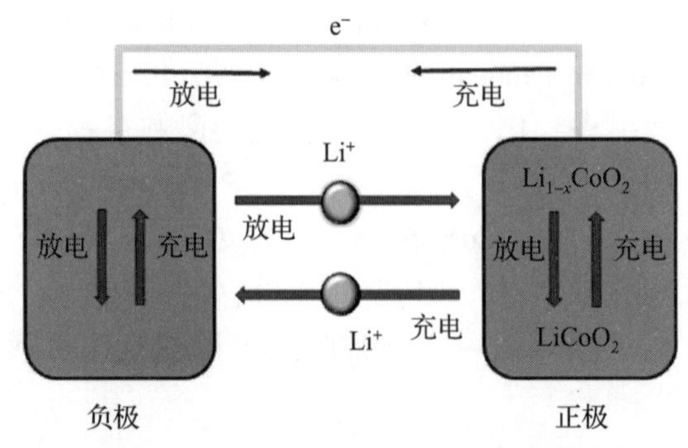

图4-1 锂离子电池充放电原理示意图

4.1.3　实验仪器与试剂和耗材

仪器：真空干燥箱、手套箱、封口机、烘箱、高温电炉、计算机、新威尔电池充放电测试仪。

试剂和耗材：N－甲基吡咯烷酮、电极活性物质、乙炔黑、偏聚乙炔、铝箔、锂片、泡沫镍、电解液、隔膜、绝缘夹、研钵。

4.1.4　实验步骤及方法

1. 研究电极极片的制备

电极极片的制备流程如图 4－2 所示。

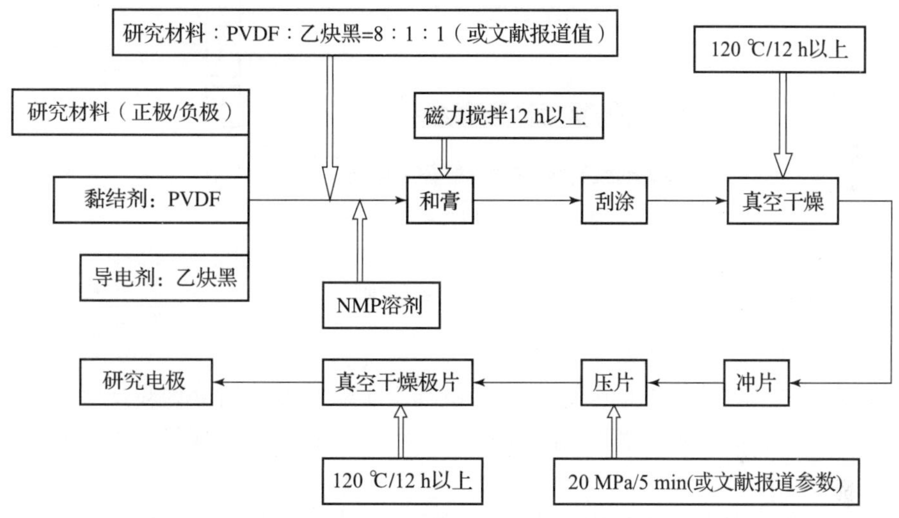

图 4－2　电极极片的制备流程

（1）配料与和膏。称取真空干燥后的正极材料约 80 mg、乙炔黑约 10 mg，记下质量数据后置于干净的研钵中用力研磨 40～60 min，最终应无颗粒摩擦感。用移液枪取相应体积的 PVDF 置于磨好的材料中继续研磨 10～20 min，PVDF 溶液质量浓度为 5%，密度为 0.453 g/mL。

（2）刮涂。正极材料以铝箔为集流体，负极材料以铜箔为集流体。采用刮粉刀技术将混合好的膏料均匀刮涂到集流体上。集流体一般为长 20 cm、宽 8 cm 左右的长条。其具体操作为：将集流体长条用酒精棉擦拭干净后，放置于玻璃板上；沿长度方向用透明胶带将集流体固定在玻璃板上；将浆料平铺在铝箔上约 3 cm × 1 cm 的长方形，然后用涂板器（厚度为 100 μm）匀速平滑下拉完成刮涂操作。

（3）真空干燥。为了将正极膏料中的有机溶剂 NMP 除去，需把刮涂好的极片长条放入真空干燥箱中，在 100～120 ℃下恒温真空（真空度 －0.1 MPa）干燥 12 h 以上。

（4）冲片。由于将采用扣式电池对研究电极进行测试，所以需将极片长条裁成直径为 12 mm 的圆片，所用工具是自制的专用冲子或购买的冲片机。

（5）压片。为了提高电极材料和集流体的结合力，保持电极片表面的平整，需给冲好的电极片一定的压力，即压片。实施设备为液压机，压强为 8～10 MPa/片，每片压 5 min

(或文献报道参数)。称量待用电极片，每个电极片质量 A 精确到 0.1 mg。

(6) 真空干燥。电极片为了减少正极片中水分的含量，在电池组装之前对极片二次干燥。条件为 100~120 ℃下真空（真空度为 -0.1 MPa）干燥 12 h 以上。

2. 扣式电池的组装

以制备的极片为研究电极，采用金属锂片为对电极（辅助电极），使用与研究材料相匹配的电解液（文献报道）。采用 CR2025 扣式电池壳，用锂离子扣式电池封口模具进行封装。模拟扣式电池示意图如图 4-3 所示。

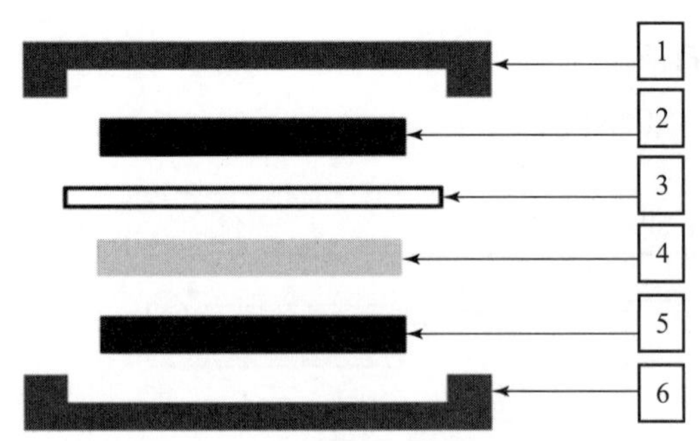

图 4-3 模拟扣式电池示意图

1—电池负极壳（麻面）；2—研究极片；3—隔膜；4—金属锂片；5—泡沫镍；6—电池正极壳（光面）

扣式电池的具体组装工艺如下。

(1) 将制备并真空干燥好的研究电极片由真空干燥箱取出后立即转入手套箱备用。转入时，应先将研究电极片放入手套箱的过渡仓，经 3 次抽真空/充保护气操作后，再放入手套箱操作仓。

(2) 电池组装过程为：把负极壳平放于操作台面上，在负极壳内依次放置研究极片和两片浸泡过电解液的隔膜（排出正极片和隔膜之间的气体。隔膜的直径要大于研究极片的直径，而小于负极壳的直径）；之后，在隔膜上放置金属锂片；最后在锂片上放置 1 片圆形泡沫镍做填充物（直径约为 14 mm），盖上正极壳，压紧。将组装好的电池从手套箱中取出后立即用封口模具封口，注意：扣式电池光面朝下放入封口机。静置 12 h 后进行电化学测试。

3. 电化学性能测试与表征

(1) 恒流法充放电性能测试。电池装配完毕后进行充放电测试，在充放电的过程中，充放电的方式、充放电时的温度以及充放电电流的大小均会直接影响到电池的充放电性能。从充放电曲线中可以得到电池的充放电容量、电压的平台以及循环倍率性能。在实验中采用深圳市新威尔电子有限公司出产的蓝电测试系统，利用恒流恒压法对电池进行充电放电测试，测试扣式电池在 3~4.2 V 电压范围下 0.2 C 充放电 3 次循环、0.5 C 30 次循环以及 1 C、2 C、3 C、5 C、10 C 每个倍率下 10 次循环的倍率性能测试。另外，为了得到有效的性能数据，每次测试不少于 10 个扣式电池，取性能占多数的稳定数据作为参考以及后续的数据处理依据。

测试步骤如下。

①定义功能材料的比例 X、单片极片质量 A 以及单片极片上功能材料的质量 B。铝箔质

量已知为5.4 mg。根据 $B=(A-5.4)X$ 得出单个扣式电池中活性功能材料质量。

②根据公式充放电电流 $I=200(\text{mAh/g})B$（mg）倍率（1/h）。计算每个倍率下的测试电流。

③在测试系统中选择空余通道，将红色线端接研究电极，黑色线端接锂片对电极。

④测试系统页面右击选择启动，在跳出的页面选择调入已设好的工步，更改充放电电流，然后进行备份设置，自定义命名后单击“启动”按钮即可。

（2）循环伏安测试（CV 测试）。循环伏安法是一种研究电极反应过程与可逆性的简单而有效的测试方法，常用来测量电极反应参数，判断其控制步骤和反应机理，并观察整个电势扫描范围内可发生哪些反应及其性质如何。本实验采用 CHI 电化学工作站对材料进行循环伏安测试，绿线接研究电极（正极功能材料），红线和白线接负极。电压扫描范围为3.0~4.2 V，扫描速度为 $0.2\ \text{mV}\cdot\text{s}^{-1}$，测试3个循环，测试时间约为10 h。根据循环伏安曲线形状可以判断电极反应的可逆程度，中间体、相界吸附或新相形成的可能性，以及偶联化学反应的性质等。

（3）交流阻抗法。交流阻抗法应用于电化学体系时，也称为电化学阻抗谱法。电化学阻抗谱是研究电极/电解质界面发生电化学过程的最常用的方法之一，被广泛用于锂离子在电极材料中的嵌入与脱出过程。本实验采用美国普林斯顿公司 M2273 电化学综合测试仪对电池进行电化学阻抗谱测试。采用两电极体系，合成的正极材料为工作电极，金属锂片为对电极和参比电极。测试未循环和一定循环次数后的实验电池的交流阻抗，频率区间为10 mHz~100 kHz，number of point 为30，AC 为10.0 mV rms，测试结束后，选择 LR（QR）模型进行拟合。

4.1.5　实验数据处理

数据测试结束以后，计算单位质量的电化学性能并将测试的电池数据统计成表，如表4－1所示。这样，我们可以通过表4－1对电池材料的首次充放电、循环稳定性及倍率性能等做一个简单的评价。

表4－1　电池数据统计表

序号	1	2	3	4	5	6	7	8	9	10
1^{st}充电比容量/$(\text{mAh}\cdot\text{g}^{-1})$										
1^{st}放电比容量/$(\text{mAh}\cdot\text{g}^{-1})$										
首次库仑效率/%										
30^{th}放电比容/$(\text{mAh}\cdot\text{g}^{-1})$										
30^{th}后容量保持率/%										
1 C 平均放电比容/$(\text{mAh}\cdot\text{g}^{-1})$										
2 C 平均放电比容/$(\text{mAh}\cdot\text{g}^{-1})$										
3 C 平均放电比容/$(\text{mAh}\cdot\text{g}^{-1})$										
5 C 平均放电比容/$(\text{mAh}\cdot\text{g}^{-1})$										
10 C 平均放电比容/$(\text{mAh}\cdot\text{g}^{-1})$										

在此，运用 Origin 软件进行作图，将测试好的充放电数据导入软件，调整横、纵坐标标尺及单位得到首次充放电曲线、循环倍率及交流阻抗曲线，即图 4－4、图 4－5 所示的电化学性能曲线。

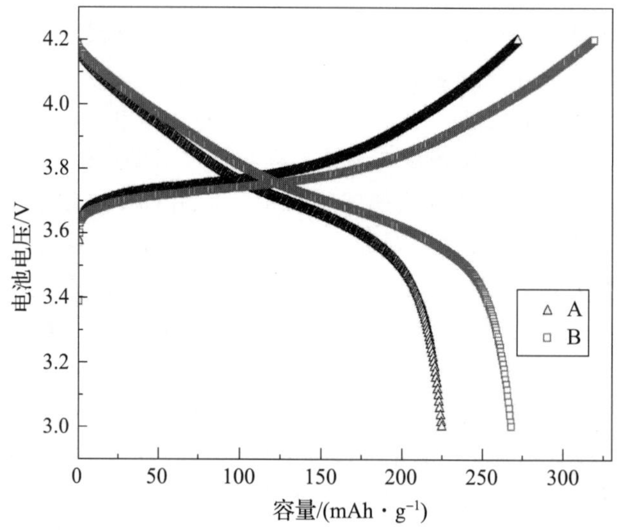

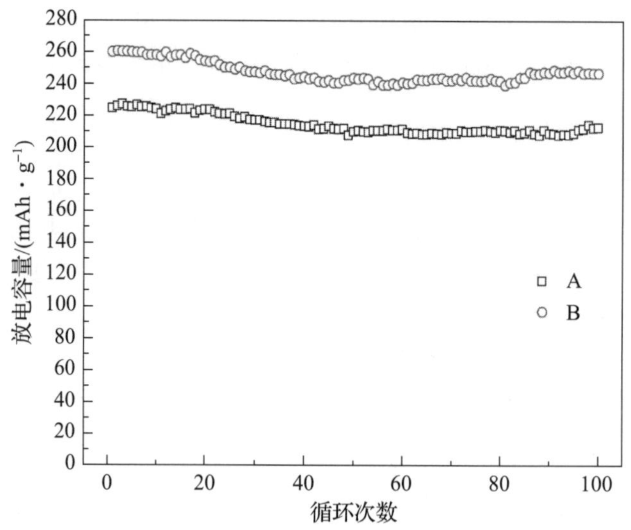

图 4－4　首次充放电曲线及循环性能曲线（见彩插）

4.1.6　思考与讨论

（1）总结扣式电池制备过程中需要注意的问题。

（2）在装配电池的过程中，如果电池极片中含有水分，会与电解液发生哪些副反应？对电池电化学性能有何影响？

（3）运用 Origin 作出首次充放电曲线、循环倍率曲线，并分析在电化学性能测试中为什么倍率增大，充放电容量会越来越小。试分析图 4－5 中充放电前后交流阻抗的结果及原因。

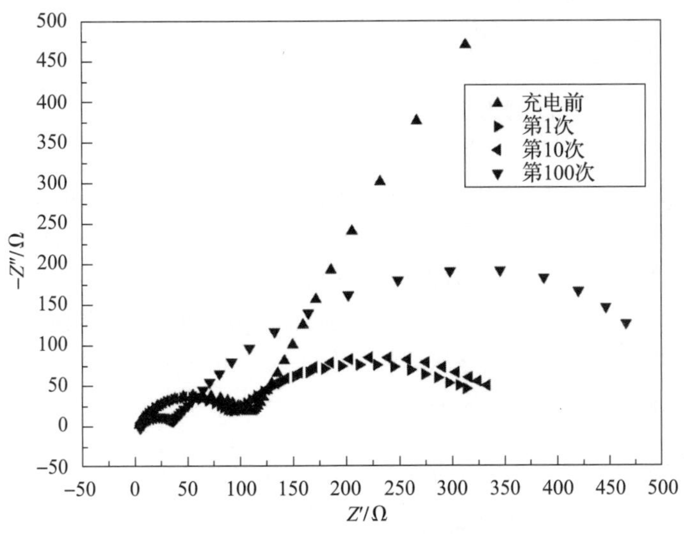

图 4－5　不同循环次数下的电化学阻抗谱

4.2　实验二十二　超级电容器三维石墨烯－Co_3O_4 复合电极材料的制备及其电化学性能表征

4.2.1　实验目的

（1）熟悉三维石墨烯的 CVD（化学气相沉积）制备及其表面负载氧化物的方法。

（2）掌握超级电容器的测试及其容量计算方法。

4.2.2　实验原理

超级电容器又常被叫作双电层电容器或者电化学电容器，是近些年来兴起的一种储能器件。它拥有很多的优点，如充电速度快、温度特性优越、循环使用次数多以及环保等。近年来在国内外科研及生产机构得到了大量的研究，其性能也在不断地改善。与电池相比，超级电容器具有较低的能量密度，但是其功率密度较高。目前市场上的超级电容器根据容量的不同可以为 1～5 000 F，其中，小型超级电容器可以用在电动玩具、电表、MP3 等电子设备当中，大型超级电容器可作为纯电动汽车和混合动力汽车的辅助电源以及在独立光伏系统或风力发电系统当中用作储能器件等。本实验采用 CVD 法制备三维石墨烯基体并在其上面水热制备 Co_3O_4 纳米片，考察其作为超级电容器电极材料的性能。

4.2.3　实验仪器与试剂和耗材

仪器：烘箱、高温气氛管式炉、磁力搅拌器、CHI 电化学工作站、高温电炉、计算机。

试剂和耗材：无水乙醇、Ar 气、H_2 气、硝酸钴、6 mol/L KOH 水溶液、Pt 片电极、饱和甘汞电极。

4.2.4 实验步骤及方法

1. 三维石墨烯的制备

取密度为 320 $g \cdot m^{-2}$、厚度为 1.2 mm 的泡沫镍，裁减成半径为 6 mm 的圆形片状，分别在 3 mol/L 的稀盐酸、乙醇、去离子水中超声 15 min，以清除表面的油渍和氧化层，然后称重记录。以乙醇为碳源采用 CVD 法制备三维石墨烯的装置示意图如图 4－6 所示。将预处理过的泡沫镍置于石英管中，通入氩气（200 sccm）和氢气（40 sccm）的混合气，打开路线 1，关闭路线 2，以每分钟 5 ℃的升温速率升温至 1 000 ℃，保温 10 min。然后，关闭路线 1，打开路线 2，使氩气和氢气的混合气体先通过乙醇，再通入石英管（如路线 2）。反应 10 min 之后，迅速将石英管放置有泡沫镍的部分平移离开炉子的加热区域，使其迅速冷却至室温，即可得到泡沫镍负载三维石墨烯。

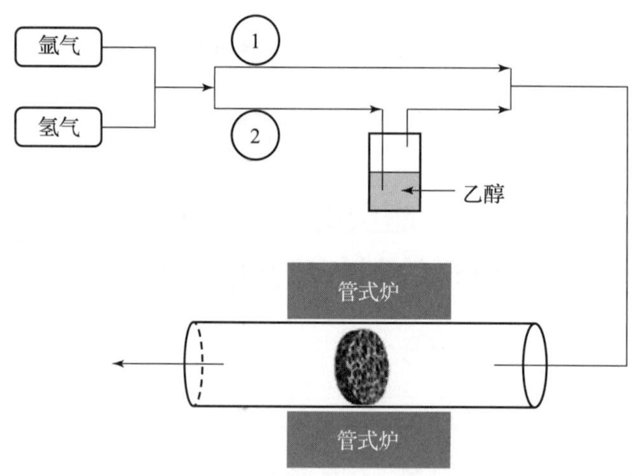

图 4－6　以乙醇为碳源采用 CVD 法制备三维石墨烯的装置示意图

2. 三维石墨烯－Co_3O_4复合电极的制备

将 30 mmol $Co(NO_3)_2 \cdot 6H_2O$ 和 10 mmol $(NH_4)_2SO_4$溶解在 70 mL 去离子水中，缓慢加入 45 mL 氨水，并剧烈搅拌。然后将溶液转移到若干个 20 mL 的螺口瓶中，浸入已经制备好的三维石墨烯。将螺口瓶置于 90 ℃的水浴中，反应 6 h 后取出样品，用去离子水反复洗涤，60 ℃干燥 2 h，之后在 300 ℃氩气氛围下煅烧 3 h，即可得到三维石墨烯－Co_3O_4复合电极材料。

3. 三维石墨烯－Co_3O_4作为超级电容器电极的电化学性能测试

以制备好的三维石墨烯－Co_3O_4作为工作电极，Pt 片作为对电极，饱和甘汞电极作为辅助电极，6 mol/L KOH 水溶液作为电解液，采用三电极体系测试三维石墨烯－Co_3O_4作为超级电容器电极的电化学性能。使用 CHI600E 或 CHI660D 电化学工作站在 －0.2 V 至 0.45 V 范围内进行循环伏安曲线（CV 曲线）扫描，扫描速度为 10 $mV \cdot S^{-1}$、20 $mV \cdot S^{-1}$、50 $mV \cdot S^{-1}$、100 $mV \cdot S^{-1}$，采用式（4－1）计算电极的比电容：

$$C = \frac{1}{\omega\nu(V_c - V_a)} \int_{V_a}^{V_c} I(V)\,dV \qquad (4-1)$$

式中，C 为比电容，$F \cdot g^{-1}$；ω 为电极当中活性物质的质量，g；ν 为电势扫描速率，$mV \cdot s^{-1}$；V_c 和 V_a 为伏安曲线的积分限制，V；$I(V)$ 为响应的电流密度，$A \cdot cm^{-2}$。

4.2.5　实验数据处理

（1）根据 CV 曲线计算不同扫描速度下电极的比电容值，并分析不同电势区域内电容特性。

（2）考察电极比电容随时间的变化情况并分析衰减原因。

4.2.6　思考与讨论

（1）分析三维石墨烯的特点及其应用。

（2）Co_3O_4 的形貌受到哪些因素的影响？

（3）影响电容值大小的因素有哪些？

4.3　实验二十三　全钒液流电池单体组装及其电池性能测试

4.3.1　实验目的

（1）熟悉全钒液流电池单体组装的一般工艺步骤及其工艺方法。

（2）掌握全钒液流电池工作原理和特性。

（3）掌握全钒液流电极材料的电化学测试及性能分析，电池单体测试及充放电性能分析。

4.3.2　实验原理

全钒氧化还原液流电池（all – vanadium redox flow batteries，VRB），简称为全钒液流电池，是指阴极、阳极反应活性材料均为液态钒离子的储能电池，活性材料不再封闭置于电池主体内，而是独立储存。全钒液流电池工作原理示意图如图 4 – 7 所示，当体系进行充放电工作时，材料被泵入电极表面流动发生化学反应并在外电路产生电子。其中，质子交换膜的作用是将正、负极电解液分隔，并允许质子传递以形成回路。因此，VRB 具有以下特点：①液态钒离子溶液既为电极活性材料，又起到电解液的作用；②电解液单独储存，工作时被泵入电池主体；③能够实现 100% 深入放电，不损坏电池结构；④电解液循环流动，浓差极化小。

在 VRB 中常用的电解液是硫酸和钒的混合溶液，其中，钒的外层电子结构为 $3d^3 4s^2$，化学性质活泼，主要有 V^{2+}、V^{3+}、V^{4+}、V^{5+} 四种价态。电池的正极端（阴极）常为 V^{5+}/V^{4+} 电对（酸性溶液中，V^{5+}、V^{4+} 主要以 VO_2^+、VO^{2+} 形式存在），充电时发生氧化反应，放电时发生还原反应。同理，负极端（阳极）常为 V^{3+}/V^{2+} 电对，充电时发生还原反应，放电时发生氧化反应，通过钒离子电对之间的氧化还原反应进行电子交换，实现了化学能与电能之间的转换。放电过程的反应机理如下：

阴极反应：

$$VO_2^+ + 2H^+ + e^- \rightleftharpoons VO^{2+} + H_2O \tag{4-2}$$

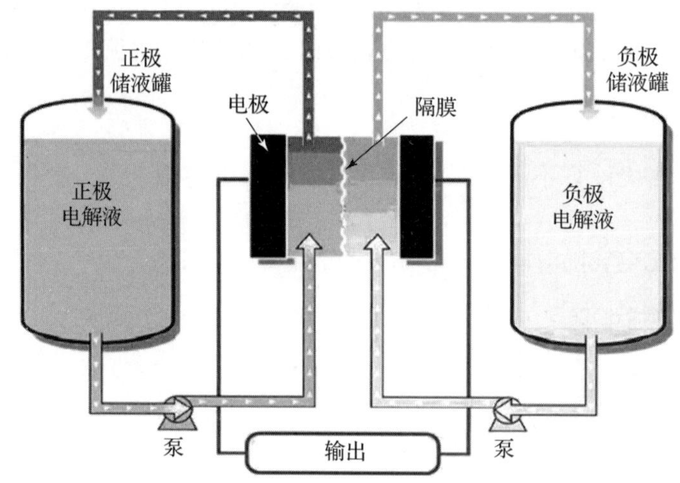

图 4-7 全钒液流电池工作原理示意图

阳极反应：

$$V^{2+} \rightleftharpoons V^{3+} + e^- \tag{4-3}$$

总反应：

$$VO_2^{\ +} + 2H^+ + V^{2+} \rightleftharpoons VO^{2+} + H_2O + V^{3+} \tag{4-4}$$

VRB 单体拆分结构及组装完成图如图 4-8 所示，主要由框架、石墨板、密封圈、质子交换膜、电极材料组成。其中本实验采用的质子交换膜为 Nafion 117 膜，电极材料是石墨毡，因为石墨毡具有电流密度高、耐腐蚀、导电性好、表面积大、成本低等一系列优势。储液罐采用玻璃锥形瓶，电池工作时，正负极电解液由蠕动泵控制流速泵入电池主体。

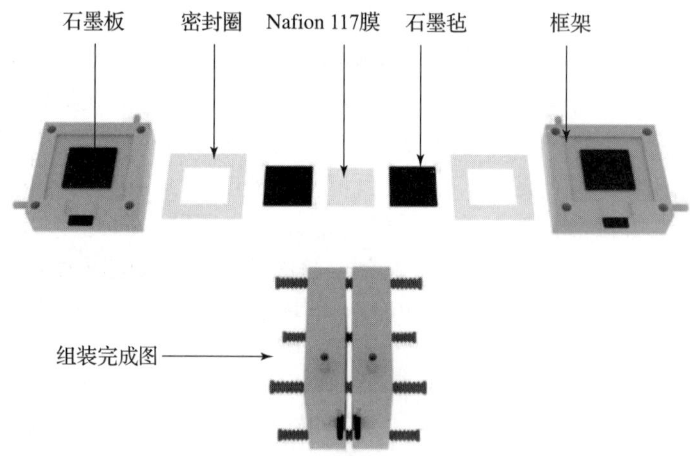

图 4-8 VRB 单体拆分结构及组装完成图

4.3.3 实验仪器与试剂和耗材

仪器：蠕动泵、电子天平、磁力搅拌器、CHI660E 电化学工作站、H 型电解池、蓝电充放电测试仪、烘箱、万用表、吹风机、直流稳压稳流电源、PARSTAT 2273 电化学工作站。

试剂和耗材：$VOSO_4$、浓硫酸、去离子水、烧杯、药勺、称量纸、10 mL 量筒、玻璃棒、250 mL 容量瓶、封口膜、一次性吸管、100 mL 锥形瓶、N_2、Nafion 117 膜、碳毡、剪刀、直尺、镊子、扳手、无水乙醇、脱脂棉、饱和甘汞电极、铂片电极。

4.3.4 实验步骤及方法

1. 全钒液流电池电解液的配制

本实验采用粉末溶解法制备 V^{4+} 溶液，采用电解法制备 V^{3+} 钒溶液。选用硫酸为支持电解质，配制正极电解液为 1 mol/L V^{4+} 钒溶液 +3 mol/L H_2SO_4，负极电解液为 1 mol/L V^{3+} 钒溶液 +3 mol/L H_2SO_4，具体操作如下。

（1）1 mol/L V^{4+} +3 mol/L H_2SO_4 溶液的配制：称取一定量的 $VOSO_4$ 粉末置于烧杯中，加入适量去离子水，置于磁力搅拌器上搅拌，使其充分溶解得到澄清溶液 A。用 10 mL 量筒量取一定量的浓硫酸，用玻璃棒引流缓慢加入搅拌的 A 溶液中。冷却后，将上述混合溶液转移至250 mL 容量瓶中，用去离子水冲洗烧杯 2～3 次，将清洗液也全部倒入容量瓶，定容，密封，即得到混合溶液 B。

（2）1 mol/L V^{3+} 钒溶液 +3 mol/L H_2SO_4 溶液的配制：分别移取 60 mL B 溶液装入阳极和阴极电解池中（锥形瓶），连接直流稳压稳流电源，设置电解电压为 8 V，室温下电解 16 h，得到的绿色溶液即为 V^{3+} 钒溶液 C。

（3）采用步骤（1）法制备 0.5 mol/L $VOSO_4$ +3 mol/L H_2SO_4 混合溶液。

2. 电化学性能测试

（1）循环伏安测试。本部分实验是在室温条件下，利用上海辰华 CHI660E 电化学工作站，采用三电极体系来完成的。首先，将碳毡裁减成 1 cm×1 cm 尺寸的样品，将其作为工作电极，饱和甘汞电极为参比电极，铂片为对电极，测试溶液为 0.5 mol/L $VOSO_4$ +3 mol/L H_2SO_4 混合溶液。启动电化学工作站，连接三电极体系，绿色线接工作电极，红色线接对电极，白色线接参比电极。设置电极电势扫描范围为 0.4～1.6 V，扫描速度为 5 mV/s。

（2）交流阻抗测试。电化学交流阻抗谱是利用 PARSTAT 2273 电化学工作站，采用传统的三电极体系进行测试的，三电极体系与循环伏安测试相同，电解液为 0.5 mol/L $VOSO_4$ + 3 mol/L H_2SO_4 混合溶液，频率区间为 0.01 Hz～100 kHz。

3. 电池单体充放电性能测试

实验采用碳毡为电极材料，裁减其尺寸大小为 5 cm×5 cm，裁减 5 cm×5 cm 的 Nafion 117 膜为质子交换膜，按照图 4－8 的顺序组装电池单体。正负极电解液分别为预先配制好的 B、C 溶液，由蠕动泵以 60 $mL \cdot min^{-1}$ 泵入电池主体，测试前需向电解液中通入 10 min N_2 以去除氧气。电池单体的充放电过程由武汉蓝电 LANHE 电池测试系统进行控制，设置充放电电压区间为 0.8～1.6 V，电流密度为 50 $mA \cdot cm^{-2}$，循环次数为 30。根据理论电容量公式（4－5）计算电池的理论充电容量：

$$Q = nzF \tag{4-5}$$

式中，Q 为理论容量，mAh；n 为转移电子的物质的量；z 为转移的电子数；F 为法拉第常数，F = 96 485 $C \cdot mol^{-1}$。

4.3.5 实验数据处理

（1）利用 Origin 软件绘制 CV 曲线，并解释说明可能存在的电化学反应。

（2）绘制交流阻抗曲线，分析反应的控制步骤，并计算各控制过程的阻抗数据。

（3）绘制首次充放电曲线图、循环性能曲线，计算理论容量，列表总结首次库仑效率，以及循环过程的充放电容量，分析容量变化趋势的主要原因。

4.3.6 思考与讨论

（1）实验过程需要注意的关键问题有哪些？

（2）VRB 单体电池各部分组件在工作过程的主要功能和作用是什么？

（3）相比其他常见的储能电池，全钒液流电池的优缺点是什么？

4.4 实验二十四 直接乙醇燃料电池的装配及性能测试

4.4.1 实验目的

通过本实验了解直接乙醇燃料电池（direct ethanol fuel cell，DEFC）的组成部分、阴极催化剂材料的氧还原反应（oxygen reduction reaction，ORR）电化学性能测试、关键组件膜电极（membrane electrode assembly，MEA）的制备和单电池组装，全面了解直接乙醇燃料电池的基本原理和制作过程及性能评价方法。

4.4.2 实验原理

燃料电池是一种通过电化学反应直接将化学能转变为电能的装置，即通过燃料和氧化剂发生电化学反应产生直流电和水。直接乙醇燃料电池是以直接乙醇为燃料，工作原理如图 4-9 所示。在酸性介质条件下，电解质采用质子交换膜，将乙醇水溶液通入阳极表面进行电催化氧化反应，生成 CO_2 和 H^+，并释放出电子，电子经过外电路传导到阴极，H^+ 经过质子交换膜扩散到阴极表面，与氧气以及经过外电路传导过来的电子结合成水。在碱性条件下，电解质采用阴离子交换膜，带水氧气（湿氧气）在阴极生产 OH^-，通过电解质传导至阳极与乙醇反应，乙醇燃料部分氧化生成 CH_3COO^- 或者完全氧化生产 CO_3^{2-}。

使用碱性介质时，昂贵的 Pt 金属可能会被相对便宜的 Pd 金属代替，同时，碱性介质腐蚀性相对较小，可选用的催化剂种类多于酸性介质用催化剂。因此，本实验在碱性介质中进行。阴离子交换膜为电解质，乙醇燃料发生完全氧化时，为 12 电子转移过程，如式（4-6）~式（4-8）所示。

阳极反应：

$$CH_3CH_2OH + 16OH^- - 12e^- = 2CO_3^{2-} + 11H_2O \tag{4-6}$$

阴极反应：

$$3O_2 + 6H_2O + 12e^- = 12OH^- \tag{4-7}$$

总反应：

$$CH_3CH_2OH + 3O_2 + 4KOH = 2K_2CO_3 + 5H_2O \tag{4-8}$$

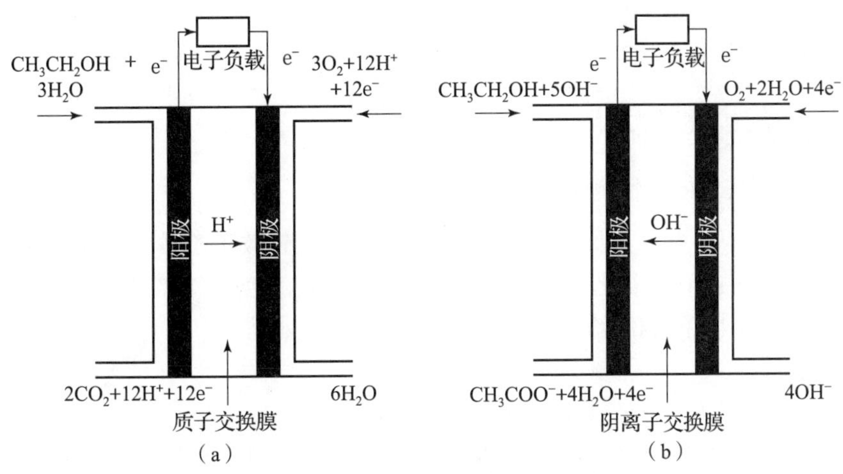

图 4 – 9　直接乙醇燃料电池工作原理

(a) 质子交换膜电池；(b) 阴离子交换膜电池

燃料电池的膜电极是电池组件的关键部分，由碳布（气体扩散层）、阳极催化层、阴离子交换膜、阴极催化层和碳纸（气体扩散层）构成，如图 4 – 10 所示。碳纸或碳纸作为气体扩散层支撑体起收集电流的作用，将 Pt/C 或 Pd/C 催化剂负载于气体扩散层上。

图 4 – 11 为典型的单电池放电曲线，即电压电流曲线。一个单电池的开路电压可以在 1 V 左右，但是在工作时电池的输出电压会明显降低，与工作电流有关。从图 4 – 11 的曲线可以看到，随着电流密度的加大，电压降低。电池输出的功率在某一个电流密度下达到最大值，输出功率随负载变化。

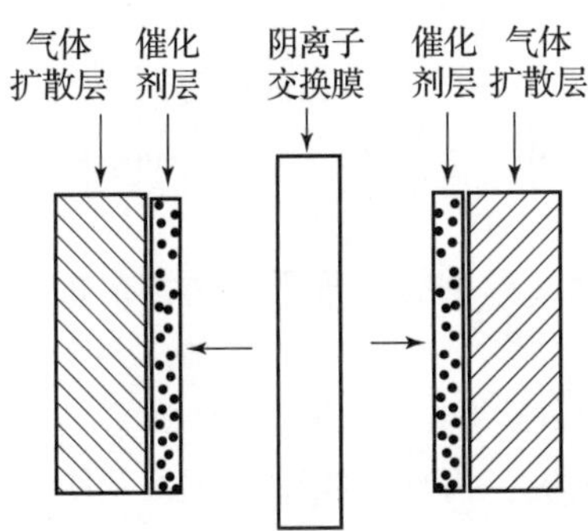

图 4 – 10　燃料电池膜电极结构

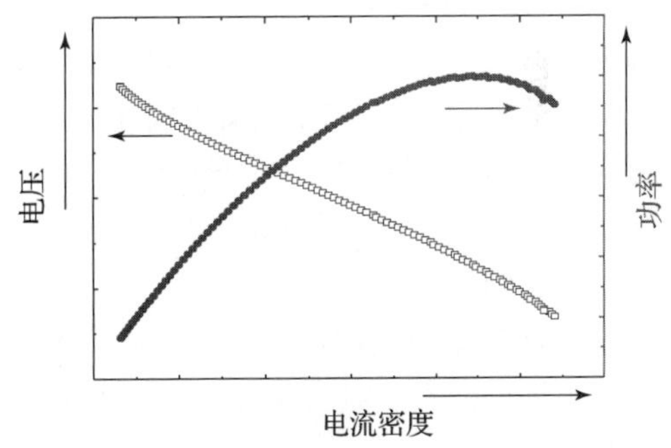

图 4 – 11　典型的单电池放电曲线（见彩插）

4.4.3　实验仪器与试剂和耗材

仪器：Arbin 燃料电池测试系统、电化学工作站、旋转圆盘电极、超声清洗器、计算机、管式炉、烘箱、万用表、吹风机。

试剂和耗材：Pt/C 催化剂、1 – 丙醇、无水乙醇、1 瓶/组 500 g KOH、氧气、去离子水、阴离子交换膜、黏结剂（5% PTFE 溶液、树脂溶液或 5 wt% Nafion 溶液）、N_2 气、Pt 电极、Ag/AgCl 参比电极、镊子若干、小号活口扳手（长度约 15 cm）2 把/组、烧杯、直尺、玻璃搅棒、酒精棉球，移液枪 1 000 μL 2 个；1 L 烧杯 1 个/组；500 mL 烧杯 3 个/组；塑料

250 mL 烧杯 2 个/组；500 mL 容量瓶 1 个/组；碳布、碳纸各一张（10 cm × 10 cm）；剪刀 1 把/组；涂覆加热台 1 个/组、加热不锈钢垫板 1 个/组。

4.4.4 实验步骤及方法

1. 阴极材料的 ORR 特性测试

（1）取一定量的阴极材料如 Pt/C，充分研磨，超声分散于乙醇溶液中（2 mg · mL^{-1}，985 μL 乙醇 +2.0 mg Pt/C 催化剂 +15 μL 5 wt% Nafion 溶液），冰浴超声 30 min 以上。

（2）电解液配制：配制溶液 500 mL 0.1 mol/L KOH 水溶液。

（3）抛光电极。

（4）取 10 μL 催化剂分散液于玻碳电极上，晾干。

（5）电解池中装入电解液，O_2吹扫 30 min 以上至 O_2饱和，玻碳电极为工作电极，Pt 电极为对电极，Hg/HgO 为参比电极，接好测试装置。

（6）CV 测试：−0.8 ~ 0.3 V，10 mV · s^{-1}，测试过程中 O_2饱和。

（7）LSV 测试：−0.8 ~ 0.3 V，10 mV · s^{-1}分别于 400 r/min、800 r/min、1 200 r/min、1 600 r/min、2 000 r/min 和 2 500 r/min 下测试，测试过程中 O_2饱和。

（8）$i-t$ 测试：$i-t$（−0.2 V，300 s），测试过程中 O_2饱和。

2. 膜电极制备、电池装配及测试

（1）膜电极制备。

①阳极催化剂：称 35 mg 20% Pt/C，分散于 2 mL 1 − 丙醇，超声 5 min 后，加入 5 wt% 的 PTFE 77.8 mg［阳极催化剂 Pt/C：PTFE = 9：1（wt%）］和 3 mL 1 − 丙醇，超声 1 h，喷涂前搅拌至少 30 min。

②阴极催化剂：称 14 mg 20% Pt/C，分散于 2 mL 1 − 丙醇，超声 5 min 后，加入与电解质膜匹配的聚合物做黏结剂［阳极催化剂 Pt/C：聚合物 = 4：1（wt%）］和 1 mL 1 − 丙醇，冰浴超声 1 h，涂覆前搅拌至少 30 min。

③裁剪 1 cm × 1 cm 阳极碳布和 1 cm × 1 cm 阴极碳纸，称重后放置于不锈钢垫板上，再置于 80 ℃加热台上。

④采用移液器吸入催化剂分散液（阳极分散液约 300 μL；阴极分散液约 200 μL），将催化剂均匀、缓慢滴在碳纸或碳布上，干燥后得到阴极或阳极，再次称重确定阳极和阴极催化剂的面载量。

（2）电池装配。

从下方阳极开始，在石墨流场板上依次放置阳极碳布（喷有催化剂的一面指向上）、阳极密封垫、阴离子膜、阴极密封垫和阴离子碳纸（喷有催化剂的一面向下），盖上另一块石墨流场板，盖上阴极金属板，拧螺丝。图 4 − 12 为电池组装图，其中，图 4 − 12（a）为电池组件组装顺序示意图，图 4 − 12（b）为组装后电池实物图。

（3）电池测试。

①燃料制备：乙醇溶液（6 mol · L^{-1} KOH + 3 mol · L^{-1}乙醇，至少 1 L）。

②连接阳极燃料液和阴极氧气的进出口管路，阳极先泵入去离子水，检查是否漏液，并活化阳极表面；阴极通入氧气检查气路连通性。

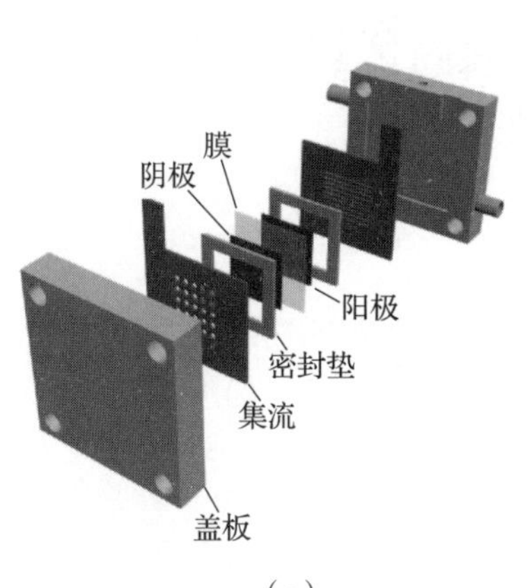

（a）

（b）

图 4－12　电池组装图

（a）电池组件组装顺序示意图；（b）组装后电池实物图

③检测正常后，电池连接测试设备的正负极、加热棒、热电偶等。

④连接完成后，阳极通入燃料液（10～20 mL/min），阴极通入氧气（100～200 sccm）。

⑤打开 Arbin 测试软件，分别测定室温 40 ℃和 50 ℃时电池的放电性能。

⑥存取数据，用于实验分析。

3. 实验后处理及注意事项

（1）待电池降温后，将电池按组装逆顺序拆开。

（2）膜电极及密封圈等作为固体废弃物；KOH 和乙醇溶液倒入废液桶。

（3）将电池极板加热组件拆除，清洗电池极板，晾干后，收于实验柜中。

（4）注意电解质膜裁剪过程，如果膜有破损，则需重新更换；催化剂浆料需均匀喷涂于支持载体（碳布或碳纸），并及时吹干。

（5）装配过程中，将碳纸准确放置在密封垫中空处，避免漏气；螺丝应均匀、交叉拧紧，以达最佳密封。

4.4.5　实验数据处理

（1）绘制 CV 曲线，坐标标明相对电位（vs 参比电极），给出氧还原电位。

（2）绘制 LSV 曲线，分析旋转圆盘转速对氧还原反应的影响，查找氧气在 0.1 mol/L KOH 溶液中的扩散系数后，根据 K－L 方程，计算氧还原反应的电子转移数。

（3）绘制 $i-t$ 曲线，分析阴极材料电催化性能和稳定性。

（4）绘制不同温度下电池的放电曲线，并对数据进行分析。

4.4.6　思考与讨论

（1）影响阴极材料 ORR 性能的因素有哪些?

（2）阳极反应产物对阳极反应过程及电池性能有何影响?

（3）如果要进一步提高电池性能，可以从哪些方面进行改进?

4.5 实验二十五 中温固体氧化燃料电池制备与性能测试

4.5.1 实验目的

（1）熟悉 SOFC 单电池制备的典型工艺步骤及其工艺方法。
（2）掌握 SOFC 单电池放电性能评价方法。
（3）掌握电化学阻抗谱测试及其解析方法。

4.5.2 实验原理

固体氧化物燃料电池作为第四代燃料电池，在各种燃料电池中工作温度最高，采用固体氧化物作为电解质，其在高温下具有传递 O^{2-} 的能力，在电池中起传递 O^{2-} 和分离空气、燃料的作用。SOFC 工作时，电子由阳极经外电路流向阴极，氧离子（O^{2-}）经电解质由阴极流向阳极，燃料（如 H_2 和 CO 的混合重整气）气通入电池的阳极，通过扩散作用到达阳极/固体电解质的界面，被 O^{2-} 氧化并释放出电子，氧化剂（如空气中的氧气）通入电池的阴极，氧气扩散到阴极/固体电解质的界面，被还原为 O^{2-}。阳极释放出的电子经过外电路的负载回到电池的阴极，固体电解质则完成了 O^{2-} 从阴极到阳极的输送过程，构成电子流通的回路，产物水由阳极随高温尾气排出。SOFC 的工作原理如图 4－13 所示。

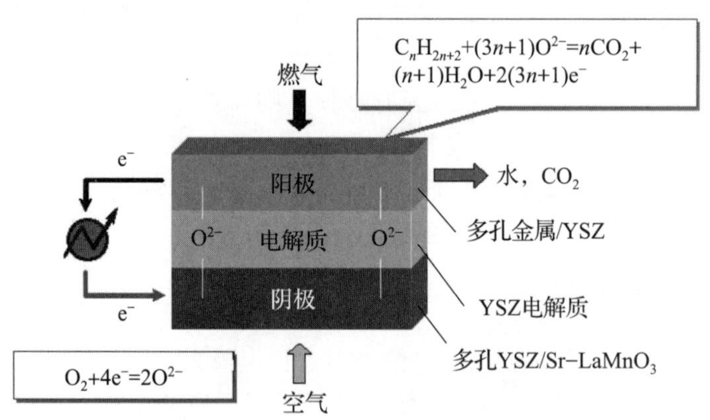

图 4－13 SOFC 的工作原理

4.5.3 实验仪器与试剂和耗材

仪器：烘箱、高温电炉、Arbin 燃料电池测试系统、综合电化学测试系统、电子天平、丝网印刷机、球磨机。

试剂和耗材：LSGM（$La_{0.9}Sr_{0.1}Ga_{0.8}Mg_{0.2}O_{3-\delta}$）电解质粉体、NiO 粉体、$La_{0.8}Sr_{0.2}CoFeO_{3-\delta}$阴极粉体，乙基纤维素、玉米淀粉、松油醇、银丝、银浆、陶瓷密封胶、研钵。

4.5.4　实验步骤及方法

1. 阳极/电解质/阴极电池核部件制备

LSGM 电解质通过压片工艺制备，工艺流程如下：称取高纯的 LSGM 粉体，每克粉体中加入 1～2 滴聚乙烯醇（PVA）黏结剂，用研钵磨干后取 2 g 粉体倒入直径为 20 mm 的模具中，在 200 MPa 的压力下单轴干压成型。将压制好的电解质片放入高温电阻炉中在 1 450 ℃烧结 8 h，得到致密的 LSGM 电解质片，并采用砂纸打磨至大约 300 μm。

LSGM－NiO 材料与黏结剂（一定比例的乙基纤维素与松油醇的混合物）混合并充分研磨制备得到阳极浆料。制备好的阳极浆料采用丝网印刷法涂覆到 LSGM 电解质的一侧，并在空气中于 1 200 ℃下烧结 2 h 得到阳极层。阴极材料均采用 $La_{0.6}Sr_{0.4}Co_{0.2}Fe_{0.8}O_3$（LSCF）。称取一定质量比例的 LSCF 粉体、乙基纤维素、造孔剂淀粉，加入松油醇作为溶剂，将其研磨，使其混合均匀制备得到 LSCF 阴极浆料。同样采用丝网印刷法将浆料涂刷在 LSGM 电解质的另一侧，并在 1 100 ℃下烧结 2 h 得到阴极。

2. 集流及单电池组装

用银浆将银丝分别黏附在烧结后的阳极和阴极薄膜上，80 ℃空气下烘干后，放入马弗炉中于 750 ℃热处理 30 min 除去有机物得到导电性能良好的集流体，如图 4－14 所示。将所制备好的 SOFC 单电池用密封胶密封在刚玉陶瓷管的一端。图 4－15 为电池封接后的结构示意图。

图 4－14　单电池的结构示意图

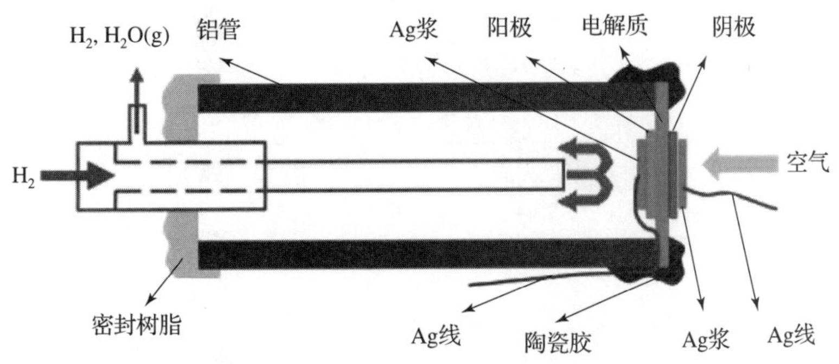

图 4－15　电池封接后的结构示意图

3. SOFC 单电池放电及电化学阻抗谱测试

本实验中电池放电测试使用美国 Arbin 公司生产的燃料电池电子负载测试装置。将所制备的单电池密封后装配成模拟电池。以银丝为导线，向阳极侧通入 H_2，阴极侧置于空气中，测试温度为 650～800 ℃，进行单电池放电性能测试。本实验中电化学阻抗谱测试采用电化学测试仪。电化学阻抗谱测试中频率范围为 100 kHz～10 MHz，交流扰动电压振幅为 5 mV，测试在电池开路状态下进行。典型的放电曲线和阻抗分别如图 4－16 和图 4－17 所示。一个单电池的开路电压可以在 1 V 左右，工作时，随电流密度提高，电池输出电压会逐渐降低（图 4－16），电池输出的功率在某一个电流密度下达到最大值，输出功率随负载变化。典型的电池阻抗谱（图 4 – 17）有两个弧阻抗，高频弧与横坐标的截距为电池欧姆阻抗，低频弧与高频弧截距之差为极化电阻，极化电阻代表了电极反应活性的高低，与电极结构相关。

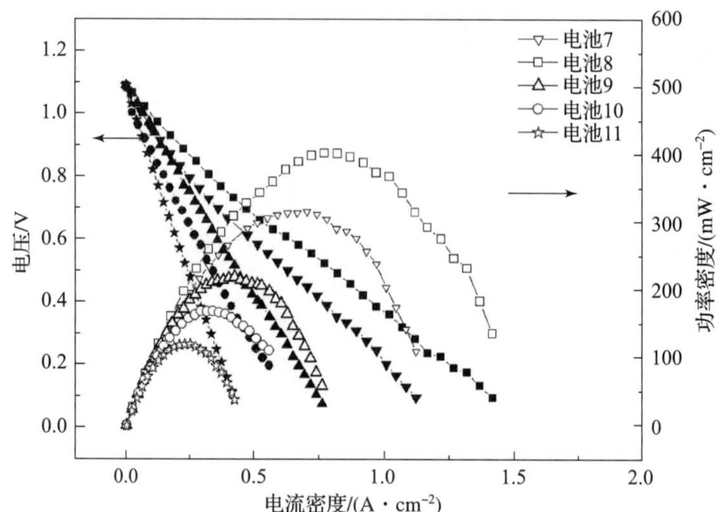

图 4 – 16　不同电池在 800 ℃下氢气条件下的放电曲线

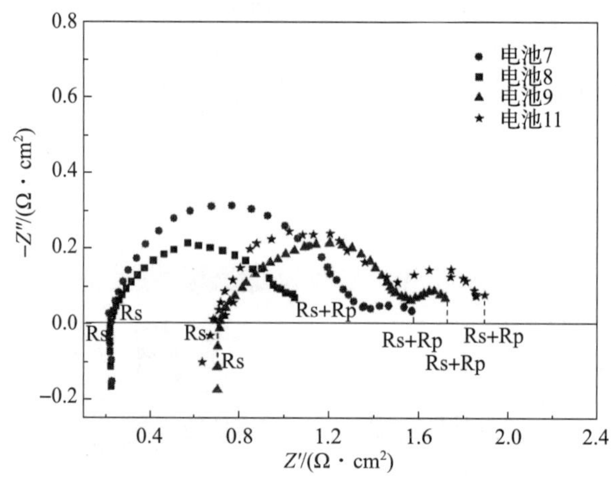

图 4 – 17　不同电池在 800 ℃下氢气条件下放电时的电化学交流阻抗

4.5.5　实验数据处理

（1）根据不同温度下所得的实验数据绘制 SOFC 单电池 $I-V$ 放电曲线和电化学阻抗谱图。

（2）计算 SOFC 单电池不同温度下的最大功率密度（P），并绘制 $I-P$ 曲线。

（3）对不同温度下 SOFC 单电池电化学阻抗谱图进行拟合，给出等效电路并解析。

4.5.6　思考与讨论

（1）燃料类型对电池性能的影响及电极材料的要求有哪些？

（2）固体氧化物与其他燃料电池相比有哪些特点？

（3）固体氧化物燃料电池有哪些应用领域？

4.6　实验二十六　染料敏化太阳能电池组装及其光电性能测试

4.6.1　实验目的

（1）掌握染料敏化太阳能电池（DSSC）的原理及其特点。

（2）掌握染料敏化太阳能电池的构造以及组装方法。

（3）掌握染料敏化太阳能电池 Pt 对电极的制备方法及其电池性能评价方法。

4.6.2　实验原理

能源问题是人类目前面临的最大挑战，利用可持续清洁能源替代日益耗尽且污染严重的传统化石能源，对促进社会经济发展、提高人类生活质量、改善地球生态环境等具有重要的意义。太阳能作为一种绿色清洁能源，具有资源极其丰富、受地域限制较小、环境友好等独特优势，拥有巨大的开发潜力。太阳能电池利用光伏效应将太阳能直接转换成电能，过程清洁，成本低廉，被视为最有前景的新能源技术之一。迄今太阳能电池依次经历了硅基太阳能电池、多元化合物薄膜太阳能电池、染料敏化太阳能电池、钙钛矿太阳能电池等。与其他太阳能电池相比，DSSC 具有材料来源广泛、制备工艺简易、能源回收周期短等优点。自 1991 年 Grätzel 研究小组将纳晶多孔薄膜引入该体系以来，DSSC 光电转换效率得到大幅度的提高，目前已达到 13% 的转化效率，逐渐成为有希望得到工业化应用的新型太阳能电池之一。

DSSC 是由光阳极、对电极及电解质三部分组成的“三明治”结构的装置。其中，光阳极是一块在导电玻璃上负载吸附染料敏化剂（本实验中为 N719 染料）的金属氧化物半导体薄膜，对电极一般是一块负载有电催化活性材料（如 Pt）的导电玻璃，电解质主要为 LiI 等含碘盐或碘单质。DSSC 工作原理示意图如图 4 - 18 所示，在一个循环周期中，光阳极上的染料首先吸收光子达到激发态，随后释放出电子变为氧化态，随即又从与阳极染料接触的还原态的电解质中（如 I^-）接受电子被还原到基态。染料释放的电子依次由半导体薄膜、导电玻璃传递到外电路中做功，并继续流向对电极处，分布在电极活性材料表面。释放出电子的氧化态电解质由阳极表面扩散到对电极表面并与电子结合被还原，完成 DSSC 一个周期的循环。

本实验涉及 DSSC 对电极极片的制作以及电池组装测试两个部分。采用功率密度为 100 mW/cm^2 太阳光模拟器作为稳定的光源，与电池相连的电化学工作站记录下电池的 $J-V$ 数据。评价电池性能的主要指标包括开路电压（V_{oc}）、短路电流密度（J_{sc}）、填充因子（FF）、光电转换效率（PCE）。开路电压指电路处于开路时 DSSC 的输出电压，表示太阳能电池的电压输出能力。短路电流密度指太阳能电池处于短接状态下流经电池的电流密度大小，表征太阳能电池所能提供的最大电流。填充因子是指电池具有最大输出功率时的电流和电压的乘积与短路电流与开路电压乘积的比值，是衡量太阳能电池输出特性的重要指标，代表电池在带最佳负载时，能输出的最大功率的特性，其值越大，表示电池的输出功率越大，FF 的值始终小于 1。DSSC 的光电转换效率是指在外部回路上得到最

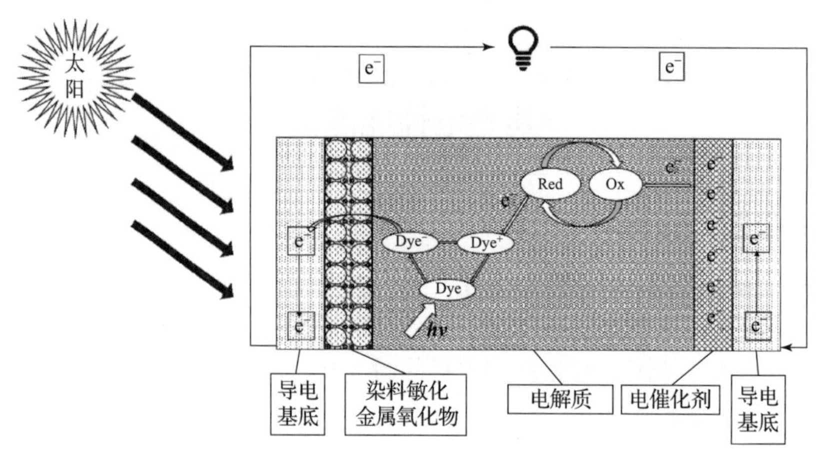

图 4－18　DSSC 工作原理示意图

大输出功率时的光电转换效率，其值 $PCE=\frac{P_{max}}{P_{in}}$，其中，$P_{max}$为电池最大输出功率，$P_{in}$为入射光功率。

4.6.3　实验仪器与试剂和耗材

仪器：太阳光模拟器（Zolix SS150）、电化学工作站（CHI）、DSSC 模具、打孔器、马弗炉。

试剂和耗材：DSSC 电解液、无水乙醇、隔膜、光阳极极片、FTO 导电玻璃片、氯铂酸溶液。

4.6.4　实验步骤及方法

1. Pt 对电极的制备

取出一块清洗完毕的导电玻璃，使用透明胶带围出一个 1 cm 见方的区域，并在这块区域滴一滴氯铂酸溶液，待溶剂挥发完毕后撕去黏附的胶带，将玻璃片放入马弗炉中。设置升温程序：以 2.5 ℃/min 的速率升温至 450 ℃，保温 30 min 使氯铂酸充分分解。

2. 测试准备工作

打开太阳光模拟器等待 15 min 左右待光强度稳定，使用标准硅太阳能电池对光强进行校准。

3. DSSC 的组装

取出浸泡在敏化剂溶液中的阳极极片，在通风橱中使用乙腈冲洗几遍，待干燥后避光保存待用。剪下一块 2 cm 见方的沙林隔膜，使用打孔器在其正中打一个直径 5 mm 的小孔。取出阳极极片，将小孔对准半导体薄膜区域覆盖在阳极极片上，注意要使半导体薄膜完全暴露出来，将隔膜超出阳极玻璃片边缘的部分剪去。保持隔膜紧贴阳极极片没有相对位移，将其放置于 DSSC 夹具上，在隔膜小孔处滴一滴电解液，并将已制作好的 Pt 对电极极片紧压在上面，保证在这一过程中两块极片中间的电解液没有气泡产生。使用夹子固定住整个装置。完成后的 DSSC 装置如图 4－19 所示。

（a）　　　　　　　　　　（b）

图 4－19　完成后的 DSSC 装置

（a）对电极和光阳极的照片；（b）DSSC 的照片

4. DSSC 性能测试

使用 CHI 电化学工作站对电池进行测试。将 DSSC 与电化学工作站连接，白色与红色的线接电池的阳极极片，绿色的线接电池对电极极片，将装置阳极极片在上正对光源放置。测试步骤如下。

（1）启动 CHI 电化学工作站，运行测试软件。在 Setup 菜单中单击“Technique”选项。在弹出菜单中选择“Linear Sweep Voltammetry”测试方法，然后单击 OK 按钮。

（2）在 Setup 菜单中单击“Parameters”选项。在弹出菜单中输入测试条件：Init E 设为 0.8 V，Final E 设为－0.1 V，Quiet Time 设为 2 s，Scan Rate 设为 0.01 V/s，Sample Interval 设为 0.001 V，Sensitivity 选择 Auto－sensitivity。然后单击 OK 按钮。

（3）在 Control 菜单中单击“Run Experiment”选项，进行测量。

（4）测试完毕后，保存并命名测试结果，并将测试文件保存为 TXT 格式文件，以备后续使用。

（5）实验完毕，关闭仪器，整理试验台。

4.6.5　实验数据处理

将电流电压数据统计在 Excel 表格中，找出开路电压（V_{oc}）的值并计算出短路电流密度（J_{sc}），计算电池的填充因子（FF），其值 $FF = \dfrac{P_{max}}{J_m \times V_{oc} \times S}$，$S$ 为光阳极半导体材料面积，在本实验中为 0.113 3 cm^2。计算电池的光电转化效率（PCE）。

4.6.6　思考与讨论

（1）分析影响电池光电转化效率的主要因素。

（2）与其他太阳能电池相比，DSSC 的优势以及局限性有哪些？

4.7　实验二十七　TiO_2一维纳米材料光降解性能测定

4.7.1　实验目的

（1）掌握光降解反应装置的构造及原理。

（2）掌握紫外－可见分光光度计的使用方法。

（3）掌握标准曲线的拟合方法。

（4）掌握光降解残留率评价方法。

4.7.2 实验原理

随着经济的快速发展和人们生活水平的提高，人类生产生活所产生的污染使地球环境日益恶化，工业废水、废气中存在大量的有机污染物，其生物难降解性不仅对生态环境造成了巨大威胁，还直接威胁到人们的健康。半导体光催化氧化技术利用光能，不仅能够有效地降解常规方法难以去除的有害物质，还具有效率高、能耗低、反应条件温和、操作简便、无二次污染、降解彻底等优点，为环境治理提供了一个全新的途径。光催化氧化技术目前研究最多的半导体光催化材料主要有金属氧化物和硫化物，如 TiO_2、ZnO、CdS、WO_3、SnO_2 等。其中纳米 TiO_2 具有降解效果好、稳定无毒、价格低、活性高等优点，成为光催化材料研究的重点，是具有开发前途的绿色环保型催化剂，在污水治理、空气净化和抗菌杀菌等方面得到广泛的应用。

目前关于 TiO_2 纳米材料光催化氧化机理的研究，是建立在半导体能带理论的电子－空穴作用原理基础上的，TiO_2 光催化氧化反应机理示意图如图 4－20 所示。TiO_2 的能带结构包括一个充满电子的低能价带和一个空的高能导带。价带和导带之间的区域称为禁带，禁带宽度为 3.2 eV。当照射光能量大于或等于半导体禁带宽度（3.2 eV）时，价带上的电子（e^-）被激发，跃过禁带进入导带，同时在价带上产生相应的空穴（H^+），从而形成具有高活性的光生电子－空穴对。产生的电子－空穴对可直接对吸附于表面的污染物进行氧化还原，或氧化表面吸附的羟基或水分子，生成羟基自由基（OH），OH 具有强氧化性，可将大多数的有机污染物及部分无机污染物氧化，污染物最终降解为 CO_2、H_2O 和其他氧化产物等一系列无害物质。

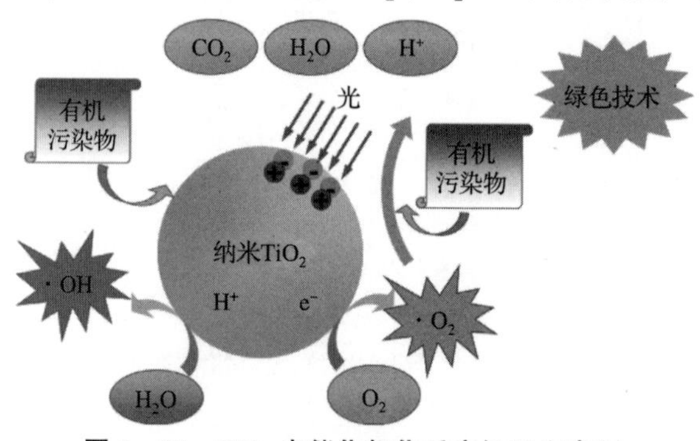

图 4－20　TiO_2 光催化氧化反应机理示意图

紫外－可见分光光度计测试基理是待测物质中某些基团吸收紫外－可见光后，得到能量发生内部电子能级的跃迁，从而形成吸收光谱。由于各种物质具有不同的分子、原子以及空间构型，因此吸收紫外－可见光的能力也就各不相同。每种物质都具有固定的吸收光谱，然后根据吸收光谱上特征波长处的吸光度判定该物质的含量。

紫外－可见分光光度计的工作原理依据 Lambert－Beer 定律。众所周知，Lambert－Beer 定律中指明光的吸收与吸收涂层厚度成正比，并且与溶液的浓度也成正比。如果同时考虑到两者对待测物质光吸收率的影响，可将 Lambert－Beer 定律用式（4－9）表示：

$$A = \varepsilon bc \tag{4-9}$$

因此，根据式（4－9），可以实现吸光度与浓度的计算。

4.7.3　实验仪器与试剂和耗材

仪器：紫外 – 可见分光光度计、光催化性能测试实验装置［水泵、气泵、反应器（底部设有气体分布器）、石英套管、紫外光源等］。

试剂和耗材：蒸馏水、亚甲基蓝、TiO_2一维纳米材料、容量瓶（25 mL 8 个）。

4.7.4　实验步骤及方法

以亚甲基蓝溶液为模拟污染物，采用自制的间歇式循环浆态光催化反应器对 TiO_2 纳米材料样品进行光催化降解反应活性研究。反应过程中采用上海光谱仪器有限公司生产的 756PC 型紫外 – 可见分光光度计监测体系中亚甲基蓝的浓度，检测波长为 665 nm。

1. 亚甲基蓝的标准曲线

分别配制 0. 2 mg/L、0. 4 mg/L、0. 8 mg/L、1. 6 mg/L、3. 2 mg/L、4. 8 mg/L、6. 4 mg/L、8 mg/L 的亚甲基蓝溶液各 25 mL，用分光光度计测定其吸光度，选定波长为亚甲基蓝的特征吸收波长 665 nm，绘制吸光度与亚甲基蓝浓度的标准曲线。

2. 光催化性能测试

光催化反应装置如图 4 – 21 所示。该实验装置由水泵、气泵、反应器（底部设有气体分布器）、石英套管、紫外光源等部件组成。空气由底部气体入口引入；反应器中反应液由底部以旋流方式导入经水泵送至反应器顶部，一方面确保反应液充分循环，另一方面防止催化剂沉积。

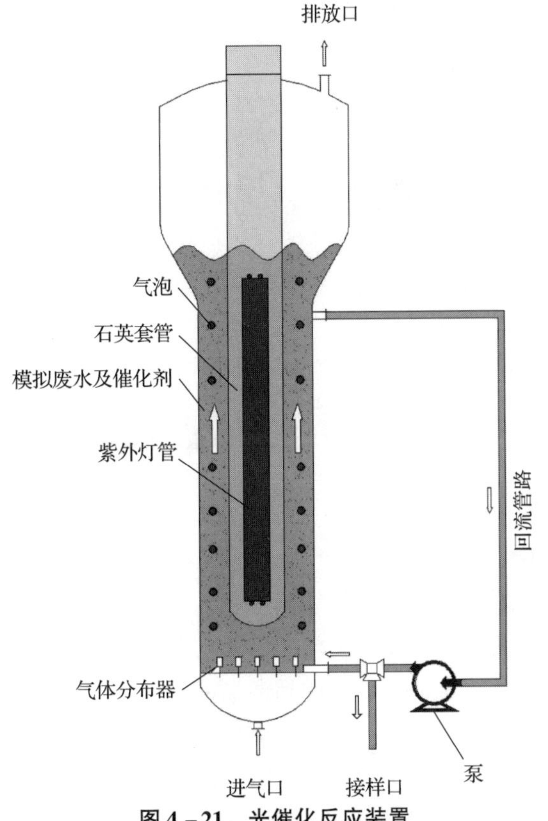

图 4 – 21　光催化反应装置

准确量取蒸馏水 5 L 置于反应器中，开启水泵使水循环，打开气泵，向反应器中鼓入空气（空气流量 F_g 为 0.583 m^3/h）。准确量取 20 mL 亚甲基蓝溶液（浓度 1.803 9 g/L）于反应器中，与蒸馏水混合均匀 10 min 后取初始样。精确称取 0.500 0 g 光催化剂样品（以 TiO_2 的量计算）放入亚甲基蓝溶液中，30 min 后取 t_0 样，然后开启紫外灯，每隔 2 min 取光催化样品。样品经膜（孔径为 0.22 μm）分离后，以蒸馏水为参比测定反应液的吸光度 A。

采用反应后亚甲基蓝残留率表示样品的吸附性能和光催化活性。根据吸光度与亚甲基蓝浓度的标准曲线，计算出各个取样点的亚甲基蓝的残留百分比浓度 C_t/C_0。

4.7.5 实验数据处理

1. 亚甲基蓝的标准曲线的拟合

记录不同亚甲基蓝浓度（以 mg/L 为单位）对应的吸光度，亚甲基蓝浓度为纵坐标，对应的吸光度为横坐标，拟合亚甲基蓝的标准曲线。

2. 亚甲基蓝残留率的计算

测定并记录不同反应时间后，反应液的吸光度，根据亚甲基蓝的标准曲线，计算出不同反应时间溶液中亚甲基蓝浓度，计算出各个取样点的亚甲基蓝的残留百分比浓度 C_t/C_0。

4.7.6 思考与讨论

（1）与传统的化学处理污染物方法相比，光降解污染物的缺点和优势有哪些？

（2）分析影响光降解残留率的因素。

（3）紫外－可见分光光度计使用注意事项。

4.8 实验二十八 $\gamma-Al_2O_3$ 催化剂催化甲醇脱水制二甲醚活性评价

4.8.1 实验目的

（1）掌握相对校正因子的测定。

（2）掌握催化剂活性评价方法。

（3）掌握甲醇脱水制二甲醚微型反应装置的构造及原理。

4.8.2 实验原理

随着石油等化石资源日益枯竭，寻求新型清洁替代能源已迫在眉睫。二甲醚（DME）具有无腐蚀性和无致癌性的特征，物理性质与液化石油气相近，燃烧性能好、高辛烷值、低 NO_x 释放量、无烟无硫、低噪声，具有出色的压缩点火表现等，被认为是理想的柴油替代燃料、潜在的发电和民用燃料，是一种重要的超清洁能源和环境友好产品。二甲醚可作为有机化工原料，用于生产高附加值化学品。二甲醚在西欧各国民用气溶胶制品中是必不可少的氟利昂替代物，还广泛替代氯氟烃做制冷剂和发泡剂。

目前，二甲醚可由固体酸催化剂催化甲醇脱水（MTD）或双功能催化剂催化合成气直接合成（STD）来生产。基于热力学和经济方面考虑，MTD 是潜在的、更被认可的二甲醚生产过程。

甲醇脱水制二甲醚的化学反应方程式为

$$2CH_3OH \rightarrow CH_3OCH_3 + H_2O \tag{4-10}$$

$\gamma-Al_2O_3$是 MTD 过程中被广泛采用的一种固体酸催化剂，具有高比表面积、高催化选择性、优异的热稳定性、高机械强度、良好的颗粒尺寸、低成本等特性，其表面酸性主要以弱强度或中等强度 Lewis 酸性位形式存在。

本实验中采用安装有固定床反应器的微型反应系统对合成的 $\gamma-Al_2O_3$催化剂进行 MTD 催化活性评价，采用气相色谱对反应产物组分含量进行在线分析。

在气相色谱仪中，定量分析的依据是被测组分的量与响应信号成正比。同一个检测器，对同一种物质的响应值只与该物质的量（或浓度）有关，而对等量的不同物质响应值不同，当相同摩尔数的不同物质通过检测器时，产生的峰面积不一定相等，所以不能直接进行定量分析。为使峰面积能够准确地反映待测组分的含量，必须先测定校正因子，其物理意义是单位峰面积所代表的被测组分的量。将不同已知含量（n_i）的待测组分注入气相色谱，得到各物质对应的峰面积（A_i），作 n_i-A_i工作曲线，所得直线斜率即为校正因子（$g_i=\tan\theta$）。但是，实际上向气相色谱中注入准确已知量的 n_i比较困难，所以一般采用相对校正因子，其定义为将某一化合物的绝对校正因子 g_i与另一种标准物的绝对校正因子 g_s相比，即为相对校正因子 $G_i=\dfrac{g_i}{g_s}=\dfrac{\frac{n_i}{A_i}}{\frac{n_s}{A_s}}=\dfrac{\frac{n_i}{n_s}}{\frac{A_i}{A_s}}$。

4.8.3　实验仪器与试剂和耗材

仪器：微型催化反应系统、微型注射器、气相色谱、H_2发生器、分析天平。

试剂和耗材：蒸馏水、无水甲醇、$\gamma-Al_2O_3$催化剂、载气 N_2、石英棉。

4.8.4　实验步骤及方法

1. 甲醇相对校正因子的测定

将一定质量的甲醇和水配成一定浓度的混合溶液，称取的甲醇和水的质量如表 4-2 所示。

表 4-2　甲醇和水的质量

甲醇质量/g	水质量/g	$n_{甲醇}/n_{水}$
3.204 2	9	0.2
3.204 2	4.5	0.4
3.204 2	3	0.6
3.204 2	2.25	0.8
3.204 2	1.8	1.0

使用 1 μL 微量进样器移取上述配好的混合溶液 0.5 μL，手动进样进行分析，分析条件为：进样温度 140 ℃；柱温 130 ℃；检测室 130 ℃；量程 120；分析时间 20 min。

以 $A_{甲醇}/A_{水}$ 为横坐标、$n_{甲醇}/n_{水}$ 为纵坐标作拟合线，斜率即为甲醇的相对校正因子 f。

2. 催化剂的装填

固定床反应器如图 4－22 所示，催化剂的装填过程具体如下：在反应器底部放一块石英棉防止石英砂漏出，将热电偶插孔用细管插入反应器内。

（1）加 10～20 目的粗石英砂作为承托和分散填料，高度 27.5 cm。加一小块石英棉后，再铺上一层 100～200 目细石英砂，高度 2 cm，再加一小块石英棉。

（2）将纸片卷成细筒插入反应管做纸槽，缓慢倒入 1 g 催化剂，并边敲边抽出纸筒。在催化剂层的上面加一小块石英棉后再铺上一层 100～200 目细石英砂，高度 2 cm。

（3）铺一块石英棉后，加 10～20 目的粗石英砂至反应器填满。放上聚四氟乙烯垫片后，拧紧第一个封口；然后顶端套上黑色小垫片，拧紧小封口。

（4）装填过程中用硬直的细管做量尺，对各个高度的装填物位置做好标记。

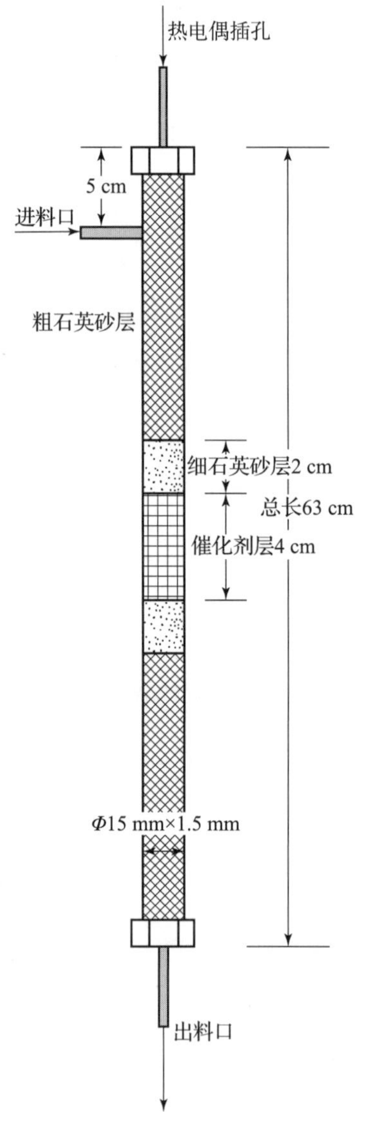

图 4－22　固定床反应器

3. 甲醇脱水制二甲醚反应活性评价

甲醇脱水制二甲醚微型反应系统如图 4－23 所示。N_2 质量流量计（D08－ID/ZM，北京七星华创电子股份有限公司）控制流量，无水甲醇以 0.2 mL/min 的速率由微量进样泵（Series Ⅱ Pump，SSI/LabAlliance 公司）打入固定床反应器中，在一定温度下进行反应。反应后物料经恒温以气体状态经气动阀自动采集进入气相色谱仪（GC 7890T，上海天美科技有限公司）在线分析，载气为 H_2，检测器 TCD，进样温度 110 ℃，柱温 140 ℃，TCD 温度 110 ℃，色谱柱为 Porapak T（40/60 mesh）填充柱（Φ2 mm×5 m）。

将装有催化剂的固定床反应器安装于微型催化活性评价系统上，先在 400 ℃下以 N_2 预处理 3 h，降温至所需反应温度，开始无水甲醇进料，速率 0.2 mL/min，即质量空速（WHSV）为 9.5 h^{-1}，反应后物料进入气相色谱仪在线分析。反应温度 320 ℃，反应压力常压。其具体操作步骤如下。

将装好催化剂的固定床反应器安装于微型催化活性评价系统上，在拧紧各个管接口后，通 N_2 并用肥皂水进行气体试漏，保证系统的气密性良好。将测温用热电偶丝插入顶端细管插孔里，利用卷尺对量尺细管上的标记进行测量，保证热电偶丝的端头处于反应器中催化剂的中间位置。

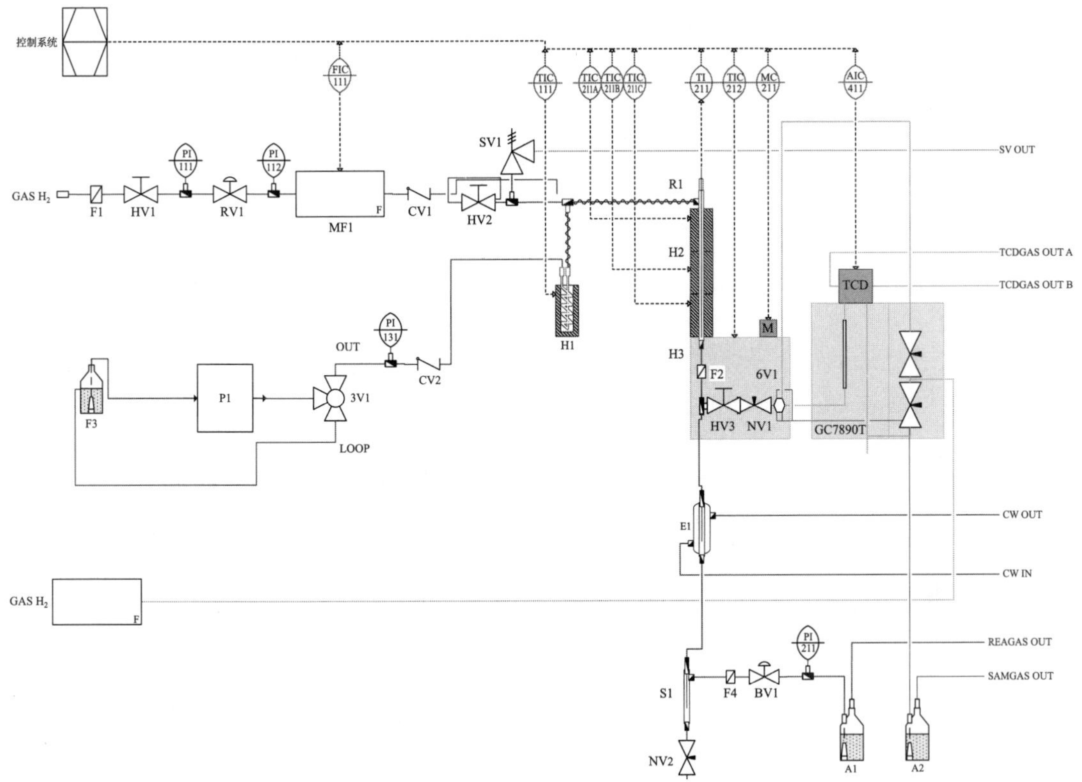

图 4－23　甲醇脱水制二甲醚微型反应系统（见彩插）

打开 N_2 气瓶阀，将 RV1 开关打到“ON”，在监测软件的“流程控制”中将 FIC111（N_2 流量）设置为 30 mL/min，将 TIC211A、TIC211B、TIC211C（分别对应加热炉上、中、下部位的温度）设置升温至 400 ℃，并保温 3 h，随后降温至反应的起始温度。关掉 N_2，分别将 RV1 和软件中 FIC111 打到“OFF”和“停止”。打开 Ar 气瓶阀。

打开甲醇微量进样泵，按亮“run”按钮，将甲醇流量设置为 0.2 mL/min，并将开关 3V1 打到“LOOP”指向，待旁侧的空瓶中的细管有液体滴下，将开关 3V1 打到“OUT”指向。

在监测软件的“流程控制”中，将 TIC211A、TIC211B、TIC211C 设置好不同的反应温度和反应时间；TIC212 对应保温炉的温度设置，升温并保持 150 ℃；单击“读取数据”一行，使该四列保持“运行中”。然后切换到“流程画面”，设定值分别为“采样时间 30”“运行周期 1 200”“运行总时间 9 999”，单位均默认为“秒”，单击“运行”。

通过电脑软件色谱工作站采得数据，并进行保存。

4.8.5　实验数据处理

对保存在电脑中的各个温度下不同物质的峰面积（二甲醚、水、甲醇）进行计算，并统计在 Excel 表格中。气相色谱采用面积归一化法定量，根据式（4－11）计算甲醇转化率 x，分别计算各个温度下的甲醇转化率。

$$x_{CH_3OH}=\frac{F_{CH_3OH,in}-F_{CH_3OH,out}}{F_{CH_3OH,in}}\times 100\% =1-\frac{f\times A_{CH_3OH}}{f\times A_{CH_3OH}+2A_{H_2O}}$$

$$=\frac{2A_{H_2O}}{f\times A_{CH_3OH}+2A_{H_2O}}=\frac{2}{f\times\frac{A_{CH_3OH}}{A_{H_2O}}+2} \quad (4-11)$$

4.8.6 思考与讨论

（1）相对校正因子的值与什么有关系？

（2）N_2 预处理的作用是什么？

（3）气相色谱定量分析的依据是什么？

4.9 实验二十九　镁铝水滑石的制备、结构表征及其催化合成生物柴油性能

4.9.1 实验目的

（1）掌握材料合成的共沉淀法，掌握材料的结构表征方法，巩固 X 射线衍射仪、红外光谱仪及热重分析仪的使用方法。

（2）掌握生物柴油的合成方法，巩固液相色谱的使用方法；了解固体碱催化酯交换反应机理及特点，了解镁铝水滑石（Mg/Al－LDHs）的应用领域。

4.9.2 实验原理

镁铝水滑石通式：$[Mg_{1-x}Al_x(OH)_2]^{x+}(CO_3{}^{2-})_{x/2}\cdot mH_2O$，其中$(1-x)/x=2\sim4$，其结构非常类似于水镁石 $[Mg(OH)_2]$，由 MgO_6 八面体共用棱形成单元层，位于层上的 Mg^{2+} 可在一定的范围内被半径相似的 Al^{3+} 同晶取代，使得 Mg、Al、OH 离子层带正电荷，层间可交换的阴离子 $CO_3{}^{2-}$ 与层上正电荷平衡，使得这一结构呈电中性。此外在金属离子氢氧化物层中存在一些水分子。LDH 特殊的结构和组成及结构组成的可调控性赋予其一些特殊的性能，使其既具有像离子交换树脂一样的离子交换能力，又有像沸石一样的择形吸附和催化性能，同时具有耐热性、耐辐射性和耐酸碱性，因而成为一种在吸附、离子交换和催化及光、电、磁等方面具有巨大潜力和极具诱人前景的新功能材料。图 4－24 为 LDHs 结构示意图。

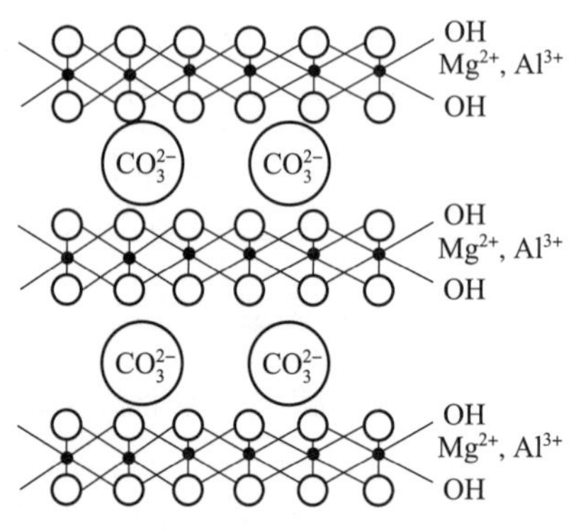

图 4－24　LDHs 结构示意图

共沉淀法是制备 Mg/Al－LDHs 最常用的方法，此方法以构成 LDHs 层板的金属离子混合溶液在碱作用下发生共沉淀，其中在金属离子混合溶液中或碱溶液中含有所要合成组成的阴离子基团，沉淀物在一定条件下晶化即可得到目标 LDHs。该法的优点是：几乎所有的 M^{2+} 和 M^{3+} 都可形成相应的 LDHs，应用范围广；调

整 M^{2+} 和 M^{3+} 的原料比例，可制得一系列不同 M^{2+}/M^{3+} 的 LDHs，产品品种多；可使不同阴离子存在于层间。

共沉淀的基本条件是达到过饱和条件。达到过饱和的条件有多种，在 LDHs 合成中常采用 pH 值调节法，其中最关键的一点是沉淀的 pH 值必须高于或至少等于可溶金属氢氧化物沉淀的 pH 值。

生物柴油是一类长链脂肪酸低级醇酯，具有可再生、易生物降解、无毒、含硫量低和废气中有害物质排放量小等优点，属环境友好型燃料，是优质石油燃料的替代品。

生物柴油是用植物油、动物脂肪或废弃食用油等为原料与甲醇或乙醇通过酯交换反应制备的。用于油脂酯交换反应的催化剂主要有酸、碱和酶等。镁铝水滑石是一类固体碱，可用作该反应的催化剂。

油脂和醇在镁铝水滑石固体碱催化剂存在下，可发生酯交换反应，生成生物柴油。该反应是可逆反应，如图 4－25 所示。

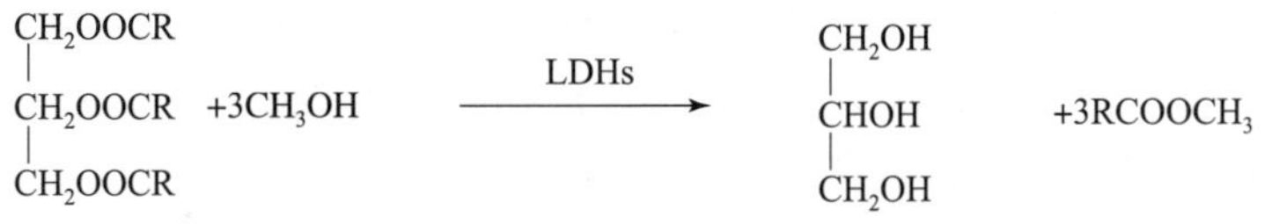

$$\begin{array}{l} CH_2OOCR \\ | \\ CH_2OOCR \\ | \\ CH_2OOCR \end{array} + 3CH_3OH \xrightarrow{LDHs} \begin{array}{l} CH_2OH \\ | \\ CHOH \\ | \\ CH_2OH \end{array} + 3RCOOCH_3$$

图 4－25　酯交换反应通式（R 代表 12～24 个碳组成的烃基）

普遍认为在油脂和醇进行酯交换的过程中，先生成甘油二酯，再生成甘油单酯，最后生成甘油和脂肪酸酯。

碱催化酯交换过程可以描述如下：首先醇与碱发生作用，碱夺取醇的一个氢而呈正电离子，导致醇基带一个负电，它易于攻击甘油三酯上的羰基，将羰基上的双键打开，形成了甘油三酯和醇的结合体。自由电子在相邻的氧原子上发生了转移，从而将一个脂肪酸链分离，形成了甘油二酯的一个负电离子团和一个脂肪酸酯的分子，进而甘油二酯负电离子团将碱基上的一个氢离子夺回，形成了甘油二酯，碱被释放出来，如图 4－26 所示。

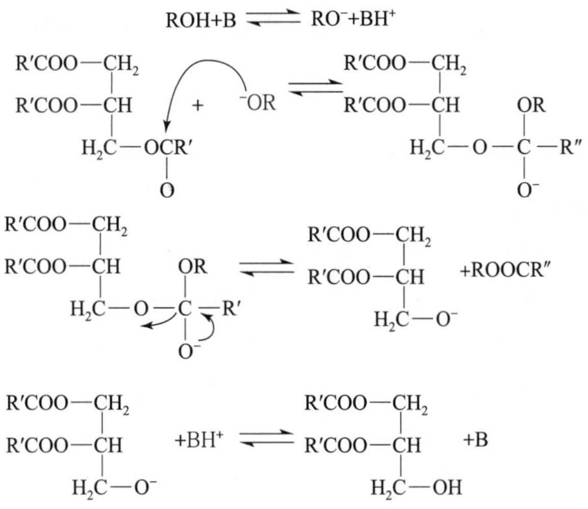

$$ROH + B \rightleftharpoons RO^- + BH^+$$

$$\begin{array}{l} R'COO-CH_2 \\ R'COO-CH \\ \quad H_2C-OCR' \\ \qquad\quad \| \\ \qquad\quad O \end{array} + {}^-OR \rightleftharpoons \begin{array}{l} R'COO-CH_2 \\ R'COO-CH \qquad OR \\ \quad H_2C-O-C-R'' \\ \qquad\qquad\quad | \\ \qquad\qquad\quad O^- \end{array}$$

$$\begin{array}{l} R'COO-CH_2 \\ R'COO-CH \qquad OR \\ \quad H_2C-O-C-R' \\ \qquad\qquad\quad | \\ \qquad\qquad\quad O^- \end{array} \rightleftharpoons \begin{array}{l} R'COO-CH_2 \\ R'COO-CH \\ \quad H_2C-O^- \end{array} + ROOCR''$$

$$\begin{array}{l} R'COO-CH_2 \\ R'COO-CH \\ \quad H_2C-O^- \end{array} + BH^+ \rightleftharpoons \begin{array}{l} R'COO-CH_2 \\ R'COO-CH \\ \quad H_2C-OH \end{array} + B$$

图 4－26　碱催化酯交换反应机理

4.9.3 实验仪器与试剂和耗材

仪器：高压釜、恒温磁力搅拌器、电热恒温干燥箱、日本 Rigaku Ultima Ⅳ型 X 射线衍射仪、德国 Bruker 公司 Vector 22 型傅里叶变换红外光谱仪、日本 SEIKO TG/DTA 6200 热分析仪、气相色谱。

试剂和耗材：$Mg(NO_3)_2 \cdot 6H_2O$、$Al(NO_3)_3 \cdot 9H_2O$、NaOH、Na_2CO_3分析纯、三油酸甘油酯、甲醇、镁铝水滑石、烧杯、量筒、三口瓶、培养皿。

4.9.4 实验步骤及方法

1. LDHs 的合成

将 5.13 g(0.02 mol) $Mg(NO_3)_2 \cdot 6H_2O$ 及 2.50 g(0.006 7 mol) $Al(NO_3)_3 \cdot 9H_2O$ 溶于 25 mL 去离子水中配成混合盐溶液；将 1.71 g(0.043 mol) NaOH[$OH^-/(Mg^{2+}+Al^{3+})$ = 1.6(mol/mol)]和1.42 g(0.013 4 mol) Na_2CO_3[CO_3^{2-}/Al^{3+} = 2(mol/mol)]溶于 30 mL 去离子水中配成混合碱溶液；在充分搅拌下，将盐溶液滴加到碱溶液中；将浆液转移至高压釜中，升温至 90 ℃晶化 0.5 h；过滤，洗涤，80 ℃干燥，研磨。

2. LDHs 的结构表征

X 射线衍射；操作条件：40 kV，40 mA，Cu 靶，Kα 射线，入射波长 0.154 06 nm，扫描范围 5°~80°。红外光谱；KBr 压片，扫描范围 400~4 000 cm^{-1}。热重分析：在空气气氛下操作，空气流速为 200 mL/min，升温速率为 10 ℃/min，在 30~800 ℃范围内程序升温测试。

3. 催化合成生物柴油

将 20 mL（18 g，0.02 mol）三油酸甘油酯、16 mL（0.40 mol）甲醇和 0.54 g 镁铝水滑石催化剂加入三口瓶，搅拌；升温至 65 ℃，反应 2.5 h；停止加热，冷却，过滤除去催化剂，蒸馏除去未反应甲醇，或产物静置分层取上层油酸甲酯层分析；0.005 g 油酸甲酯混合物加入丙酮到总量为 1 g，取 10 μL 溶液用液相色谱分析产物，计算三油酸甘油酯转化率及油酸甲酯收率。

4.9.5 实验数据处理

1. 计算晶胞参数和晶粒尺寸

LDHs 是一类无机晶体材料，属六方晶系，其最重要的结构表征手段是 XRD。其 XRD 图特征是存在 003、006、009、110 等衍射峰，且衍射峰的 d_{003}、d_{006}、d_{009}间存在良好的倍数关系。根据衍射峰指标化和 d 值，可以计算出晶胞参数 a 和 c：$1/d^2 = 4/3 \times [(h^2+hk+k^2)/a^2] + l^2/c^2$，式中，$d$ 为晶面间距；h，k，l 为晶面指数；a，c 为晶胞参数；参数 a 为相邻两六方晶胞中金属离子间的距离；参数 c 为晶胞厚度。根据 Scherrer 公式［式（2-4）］，可推测 LDHs 的晶粒尺寸，其中入射线波长 λ 为 0.154 2 nm。

2. 分析所合成 LDHs 的结构

用红外光谱可以表征水滑石结构中的层间阴离子，2 700~3 800 cm^{-1}区间的吸收谱带对应物理吸附水的弯曲振动和层板羟基的伸缩振动，层间碳酸根离子的吸收谱带通常可观察到三个：1 350 ~ 1 380 cm^{-1}（ν_3），850 ~ 880 cm^{-1}（ν_2），670 ~ 690 cm^{-1}（ν_4），对应于阴离子的 $\boldsymbol{D}_{3h}$ 平面对称性。

采用热重分析手段可以研究水滑石的热稳定性：LDHs 热分解过程包括脱除层间水、层间阴离子、羟基脱水（层状结构破坏）和新相生成等步骤。一般认为，在 50 ~ 600 ℃的升温过程中，LDHs 的失重分为两个阶段，在第一阶段 50 ~ 250 ℃脱去层间水，第二阶段 250 ~ 600 ℃对应层间碳酸根和层板羟基的分解，同时释放出 CO_2 和 H_2O，生成镁铝复合氧化物。

3. 计算油酸产率和三油酸甘油酯的转化率

反应后体系中含有单油酸甘油酯、油酸甲酯、二油酸甘油酯和三油酸甘油酯，各组分的出峰位置和校正因子如表 4 - 3 所示。

表 4 - 3　各组分的出峰位置和校正因子

组分	出峰位置/min	校正因子
单油酸甘油酯	4. 4	400 882 706. 671 13
油酸甲酯	5. 0；6. 1	510 858 288. 860 12
二油酸甘油酯	8 ~ 15	496 837 043
三油酸甘油酯	16 ~ 120	665 811 904. 789 36

注：校正因子为质量校正因子。

油酸甲酯的产率计算过程如下：由液相色谱图读取各组分的峰面积，并取总和 A_{MG}、A_{ME}、A_{DG} 和 A_{TG}，除以各校正因子 f 计算得到该组分的质量百分浓度 c_{MG}、c_{ME}、c_{DG} 和 c_{TG}（g/g），进而得到各组分的质量摩尔浓度 c'_{MG}、c'_{ME}、c'_{DG} 和 c'_{TG}（mol/g）。油酸甲酯的产率计算公式见式（4 - 12）：

$$x = \frac{c'_{ME}}{c'_{MG} + c'_{ME} + 2c'_{DG} + 3c'_{TG}} \times 100\% \tag{4-12}$$

三油酸甘油酯的转化率计算公式见式（4 - 13）：

$$x = \frac{c'_{TG}}{\frac{1}{3}c'_{MG} + \frac{1}{3}c'_{ME} + \frac{2}{3}c'_{DG} + c'_{TG}} \times 100\% \tag{4-13}$$

其他各物质的百分含量计算公式见式（4 - 14）：

$$x_i = \frac{c_i}{c_{MG} + c_{ME} + c_{DG} + c_{TG}} \times 100\% \tag{4-14}$$

4. 9. 6　思考与讨论

（1）与均相酸碱催化酯交换反应相比，固体碱催化合成生物柴油的优点是什么？

（2）分析影响生物柴油收率的因素。

4.10 实验三十 高密度烃类燃料五环 [5.4.0.$0^{2,6}$.$0^{3,10}$.$0^{5,9}$] 十一烷的合成

4.10.1 实验目的

(1) 通过 PCUD (五环 [5.4.0.$0^{2,6}$.$0^{3,10}$.$0^{5,9}$] 十一烷) 合成过程，了解环加成反应、黄鸣龙反应的基本原理和影响因素。

(2) 提高对光环化反应、反应蒸馏的理解。

4.10.2 实验原理

现代高性能航空器所使用的燃料需要具备高密度、高燃烧热值等特点，传统的石油基碳氢燃料很难达到上述要求。合成高密度烃类燃料具有结构多样、密度大、热值高、使用性能好等特点，是目前新一代超高声速航空器的主要燃料。PCUD 是重要的碳氢笼状高能燃料，其密度为 1.239 g/cm^3，其多环笼状结构，使 C—C 键扭曲，蕴含大量张力能。PCUD 是提高液体燃料密度的重要添加剂。PCUD 合成通过 2 +4 环加成、2 +2 环加成、黄鸣龙还原三步，反应过程如图 4 -27 所示。本试验通过 PCUD 合成过程，加强学生对环加成反应、黄鸣龙反应的基本原理、影响因素的了解，并提高学生对光环化反应、反应蒸馏的理解。

rt　　hν(紫外光)　　NH_2NH_2, KOH

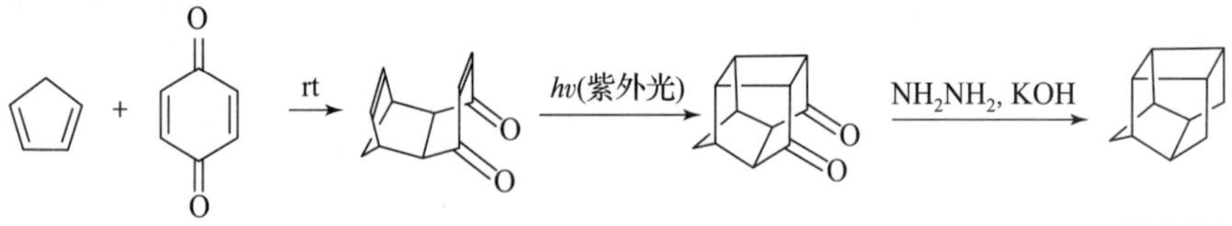

1　　2　　3PCUD

图 4 -27 PCUD 合成过程

4.10.3 实验仪器与试剂和耗材

仪器：蒸馏装置。

试剂和耗材：二聚环戊二烯、对苯醌、水合肼、氢氧化钾、二氯甲烷、二乙二醇、烧杯等。

4.10.4 实验步骤及方法

1. PCUD 的具体合成方法

1) 环戊二烯的制备

在加有维氏柱的蒸馏装置 (图 4 -28) 中，向 250 mL 三口瓶中加入 150 mL 二聚环戊二烯，170 ℃条件下加热使其分解，收集 41 ~42 ℃馏分，得到环戊二烯，为基本无色液体。

2) 1，4，4a，8a -四氢 -内 -1，4. 亚甲基萘 -5，8 -二酮 (1) 的制备

在三口瓶中，将 24.3 g 对苯醌用 40 mL 甲醇溶解，深红近黑色，冰浴中搅拌，温度降至 5 ℃以下时，滴加溶于 20 mL 冷甲醇的环戊二烯 14.9 g，先在冰浴中反应 15 min 左右，再

在室温下反应45 min ~ 1 h，TLC（薄层色谱法）检测反应进程，反应完成后，旋蒸去溶剂，用石油醚重结晶，析出加成产物1（黄色针状晶体），熔点：76 ~ 79 ℃。

3）五环［$5.4.0.0^{2,6}.0^{3,10}.0^{5,9}$］十一烷 - 8，11 - 二酮（2）的制备

将20 g 产物1用250 mL 乙酸乙酯溶解，分装在石英管中，用高压汞灯紫外光照反应20 h，然后，旋蒸去溶剂，加入石油醚，将其析出，得到苍白色晶体2，熔点：242 ~ 244 ℃。

4）五环［$5.4.0.0^{2,6}.0^{3,10}.0^{5,9}$］十一烷（3）的制备

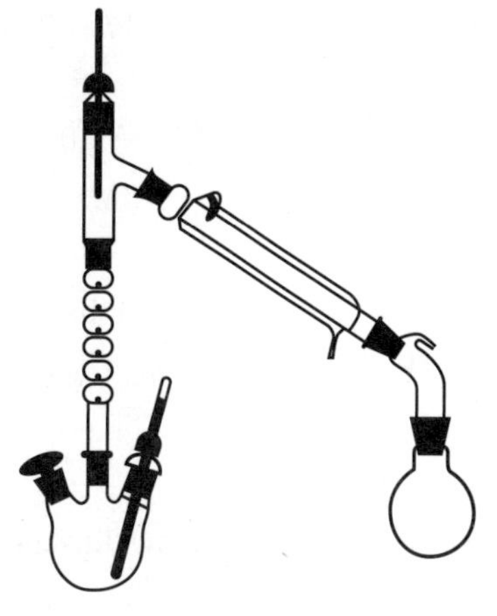

图4 - 28　蒸馏装置

将晶体2与二乙二醇、肼、氢氧化钠按比例（晶体2为10 g，水合肼20 mL，NaOH 4 g，二乙二醇300 mL）在三口瓶混合，加热至170 ~ 180 ℃，回流反应2 h，完成后，升温至210 ℃使产物从反应体系中升华，收集白色固体，得到产物PCUD，熔点：203 ~ 205 ℃。收率约60%。

2. PCUD中间体及产物的结构鉴定

PCUD合成过程中的中间体及产物结构需采用IR、^{1}HNMR、^{13}CNMR、ESI - MS等分析手段鉴定结构。

注意事项：

（1）环戊二烯制备过程中，产物收集41 ~ 42 ℃的稳定馏分，前、后馏分不收集。

（2）1，4，4a，8a - 四氢 - 内 - 1，4. 亚甲基萘 - 5，8 - 二酮制备过程中，环戊二烯滴加速度应缓慢，避免反应体系中环戊二烯过量，产生多环副反应。

（3）五环［$5.4.0.0^{2,6}.0^{3,10}.0^{5,9}$］十一烷 - 8，11 - 二酮制备过程中，紫外光对人体有伤害，应注意防护。紫外灯放热量较大，注意对反应体系降温。

（4）五环［$5.4.0.0^{2,6}.0^{3,10}.0^{5,9}$］十一烷制备过程中，若产物升华较慢，可以采用$N_2$气吹扫的方式加速产物的收集。

4.10.5　实验数据处理

（1）用IR绘制中间产物IR谱图，并对产物特点进行分析。

（2）用^{1}HNMR和^{13}CNMR绘制中间产物的H和C核磁谱，并进行结构分析。

（3）用ESI - MS绘制中间产物的ESI - MS谱图，并进行结构分析。

4.10.6　思考与讨论

（1）2 + 4环加成、2 + 2环加成反应条件有什么不同？为什么？

（2）光环化反应对反应容器及溶剂有什么要求？

（3）黄鸣龙还原的反应机理是什么？

参考文献

［1］吴宇平. 锂离子电池应用与实践［M］. 北京：化学工业出版社，2017.

[2] 尹海涛，王保国. 隔膜扩散特性对全钒液流单电池性能的影响 [J]. 电池，2006 (1)：60 – 61.

[3] 孙克宁，王振华，孙旺，等. 现代化学电源 [M]. 北京：化学工业出版社，2017.

[4] NGUYEN V H, SHIM J. The 3D Co_3O_4/graphene/nickel foam electrode with enhanced electrochemical performance for supercapacitors [J]. Materials letters, 2015, 139：377 – 381.

[5] WANG Fang, QIAO Jinshuo, WANG Jun, et al. Reduced graphene oxide supported Ni@ Au@ Pd core@ bishell nanoparticles as highly active electrocatalysts for ethanol oxidation reactions and alkaline direct bioethanol fuel cells applications [J]. Electrochimica acta, 2018, 271：1 – 9.

[6] MA Minjian, QIAO Jinshuo, YANG Xiaoxia, et al. Enhanced stability and catalytic activity on layered perovskite anode for high – performance hybrid direct carbon fuel cells [J]. ACS applied materials & interfaces, 2020, 12 (11)：12938 – 12948.

[7] 叶宪曾，张新详. 仪器分析教程 [M]. 2 版. 北京：北京大学出版社，2007.

[8] LI Yongjian, LIU Xiufeng, LI Hansheng, et al. Rational design of metal organic framework derived hierarchical structural nitrogen doped porous carbon coated CoSe/nitrogen doped carbon nanotubes composites as a robust Pt – free electrocatalyst for dye – sensitized solar cells [J]. Journal of power sources, 2019, 422：122 – 130.

[9] LI Hansheng, ZHANG Yaping, WU Qin. Preparation and photocatalytic properties of nanometer – sized magnetic $TiO_2/SiO_2/CoFe_2O_4$ composites [J]. Journal of nanoence & nanotechnology, 2011, 11 (11)：10173 – 10181.

[10] GUO Ying, WANG Yuwei, LI Hansheng, et al. Cu – based catalyst LP201 for one – step synthesis of dimethyl ether from syngas in three – phase process [J]. Chinese journal of catalysis, 2004, 25 (6)：429 – 430.

[11] WU Qin, WAN Hualin, LI Hansheng, et al. Bifunctional temperature – sensitive amphiphilic acidic ionic liquids for preparation of biodiesel [J]. Catalysis today, 2013, 200：74 – 79.

[12] ZHEN Bin, JIAO Qingze, WU Qin, et al. Catalytic performance of acidic ionic liquid – functionalized silica in biodiesel production [J]. Journal of energy chemistry, 2014, 23 (1)：97 – 104.

[13] 甄彬，黎汉生，李原，等. 磺酸功能化离子液体催化制生物柴油的性能 [J]. 化工学报，2011，62 (S2)：80 – 84.

[14] 王大胜，蒋景阳. 五环 [5.4.0.$0^{2,6}$.$0^{3,10}$.$0^{5,9}$] 十一烷 – 8，11 – 二酮的还原及试剂的循环利用 [J]. 精细化工，2019，36 (11)：2336 – 2340.

[15] 方祝青，史大昕，黎汉生，等. 挂式四氢双环戊二烯合成工艺研究进展 [J]. 精细化工，2020，37 (1)：11 – 19.

第 5 章
研究型实验

5.1 实验三十一　有机体系锂氧二次电池阴极制备及性能研究

5.1.1 实验目的

（1）了解有机锂氧二次电池阴极材料的研究现状。

（2）学习有机锂氧二次电池阴极材料的表征方法及结果分析。

（3）掌握评价有机锂氧二次电池阴极材料电化学性能的方法。

5.1.2 实验背景

有机体系锂氧二次电池（lithium - oxygen batteries，LOBs）是锂氧气电池的一种，相较于水系、混合体系、半/全固态体系的锂氧气电池，有机体系锂氧二次电池具有比能量高、配置简单、成本低廉等特点。放电时，氧气从阴极侧进入，溶解、吸附到阴极催化材料表面并被还原，与电解质中传输过来的 Li^+ 离子结合生成可逆的 Li_2O_2 产物，实现化学能和电能的转换与储存，结构如图 5 - 1 所示。有机锂氧电池的阳极材料是金属锂，阴极活性物质是氧气，其理论放电比容量高达 3 860 $mA \cdot h \cdot g^{-1}$（按锂电极计算），理论质量比能量密度达到 3 500 $W \cdot h \cdot kg^{-1}$，与汽油相当。因此，发展有机 LOBs 是缓解能源危机、减少环境污染并满足日益增长的电子设备和电动汽车对高比能电源需求的一种有效途径。但与目前广泛应用的商业化的锂离子电池相比，有机 LOBs 存在充放电过电位较高、倍率性能和循环性能较差、实际比能量密度较低等问题。研究表明，目前制约有机 LOBs 发展及应用的主要技术瓶颈在于：一是阴极表面 Li_2O_2 的生成与分解是一个复杂的三相界面反应，涉及氧还原反应和氧析出反应（oxygen evolution reaction，OER），其动力学速率缓慢；二是生成的中间产物如超氧根/过氧根等具有很强的氧化性，能与有机电解液及碳材料、有机黏结剂（如 polyvinylidene fluoride，PVDF）发生副反应；三是产物 Li_2O_2 的电子导电性和溶解性均较差，抑制电荷传输并堵塞孔道，易使阴极钝化。因此，设计并制备在有机锂氧电池体系中稳定且具有良好 ORR 和 OER 催化活性以及孔结构的阴极材料是有机 LOBs 发展的关键。

5.1.3 实验内容

通过阅读现有文献了解有机锂氧二次电池阴极材料的研究现状和主要材料的优缺点，选

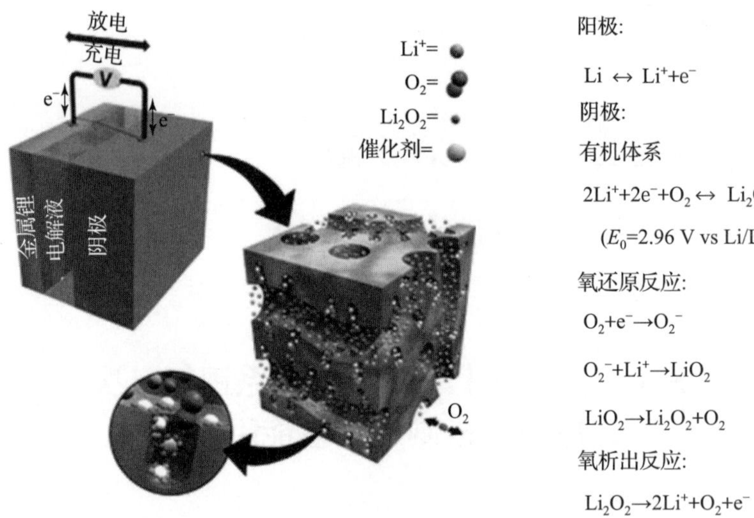

图 5 - 1　锂空气电池结构示意图和电极反应机理

择较为新型且已知结果相对较少的材料类型进行材料制备和研究，如自支撑无碳无黏结剂过渡金属氧化物类材料 $MnCo_2O_4$ 作为有机 LOBs 阴极材料，在有机体系中能够保持其结构稳定，其作为直接 LOBs 阴极研究较少，当采用不同水热合成条件时，能可控调节材料的孔结构及催化活性。文献表明尖晶石结构的 $MnCo_2O_4$ 具有优异的 ORR 和 OER 双功能催化活性，交联的多孔网状纳米线结构有利于电子和离子的传输，可提高扩散动力学和材料的导电性。该实验以锰 - 钴氧作为基础材料，通过调节水热反应条件和后处理工艺，制备无碳无黏结剂的三维多孔网状交联的 $MnCo_2O_4$ 纳米线束。采用一系列表征方法研究材料性能并最终应用于有机 LOBs 电池的阴极，探究材料的电化学性能。

实验内容具体如下。

(1) 阴极材料的制备。

(2) 阴极材料的结构表征，包括 X 射线衍射分析、电镜分析（SEM 和 TEM）、X 射线光电子能谱（XPS）和比表面积分析（BET）等。

(3) 阴极材料用于有机 LOBs 时的电化学性能表征，包括循环伏安测试、交流阻抗（EIS）和恒流充放电测试等。

5.1.4　实验要求

(1) 通过查阅相关文献和精读本创新实验参考文献，撰写选定的有机锂氧电池阴极材料的制备方法、研究现状、存在问题以及本创新实验主要研究内容。

(2) 了解水热法或选用的其他方法制备过渡金属氧化物电极材料的过程，按照实验指导范例设计实验方案并完成实验内容。

(3) 参考实验指导范例制定所选材料作为有机 LOBs 阴极的表征方法及其组分分析方法。

(4) 通过实验与结果讨论写出小论文形式的实验报告。

5.1.5 实验指导范例（参考此范例设计相应的实验方案和实验内容及结果讨论）

以 $MnCo_2O_4$基锂氧电池阴极材料为例进行相关实验及研究方法设计。

1. $MnCo_2O_4$基阴极材料的制备

水热法 Ni foam 负载的无碳无黏结剂的多孔网状 $MnCo_2O_4$纳米线前驱体，并在空气中进行煅烧成相，得到自支撑型阴极。其具体过程为：①将 Ni foam 用 1 mol/L HCl 水溶液超声处理30 min，然后用去离子水冲洗干净，烘干备用；②按化学计量比称取相应的金属盐 $Mn(NO_3)_2 \cdot 4H_2O$、$Co(NO_3)_2 \cdot 6H_2O$ 和一定量的 $(NH_4)_2SO_4$与尿素；③在 100 mL 的大烧杯中加入 60 mL 的去离子水，将相应的药品依次加入其中，并在室温下搅拌 1 h 左右，直至形成均一的溶液；④裁取相应大小的预处理后的 Ni foam 垂直放入 80 mL 的水热釜中，倒入反应液，密封放入水热箱中 120 ℃反应 6 h；⑤将反应后的 Ni foam 用去离子水超声洗涤，真空 100 ℃干燥后，置于马弗炉中 400 ℃下煅烧 2 h，得到相应的自支撑阴极。

2. $MnCo_2O_4$基直接阴极材料表征

XRD、XPS 表征阴极材料是否为纯相结构及表面元素价态，并使用 SEM、TEM 观察阴极微观形貌。图5－2（a）为阴极材料的 XRD 图，表明合成的锰钴氧化物为纯尖晶石相，且结晶性较好。图5－2（b）为阴极材料的 XPS 总谱图，表明 Ni foam 表面生长的阴极材料由 Mn、Co、O 三种元素组成。图5－2（c）表明阴极材料表面的 Co 元素呈现出 Co^{2+}与 Co^{3+}的混合价态。图5－2（d）表明阴极材料表面的 Mn 元素也呈现出 Mn^{2+}与 Mn^{3+}的混合价态。

图5－3 为制备的自支撑 $MnCo_2O_4$阴极材料的 SEM 图和 TEM 图，结果表明，Ni foam 表面均匀生长一层三维多孔网状交联的 $MnCo_2O_4$纳米线束，纳米线细长且彼此交联，构筑三维多孔骨架结构，为气体提供传输通道的同时，也增大了 $MnCo_2O_4$材料的比表面积、提升了材料的催化性能。每根细长纳米线又由许多纳米颗粒组成，提供丰富的介孔以供 Li^+传输和电解质渗透，从而提高传质动力学速率。

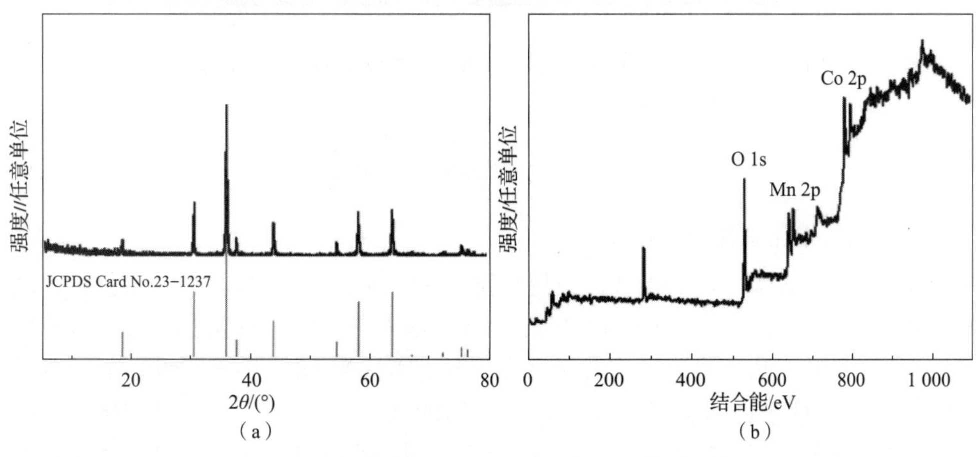

图5－2 Ni foam 上刮下的 $MnCo_2O_4$粉末的分析谱图（见彩插）

（a）XRD 图；（b）XPS 总谱图（高分辨）

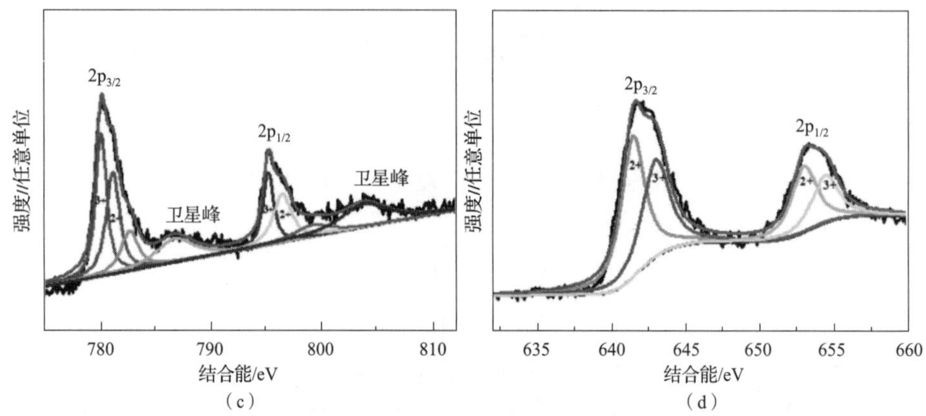

图 5-2　Ni foam 上刮下的 $MnCo_2O_4$ 粉末的分析谱图（续）（见彩插）

（c）Co 2p 谱图；（d）Mn 2p 谱图

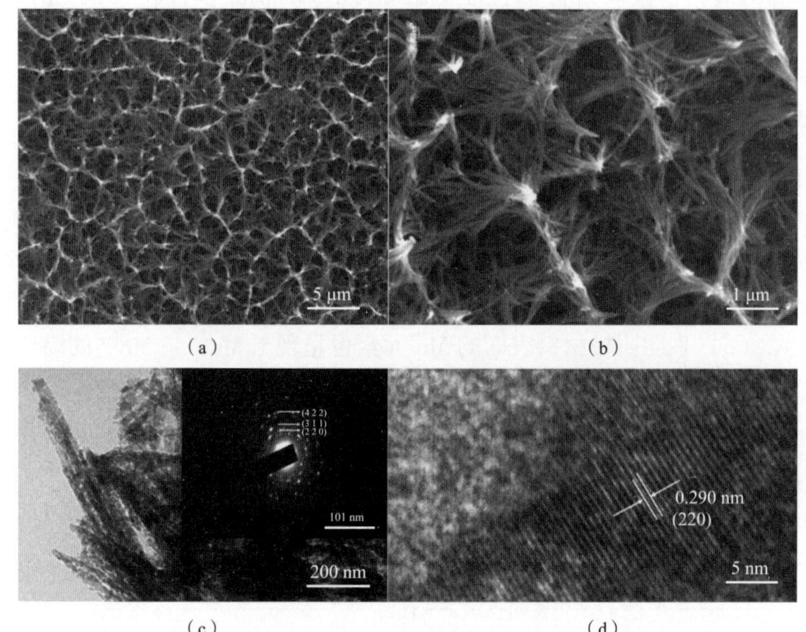

图 5-3　制备的自支撑 $MnCo_2O_4$ 阴极材料的 SEM 图和 TEM 图

（a）自支撑阴极材料的 SEM 图；（b）自支撑阴极材料的高分辨 SEM 图；

（c）自支撑阴极材料的 TEM 图（右上角插入图为相应的选区电子衍射图）；

（d）自支撑阴极材料的高分辨 TEM 图

3. 阴极材料的电化学性能表征

电池组装测试：锂氧电池的组装过程是在氩气气氛的手套箱中完成的，手套箱内氧含量和水含量均低于 0.5 $mg \cdot L^{-1}$。采用 CR2025 扣式电池壳，其中正极壳上均匀分布着 7 个直径为 1.5 mm 的圆形小孔。原位生长的自支撑 $MnCo_2O_4$ - Ni foam 作为阴极，金属锂片为负极，直径为 18 mm 的 Whatman 玻璃纤维为隔膜，电解液为 1.0 mol/L $LiClO_4$/DMSO 溶液。

电池装配步骤为：摆放正极壳；将正极片放置在正极壳中央，完全覆盖正极壳中央的圆形小孔；放置隔膜；在隔膜上均匀滴加电解液；放置锂片；放置负极集流体泡沫镍；盖好负极壳，最后用封口机封装。电池组装示意图如图 5-4 所示。将封装好的电池按顺序组装到电池筒中，通入氧气以排出电池筒内的气体，同时使电池筒内保持 1 atm（1 atm = 101. 325 kPa）的氧气气氛。连接蓝电测试系统，进行电化学测试。

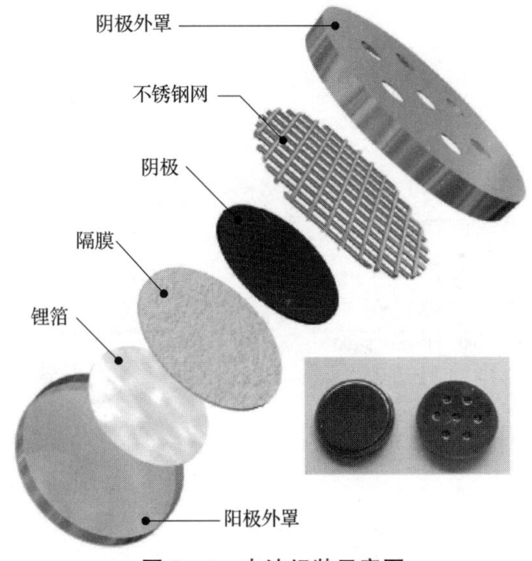

图 5 - 4　电池组装示意图

4. 结果讨论与分析

图 5 - 5 为无碳、无黏结剂、自支撑 $MnCo_2O_4$ 阴极材料的恒流充放电曲线，在电流密度为 0. 1 mA · cm^{-2} 下，限容 500 mA · h · g^{-1} 和 1 000 mA · h · g^{-1} 时，锂氧电池能分别循环 303 次和 144 次，表明电池具有良好的循环稳定性。在 0. 1 mA · cm^{-2} 电流密度且截止放电电压为 2. 2 V 下，电池首次放电比容量达到 12 919 mA · h · g^{-1}，放电平台高达 2. 8 V。当电流密度增加到 1. 0 mA · cm^{-2} 时，仍具有 4 771 mA · h · g^{-1} 的放电比容量，表明其优异的倍率性能。这些结果表明，该材料用于有机 LOBs 时，具有较高的催化活性和稳定性，是一种具有应用前景的 LOBs 阴极材料。

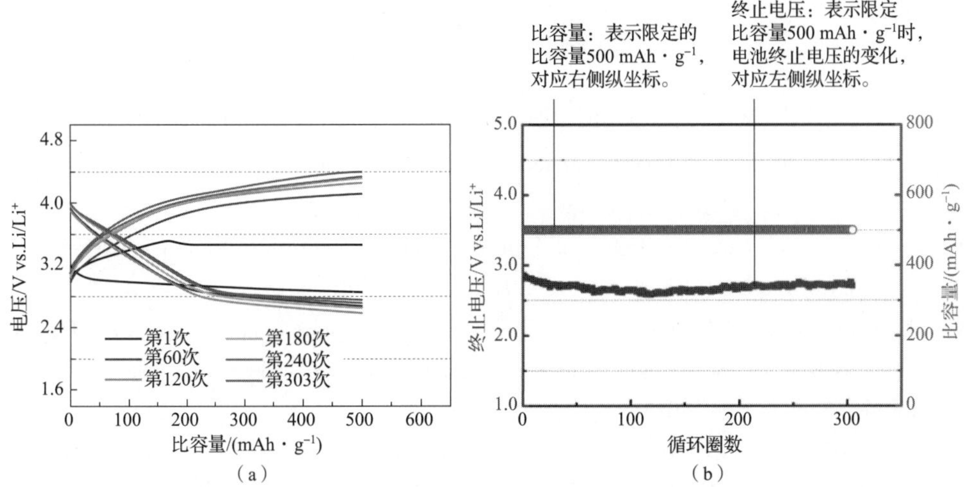

图 5 - 5　无碳、无黏结剂、自支撑 $MnCo_2O_4$ 阴极材料的恒流充放电曲线（见彩插）

（a）0. 1 mA · cm^{-2} 下限容 500 mA · h · g^{-1} 时自支撑阴极的恒流充放电曲线；

（b）对应循环次数下的终止放电电压曲线

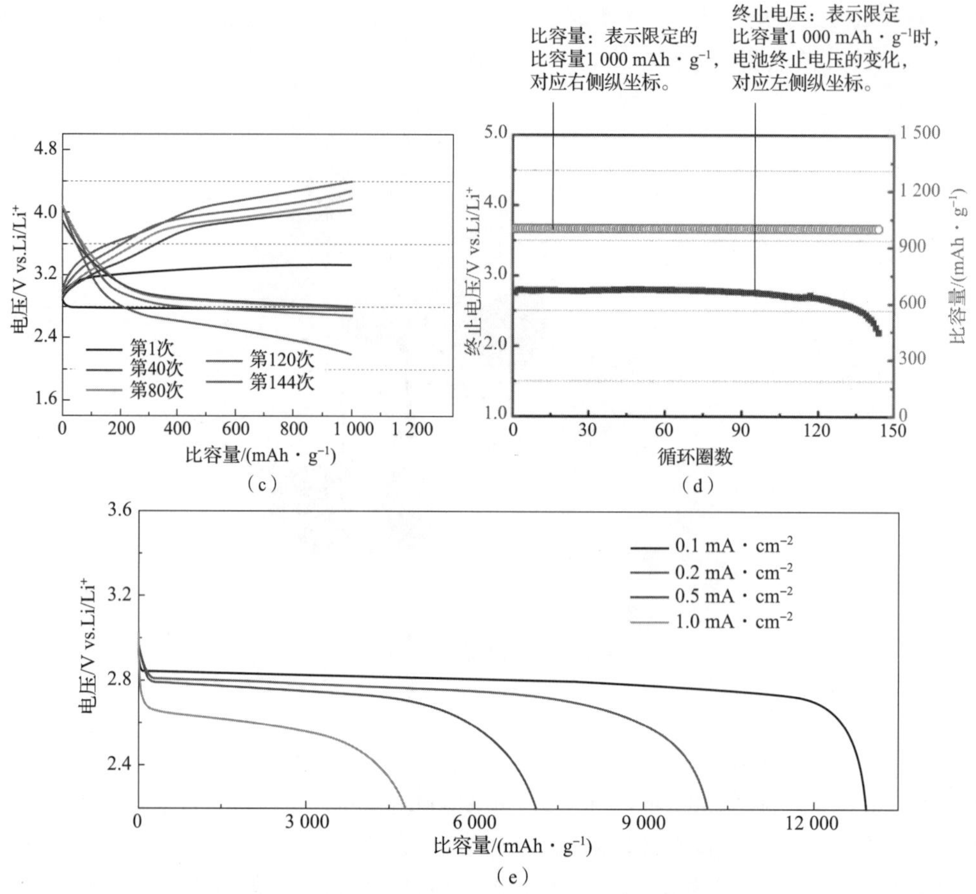

图 5-5　无碳、无黏结剂、自支撑 $MnCo_2O_4$ 阴极材料的恒流充放电曲线（续）（见彩插）

(c) 0.1 mA · cm^{-2}下限容 1 000 mA · h · g^{-1}时自支撑阴极的恒流充放电曲线；
(d) 对应循环次数下的终止放电电压曲线；(e) 自支撑阴极的倍率性能

参 考 文 献

[1] SHEN C, WEN Z, WANG F, et al. Wave-like free-standing $NiCo_2O_4$ cathode for lithium-oxygen battery with high discharge capacity [J]. Power sources, 2015, 294: 593-601.

[2] LEE H, KIM Y J, LEE D J, et al. Directly grown Co_3O_4 nanowire arrays on Ni-foam: structural effects of carbon-free and binder-free cathodes for lithium-oxygen batteries [J]. Journal of materials chemistry A, 2014, 2: 11891.

[3] WU F, ZHANG X, ZHAO T, et al. Hierarchical mesoporous/macroporous Co_3O_4 ultrathin nanosheets as free-standing catalysts for rechargeable lithium-oxygen batteries [J]. Journal of materials chemistry A, 2015, 3: 17620-17626.

[4] LIN X, SHANG Y, HUANG T, et al. Carbon-free $(Co, Mn)_3O_4$ nanowires@Ni electrodes for lithium-oxygen batteries [J]. Nanoscale, 2014, 6: 9043-9049.

[5] LIN X, SU J, LI L, et al. Hierarchical Porous $NiCo_2O_4$@Ni as carbon-free electrodes for lithium-oxygen batteries [J]. Electrochimica acta, 2015, 168: 292-299.

5.2　实验三十二　锂硫电池正极制备及表征

5.2.1　实验目的

（1）了解锂硫电池正极材料中以碳材料为正极材料的研究现状。
（2）学习直接锂硫电池正极材料的制备、表征方法及结果分析。
（3）掌握评价锂硫电池正极材料电化学性能及电池性能的方法。

5.2.2　实验背景

随着全球人口和经济的增长以及人类生活水平的提高，人们对能源的需求越来越高，对新能源和新材料的探索已经成为一个重要的课题。传统的锂离子电池已经越来越难以满足对于高比能量电池的需求，因此开发高比能量的商业化电池体系成为当今研究的重点。锂硫电池是以硫做正极、金属锂做负极的电池体系，其理论比能量为 2 600 $W \cdot h \cdot kg^{-1}$，远远高于现在商业上广泛使用的三元锂离子电池材料和磷酸铁锂电池材料的比能量。而且锂硫电池具有能量密度高、成本低以及环境友好等优点，被认为是最有希望替代目前锂离子电池的下一代储能器件。但是目前锂硫电池存在循环性能差、活性物质利用率不高、倍率性能不好、有安全隐患等诸多问题。针对上述问题，可以制备不同的复合硫正极载体，使活性硫材料均匀分散在载体中，在提高电极导电性的同时，抑制多硫离子的溶解和扩散。目前，复合硫正极的研究可以分为以下三个方面：硫/碳复合材料、硫/导电聚合物复合材料、硫/极性无机材料复合材料。

5.2.3　实验内容

锂硫电池的反应机理不同于钴酸锂、锰酸锂等传统锂离子电池的离子脱嵌反应机理，而是通过 S－S 键的断裂和生成来完成电化学转化反应。锂硫电池的放电反应分两阶段进行：第一阶段为 S_8 的环状结构环链断开变成 S_n^{2-} 离子并与带正电荷的锂离子反应生成高阶的链状多硫化合物 $Li_2S_n(6 \leqslant n \leqslant 8)$，该反应对应于放电曲线 2.4 V 左右的放电平台；第二阶段为高阶多硫化合物 Li_2S_n 继续与锂离子结合最终生成低阶 Li_2S，该反应对应于放电曲线的第二个平台，位于 2.1 V 左右，该平台为放电的主要平台。在充电反应时，硫电极中的 Li_2S 在外加电压作用下不断被氧化为 S_8 环，这对应于充电曲线的 2.25 V 左右的充电平台。在两个平台之间还出现了下降曲线，分别是由于长链多硫化锂转变成短链多硫化锂和短链多硫化锂 Li_2S_2 生成最低阶 Li_2S 造成的。Li_2S 和 Li_2S_2 在电解液中的溶解性很差，而且离子电导和电子电导能力都很弱，只能通过固相离子传输获得 Li^+，两种固体硫化锂导电性差使得电化学反应动力学受到很大影响，这是造成第二个放电平台之后出现快速下降的曲线的主要原因。文献表明碳材料具有较高的导电性能，将其制备成三维结构，作为正极材料可以形成导电网络，大大提高硫的利用率。同时，在其中引入含氮的极性基团，对多硫化物具有较强的吸附性能，对多硫穿梭有较好的抑制作用。在此基础上，本实验采用静电纺丝的方法制备了含 N 的中空碳纳米管，采用一系列表征方法研究材料性能并最终应用于锂硫电池正极硫载体，探究材料电化学性能。

实验内容具体如下。

（1）正极材料的制备。

（2）正极材料的结构表征，包括 X 射线衍射分析、电镜分析（SEM 和 TEM）、热重/差热分析和比表面积分析等。

（3）正极材料用于锂硫正极活性物质载体时的电化学性能表征，包括循环伏安、交流阻抗、充放电测试、循环倍率性能等。

5.2.4 实验要求

（1）通过查阅相关文献和精读本创新实验参考文献，撰写选定的锂硫正极材料的制备方法研究现状、存在问题以及本创新实验主要研究内容。

（2）了解静电纺丝或选用的其他制备碳纳米管的工艺，按照实验指导范例进行设计实验方案并完成实验内容。

（3）参考实验指导范例制定所选材料作为锂硫电池正极的表征方法及其组分分析方法。

（4）通过实验与结果讨论写出小论文形式的实验报告。

5.2.5 实验指导范例（参考此范例设计相应的实验方案和实验内容及结果讨论）

以含 N 碳纳米管作为锂硫电池正极材料为例进行相关实验及研究方法设计。

1. 含 N 碳纳米管的制备

静电纺丝制备含 N 的碳纳米管前驱体，探讨含 N 量的影响，并在氩气气氛下，得到碳纳米管粉体。其具体过程为：①选择高分子聚合物聚丙烯腈（PAN）作为黏结剂、尿素作为氮源。②300 mg 尿素和 600 mg PAN 加入 20 mL 同位素瓶中，加入 6 mL 的 N，N－二甲基甲酰胺（DMF）作为溶剂，50 ℃下搅拌过夜。③将纺丝溶液注入纺丝用医用针管中，静电纺丝参数为：纺丝针头与金属收集基板之间的距离为 18 cm，纺丝电压为 18 kV，环境温度为室温，湿度为 20%。④将收集得到的前驱体收集到刚玉瓷舟，于 200 ℃下预烧 120 min，然后放入管式炉中氩气气氛下 650 ℃煅烧 5 h，升温速率1 ℃/min。

2. 含 N 碳纳米管粉体材料表征

使用 SEM 观察碳纳米管微观形貌。图 5－6 为煅烧前后含 N 碳纳米管的 SEM 图，结果表明，煅烧后成功得到具有中空结构的碳纳米管。

3. 正极材料的电化学性能表征

（1）电池的组装：将 N 掺杂碳纳米管（N－CNT）作为锂硫电池的正极硫载体初步组装电池。正极电极片的制备工艺过程如下：将活性物质 S、N－CNT 以质量比 7∶3 混合，155 ℃下于充满氩气的密封聚四氟乙烯内衬中熔融 20 h，得到的正极材料粉体与黏结剂 PVDF 以质量比 9∶1 混合，以 NMP 作为溶剂，球磨后得到混合浆料在铝箔上刮板，然后 60 ℃真空干燥 12 h。使用对辊机对电极进行辊压，然后将电极裁为直径 10 mm 或 12 mm 的圆片。电池以含硫极片为正极，厚度为 1 mm 的金属锂片为负极，以 Celgard 2400 聚合物隔膜作为电池隔膜置于正负极之间，并以泡沫镍作为电池紧装支撑。电池采用 CR－2032（或 CR－2025）

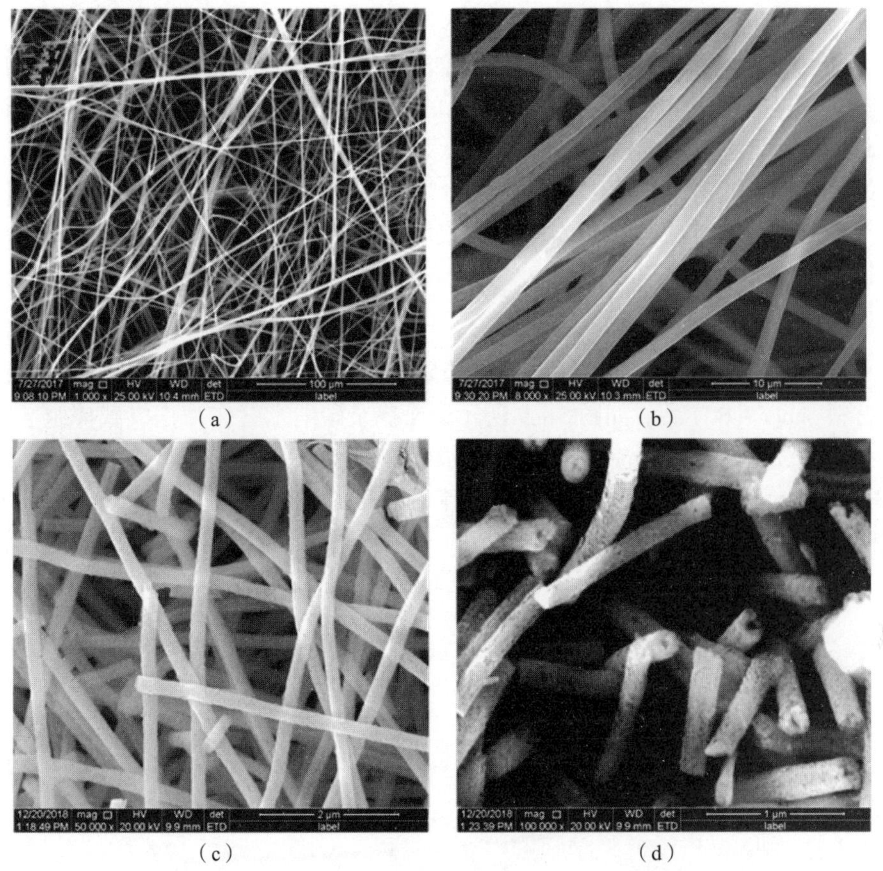

图5-6 煅烧前后含N碳纳米管的SEM图

（a）纺丝后；（b）纺丝后（高分辨）；（c）煅烧后；（d）煅烧后（高分辨）

型正负极壳装配。整个装配过程都在充满氩气的手套箱中进行，手套箱水氧含量均小于0.5 $mg \cdot L^{-1}$。电池所用电解液为锂硫电池常用电解液：含有1 $mol \cdot L^{-1}$双三氟甲烷磺酰亚胺锂（LiTFSI）的1，3-二氧戊环（DOL）和乙二醇二甲醚（DME）（体积比1∶1）的混合溶液，并加入质量分数为2%的$LiNO_3$添加剂。作为对照组，以传统导电材料super-P作为正极硫载体，以同样的方式组装电池。

（2）充放电测试：恒电流充放电测试是最常用的电池性能测试技术，对恒电流过程中的电压响应进行分析。装配好的电池要先静置6 h，充放电测试采用恒电流方式进行，电流密度以活性物质质量以及充放电倍率（1 C为1 675 $mA \cdot g^{-1}$）计算。整个充放电循环的程序设置如下：先恒流放电至设定电压，然后静置1 min，充电至设定电压，再静置1 min，循环下去。从电池的充放电曲线可以得到电池的充放电反应平台和不同倍率下的充放电容量等信息。本实验采用武汉市蓝电电子股份有限公司生产的LAND-CT 2001A型电池测试系统，充放电电压区间为1.8~2.8 V（或1.7~2.7 V）vs. Li^+/Li，电流通过硫的理论容量计算，并在室温下测试。

（3）CV测试：循环伏安法是一种常用的电化学研究方法。在循环伏安实验中，工作电极的电压是随时间线性增加的。在一个CV实验中，在达到设定电压之后，工作电极的电压就会立即向相反的方向移动，以返回初始电位。以工作电极上的电流为纵坐标，施加的电压（即工作电极的电势）为横坐标，可作出循环伏安曲线。本实验采用上海辰华CHI660D电化学工作站进行测试，电压扫描范围为1.8~2.8 V vs. Li^+/Li，扫描速率为0.1 $mV \cdot s^{-1}$。

（4）阻抗测试：电化学阻抗谱可以用于监测电池在不同的频率范围内的电极反应和物质传输性能。通过电化学阻抗谱可以得出电池的溶液阻抗、电荷转移电阻、界面电阻及扩散电阻，以此可以确定电池的电极反应动力学以及电化学反应原理。本实验采用美国普林斯顿大学生产的 PARSTAT 2273 型电化学系统进行阻抗测试。阻抗是在电池的开路电压下测试的，频率扫描范围为100 kHz~100 MHz，交流信号振幅为5 mV。

4. 结果讨论与分析

将电池分别在0.5 C（图5-7）和1 C下（图5-8）进行充放电测试，发现高倍率下充放电，N掺杂碳纳米管仍具有较好的循环稳定性，库仑效率保持在98%以上，性能优于传统导电材料 super-P 样品。如图5-9所示，N掺杂碳纳米管作为正极载体组装的锂硫电池的阻抗小于传统导电材料 super-P 作为正极载体组装的锂硫电池。CV 曲线（图5-10）显示N掺杂碳纳米管作为正极载体组装的锂硫电池还原峰向高电位偏移，氧化峰向低电位偏移，说明材料具有较小的极化过电位。

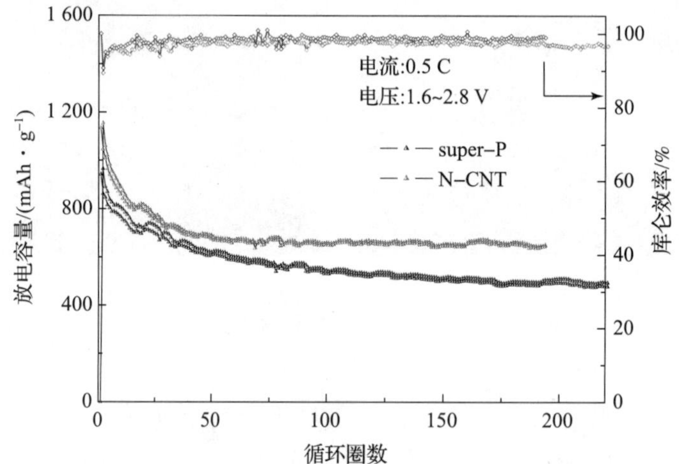

图5-7　N-CNT 与 super-P 作为正极载体在0.5 C下的循环曲线

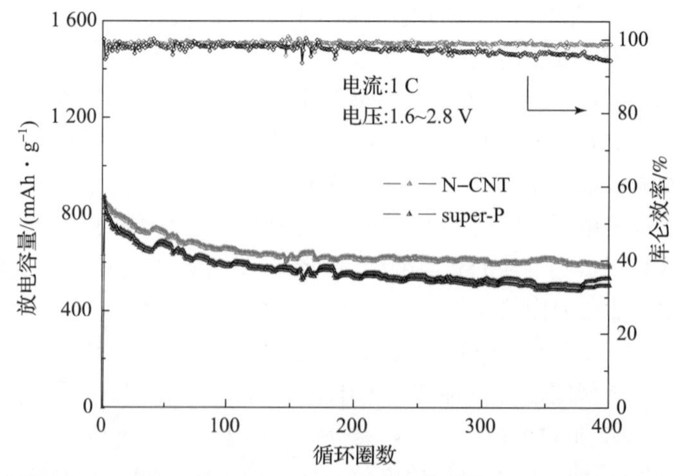

图5-8　N-CNT 与 super-P 作为正极载体在1 C下的循环曲线

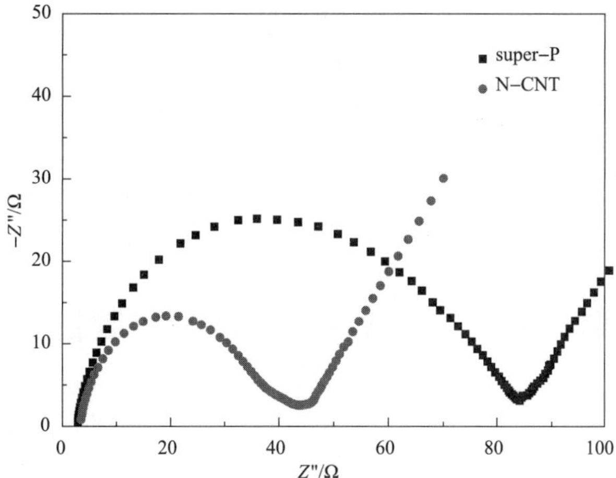

图 5 –9　N – CNT 与 super – P 作为正极载体的阻抗测试图

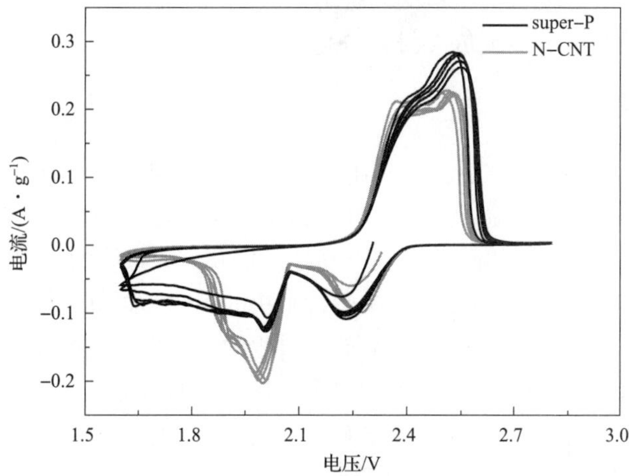

图 5 –10　N – CNT 与 super – P 作为正极载体的 CV 测试图

综合上述分析，静电纺丝制备的 N 掺杂碳纳米管不管是从循环、倍率还是从阻抗、CV 分析，性能都要优于传统导电材料 super – P，本实验为制备具有高容量的长循环稳定的锂硫电池提供了研究方向。

参考文献

[1] SUN J, SUN Y, PASTA M, et al. Entrapment of polysulfides by a black – phosphorus – modified separator for lithium – sulfur batteries [J]. Advanced materials, 2016, 28 (44): 9797 –9803.

[2] LUO S Q, ZHENG C M, SUN W W, et al. Multi – functional CoS_2 porous carbon composite derived from metal – organic frameworks for high performance lithium – sulfur batteries [J]. Electrochimica acta, 2018, 289: 94 –103.

[3] PENG H J, XU W T, ZHU L, et al. 3D carbonaceous current collectors: the origin of enhanced cycling stability for high – sulfur – loading lithium – sulfur batteries [J]. Advanced

functional materials, 2016, 26 (35): 6351 -6358.
[4] YANG X, YU Y, YAN N, et al. 1 - D oriented cross - linking hierarchical porous carbon fibers as a sulfur immobilizer for high performance lithium - sulfur batteries [J]. Journal of materials chemistry A, 2016, 4 (16): 5965 -5972.
[5] LI C, XI Z, GUO D, et al. Chemical immobilization effect on lithium polysulfides for lithium - sulfur batteries [J]. Small, 2018, 14 (4): 1701986.

5.3 实验三十三 钠离子电池碳负极制备及性能研究

5.3.1 实验目的

(1) 了解钠离子电池 (sodium ion battery, SIB) 碳负极材料的研究现状。
(2) 学习钠离子电池碳负极材料的表征方法及结果分析。
(3) 掌握评价钠离子电池碳负极材料电化学性能的方法。

5.3.2 实验背景

钠离子电池是二次电池的一种，与常用的锂离子电池相比，具有资源丰富、价格低廉的优势，可以作为新一代储能电池。钠离子电池的结构及工作原理如图 5 - 11 所示。考虑到储能电池应用环境中可再生能源的间歇性及波动性，以及储能系统的经济性，开发具有高倍率、长循环性能的电极材料是钠离子电池应用中亟待解决的问题。碳负极材料由于其低成本及环境友好性，有较好的商业化前景。然而，在充放电过程中，钠离子大的离子半径会导致低的离子扩散速率及较大的电极体积变化，导致差的倍率性能及循环稳定性，制约碳材料的实际应用。因此，设计具有高倍率、长循环性能的碳材料对推进钠离子电池商业化发展有重要意义。

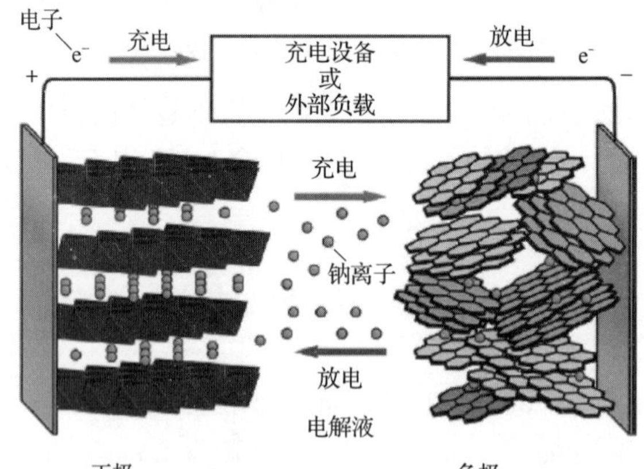

图 5 - 11 钠离子电池的结构及工作原理

5.3.3 实验内容

通过阅读现有文献了解钠离子电池碳负极材料的研究现状和主要材料的优缺点，选择制备较为新型的中空结构碳材料，并利用碳酸钙模板本身的性质在表面制造介孔。采用杂元素掺杂可以对碳层结构进行优化：文献表明硫元素掺杂可以增大碳层间距，有利于钠离子在其中嵌入脱出，氮元素掺杂可以增加碳材料的缺陷位点数量，调控表面官能团的化学活性，提高表面电容的容量。该实验以多巴胺作为原材料、碳酸钙为模板合成介孔中空碳球材料，通过尿素水热法增加掺杂氮元素的含量，通过 H_2S 处理法在碳层中掺杂硫。采用表征方法对材料的物理化学性质进行研究，并组装钠离子电池对电化学性能进行研究。

实验内容具体如下。

（1）介孔中空碳球的制备，氮掺杂，硫掺杂。

（2）碳材料的结构表征，包括 X 射线衍射分析、电镜分析（SEM 和 TEM）、化学组成分析（XPS）、拉曼分析和比表面积分析等。

（3）碳负极材料用于 SIB 时的电化学性能表征，包括恒流充放电、循环及倍率性能，循环伏安及交流阻抗等。

5.3.4　实验要求

（1）通过查阅相关文献和精读本创新实验参考文献，撰写选定的碳负极的制备方法研究现状、存在问题以及本创新实验主要研究内容。

（2）了解模板法或选用的其他方法制备碳负极材料的过程，按照实验指导范例进行设计实验方案并完成实验内容。

（3）参考实验指导范例制定所选材料作为 SIB 负极的表征方法及其组分分析方法。

（4）通过实验与结果讨论写出小论文形式的实验报告。

5.3.5　实验指导范例（参考此范例设计相应的实验方案和实验内容及结果讨论）

以硫氮共掺杂介孔中空碳球为例进行相关实验及研究方法设计。

1. 硫氮共掺杂介孔中空碳球的制备

使用多巴胺作为前驱体合成介孔中空微球（MHCSs）。其具体制备的方法如下：将 120 mg 的三（羟甲基）氨基甲烷及 500 mg 亲水纳米 $CaCO_3$ 超声分散在 100 mL 去离子水中，搅拌 5 h。然后加入 400 mg 的盐酸多巴胺，在室温下搅拌 36 h。将获得的产物用去离子水及乙醇洗涤，60 ℃真空干燥 12 h 获得聚多巴胺（PDA）包覆 $CaCO_3$ 的前驱体。将 PDA@ $CaCO_3$ 前驱体在氩气气氛、450 ℃下煅烧 3 h(1 ℃ · min^{-1})，然后在 800 ℃下煅烧 3 h(5 ℃ · min^{-1})。将煅烧后的产物用 HCl 刻蚀 1 h，然后将获得的产物用去离子水及乙醇洗涤，60 ℃真空干燥 12 h 获得介孔中空微球。

氮掺杂介孔中空微球的制备：将 0.6 g PDA@ $CaCO_3$ 与 1.8 g 尿素加入 30 mL 去离子水中，搅拌分散后，用氨水将 pH 调整到 10，放入 50 mL 水热釜中，120 ℃水热反应 12 h。将获得的产物洗涤，在 450 ℃下煅烧 3 h(1 ℃ · min^{-1})，然后在 800 ℃下煅烧 3 h(5 ℃ · min^{-1})。将煅烧后的产物用 HCl 刻蚀 1 h，然后将获得的产物用去离子水及乙醇洗涤，60 ℃真空干燥 12 h 获得高氮掺杂的介孔中空微球。

硫氮共掺杂的介孔中空碳球（SN－MHCSs）的合成方法如下：将 N－MHCSs 在硫化氢/氩气（5%/95%）气氛下，650 ℃加热 3 h(5 ℃ · min^{-1}) 获得 SN－MHCS。硫掺杂可以增大石墨的层间距，有利于锂/钠离子在相邻碳层间的传输。

2. 介孔中空碳球材料表征

XRD 表征碳材料结构及循环后碳材料结构，并使用 SEM 及 TEM 观察微观形貌。通过 X 射线衍射对 SN－MHCSs、N－MHCSs 及 MHCSs 的结构进行表征。如图 5－12 所示。从图 5－12 中可以看出，三个材料均有一个较宽的（002）衍射峰，说明材料为无定形碳，与 HRTEM（高分辨透射电子显微镜）的结果相吻合。N－MHCSs 及 MHCSs 的 2θ 值为 24.70°及 24.73°，对应的层间距 d_{002} 分别为 0.360 nm 及 0.359 nm，说明氮掺杂没有改变碳的层间距。而 SN－MHCSs 的（002）衍射峰的 XRD 谱图是非对称的，可以将其拟合为 23.80°及 26.20°两个峰，对应的层间距 d_{002} 分别为 0.373 nm 及 0.339 nm。这个结果说明 S 的掺杂能够增大碳的层间距，同时由于掺硫的过程有加热步骤（650 ℃，3 h），增加了 SN－MHCSs 的石墨化程度。

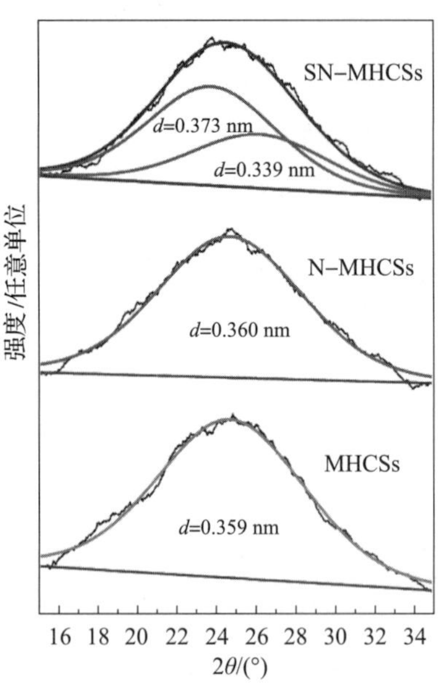

图 5－12　SN－MHCSs、N－MHCSs 及 MHCSs 的 XRD（见彩插）

通过透射电子显微镜及高分辨透射电子显微镜对三种中空碳球进行了形貌及结构的表征和对比，如图 5－13 所示，可以看出三种碳球的形貌相似，为相互连接的中空碳球，直径在 70～100 nm 之间，表面有直径为 20～30 nm 的介孔，球的壁厚在10 nm 左右。从 HRTEM 照片中可以看出，三种材料均没有长程有序的碳结构，并且有一定的缺陷分布，说明材料是无定形碳。这个结果说明水热掺氮及掺硫的处理没有影响材料的介孔中空形貌，并且没有改变材料的无定形碳结构。图 5－13（g）～（j）是 SN－MHCSs 材料的扫描透射照片及碳、氮和硫的元素分布，从图片上可以看出，氮和硫的分布均匀，说明氮和硫共掺杂进了 SN－MHCSs 中。由于 SN－MHCSs 是 N－MHCSs 经过 H_2S 处理后得到的，这个结果也能说明 N－MHCSs 中的氮分布均匀。连接的结构可以促进电子传导，中空碳球表面的介孔可以促进电解液的传输，而薄的碳球壁可以加快锂/钠离子在碳球内的扩散。氮元素能够提升材料的润湿性和碳材料容量，而硫元素掺杂可以增加碳层间距，促进钠离子的扩散。

3. 碳负极材料的电化学性能表征

（1）CV 测试：制备极片后，组装电池，测试电池的 CV 及放电性能。通过循环伏安测试对 SN－MHCSs、N－MHCSs 及 MHCSs 三种碳材料负极储钠行为进行研究。图 5－14 为三种电极在 0.1 mV 下的循环伏安曲线。首圈循环伏安曲线中，SN－MHCSs 电极在 1.1 V 处有一个较宽的阴极峰，在第二圈后的循环伏安曲线中消失，这个峰是由于电解液分解形成 SEI（固体电解质界面）膜及钠离子与材料表面官能团的不可逆反应导致的。第二圈后，在 0.6 V 左右有一个较宽的阴极峰，并且曲线包括较长的阴极斜坡及较宽的阳极峰。这些峰部分来自扩散控制的反应，如钠离子在碳层中间的嵌入脱出，与碳材料内部官能团的反应，在碳材料内部缺陷的存储；还有一部分来自碳表面的电容反应。N－MHCSs 及 MHCSs 的循环伏安曲线与 SN－MHCSs 的曲线类似，说明它们的反应基本一致。

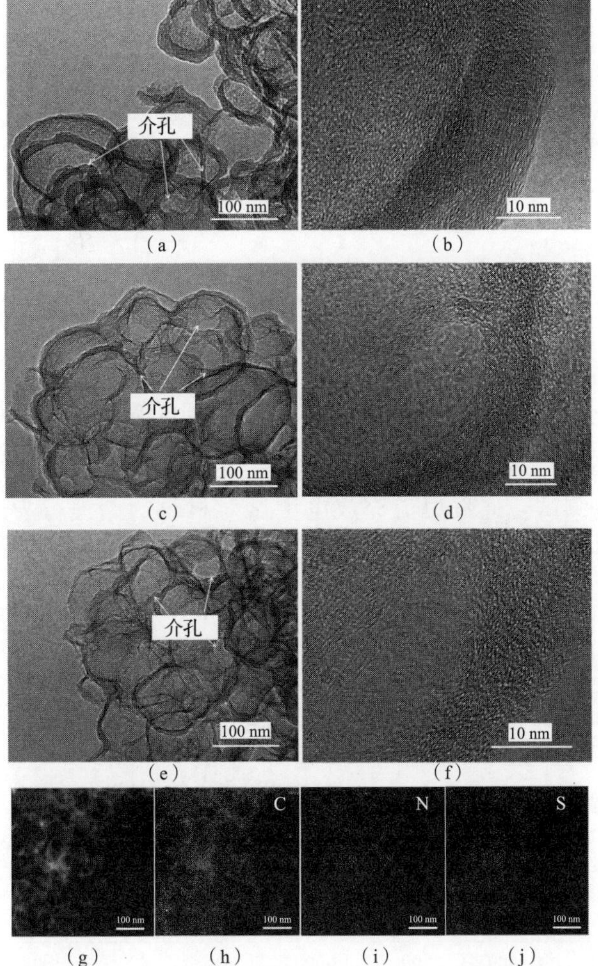

图 5－13　电子显微镜对三种中空碳球的表征和对比

(a) MHCSs 的 TEM 照片；(b) MHCSs 的 HRTEM 照片；(c) N－MHCSs 的 TEM 照片；
(d) N－MHCSs 的 HRTEM 照片；(e) SN－MHCSs 的 TEM 照片；(f) SN－MHCSs 的 HRTEM 照片；
(g) SN－MHCSs 的 STEM 照片；(h) C 分布；(i) N 分布；(j) S 分布

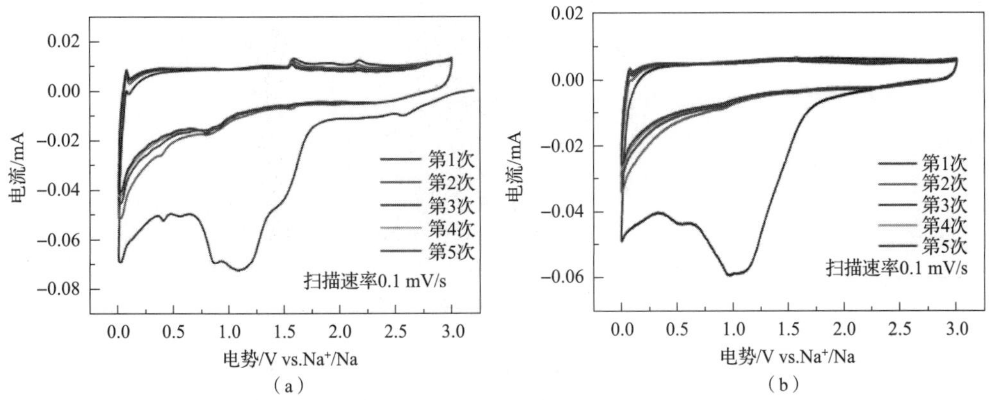

图 5－14　三种电极在 0.1 mV 下的循环伏安曲线（见彩插）

(a) SN－MHCSs 的纳离子电池循环伏安曲线；(b) N－MHCSs 的纳离子电池循环伏安曲线

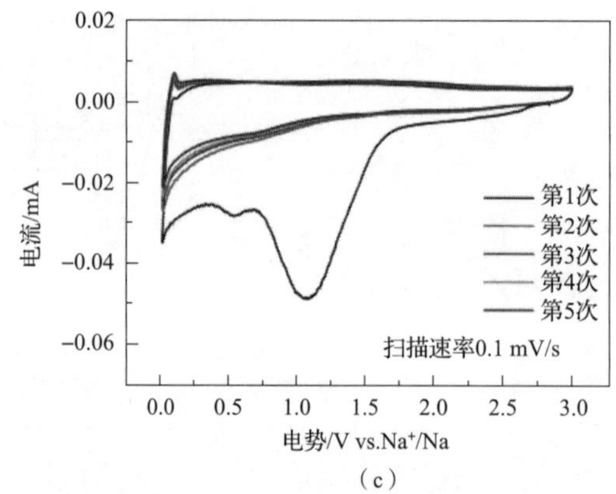

（c）

图 5－14　三种电极在 0.1 mV 下的循环伏安曲线（续）（见彩插）

（c）MHCSs 的钠离子电池循环伏安曲线

（2）恒流充放电测试：通过恒流充放电测试对材料的储锂行为进行研究。图 5－15 为 SN－MHCSs、N－MHCSs 及 MHCSs 电极在 0.5 A · g^{-1}下的前 5 次循环的充放电曲线，

（a）

（b）

（c）

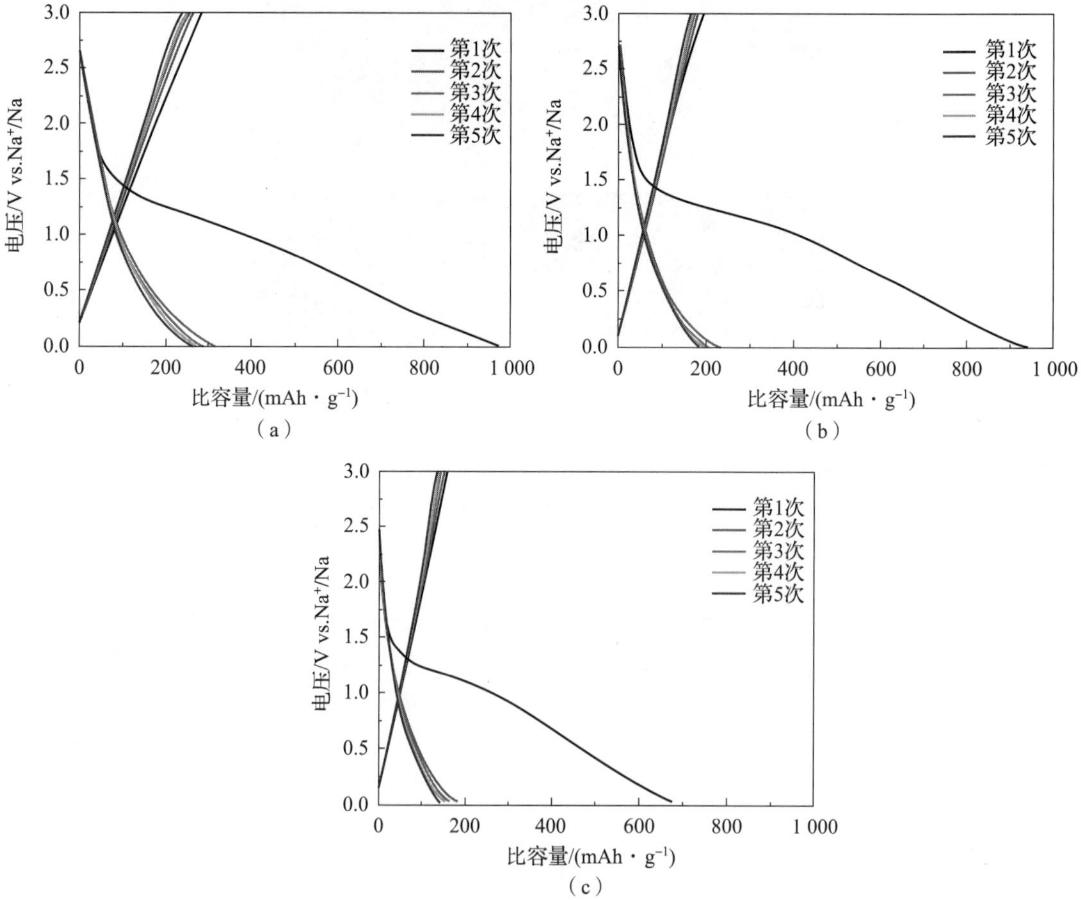

图 5－15　SN－MHCSs、N－MHCSs 及 MHCSs 电极在 0.5 A · g^{-1}下的前 5 次循环的充放电曲线（见彩插）

（a）SN－MHCSs；（b）N－MHCSs；（c）MHCSs

曲线的形状均为斜线，说明三种材料的容量主要来自钠离子在碳层中的嵌入脱出及在表面的存储。作为钠离子电池负极，SN－MHCSs 的初始放电及充电容量分别为 965 mAh·g^{-1} 和 280 mAh·g^{-1}，对应首次效率为 29%；N－MHCSs 的初始放电和充电容量及首次效率分别是 930 mAh·g^{-1}和 185 mAh·g^{-1}及 19.9%；MHCSs 的初始放电和充电容量及首次效率分别是 680 mAh·g^{-1}和160 mAh·g^{-1}及23.5%。说明硫掺杂可以提升材料容量及首次效率，硫的掺杂增加了碳层的层间距，增加了钠离子在碳层中的存储并且提升了钠离子的扩散速度，提升了容量及首次效率。而氮元素的增加也能够增加储钠容量，也带来了更大的不可逆容量。

（3）倍率及循环性能测试：通过倍率循环测试对 SN－MHCSs、N－MHCSs 及 MHCSs 在不同倍率下的储钠性能进行研究。图 5－16 是三种材料电极在 0.5 A·g^{-1}、1.0 A·g^{-1}、2.5 A·g^{-1}、5 A·g^{-1}、10 A·g^{-1}、20 A·g^{-1}、30 A·g^{-1}电流密度下的倍率循环对比图。SN－MHCSs 在不同倍率下的容量分别为 240 mAh·g^{-1}、208 mAh·g^{-1}、180 mAh·g^{-1}、157 mAh·g^{-1}、147 mAh·g^{-1}、144 mAh·g^{-1}和 138 mAh·g^{-1}，在大倍率结束后，在0.5 A·g^{-1}的电流密度下，恢复容量为 216 mAh·g^{-1}。在同样的电流密度下，N－MHCSs 及 MHCSs 在不同倍率下的容量分别为 169 mAh·g^{-1}、146 mAh·g^{-1}、127 mAh·g^{-1}、117 mAh·g^{-1}、113 mAh·g^{-1}、123 mAh·g^{-1}、132 mAh·g^{-1} 及 140 mAh·g^{-1}、115 mAh·g^{-1}、98 mAh·g^{-1}、90 mAh·g^{-1}、80 mAh·g^{-1}、83 mAh·g^{-1}、91 mAh·g^{-1}，恢复容量则分别为153 mAh·g^{-1}及 125 mAh·g^{-1}。与储锂性能类似，该结果说明硫掺杂可以提升材料容量及倍率性能，氮掺杂也可以提升容量。对钠离子电池循环性能进行表征，SN－MHCSs、N－MHCSs及 MHCSs 在 2 500 次循环后的容量分别为 176 mAh·g^{-1}、144 mAh·g^{-1} 及 106 mAh·g^{-1}。SN－MHCSs、N－MHCSs 及 MHCSs 的不同电流密度下的充放电曲线与锂离子电池中的曲线类似，也是斜线，没有明显的平台。

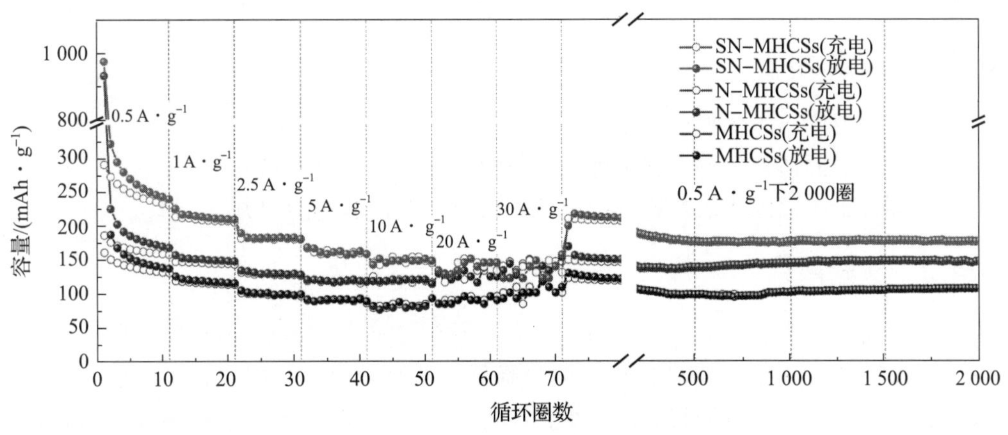

图 5－16　SN－MHCSs、N－MHCSs 及 MHCSs 在钠离子电池中的倍率循环曲线（见彩插）

4. 结果讨论与分析

利用尿素水热处理 $CaCO_3$@PDA 前驱体后，能够获得高氮掺杂的介孔中空碳球，增加氮含量能够提升负极储锂储钠性能。利用 H_2S 高温处理 N－MHCSs，能够获得氮硫共掺杂的介孔中空微球。硫掺杂能够增加碳材料的碳层间距，获得较大的储锂储钠容量。SN－MHCSs

作为钠离子负极，表现出来较高的速率性能，并具有出色的循环稳定性。介孔中空球形结构可以提供较大的电极/电解质界面进行反应，促进电解液的扩散，提升电子和钠离子的传输速率，以及缓冲循环过程中电极的体积膨胀，保证了高倍率性能及循环稳定性。硫掺杂，可以增加碳层间距，容纳更多的钠离子并促进离子传输；而氮掺杂可以添加官能团和缺陷，增加容量。因此氮硫共掺杂介孔中空微球可以作为一种高倍率、长循环的钠离子电池负极。

参 考 文 献

[1] YANG J, ZHOU X, WU D, et al. S – doped N – rich carbon nanosheets with expanded interlayer distance as anode materials for sodium – ion batteries [J]. Advanced materials, 2017, 29 (6): 1604108.

[2] YUE X, SUN W, ZHANG J, et al. Macro – mesoporous hollow carbon spheres as anodes for lithium – ion batteries with high rate capability and excellent cycling performance [J]. Journal of power sources, 2016, 331: 10 – 15.

[3] TANG K, FU L, WHITE R J, et al. Hollow carbon nanospheres with superior rate capability for sodium – based batteries [J]. Advanced energy materials, 2012, 2 (7): 873 – 877.

[4] SAUREL D, ORAYECH B, XIAO B, et al. From charge storage mechanism to performance: a roadmap toward high specific energy sodium – ion batteries through carbon anode optimization [J]. Advanced energy materials, 2018, 8 (17): 1703268.

5.4 实验三十四 锶铁钼基固体氧化物燃料电池阴极制备及性能研究

5.4.1 实验目的

(1) 了解中温固体氧化物燃料电池锶铁钼阴极材料的研究现状。
(2) 学习中温固体氧化物燃料电池阴极材料的表征方法及结果分析。
(3) 掌握评价中温固体氧化物燃料电池阴极材料电化学性能的方法。

5.4.2 实验背景

中温固体氧化物燃料电池（IT – SOFC）的工作温度通常在 500 ~ 800 ℃，随着工作温度的降低，阴极材料的 ORR 反应活性也会明显降低，从而导致电极的极化电阻变大，使阴极材料成为 SOFC 中温化的制约性因素。离子 – 电子混合导体（MIEC）材料因为具有较高离子和电子电导率，被广泛地应用到 IT – SOFC 电极材料。锶铁钼（SFM）是其中较为新型的钙钛矿阴极材料，具有较好的电化学性能，是 ABO_3 型的钙钛矿材料，B 位有 Fe^{3+}/Mo^{5+} 和 Fe^{2+}/Mo^{6+} 电子对共存，是 SFM 材料在氧化和还原气氛中均具有较好电导率的主要原因。钙钛矿氧化物 SFM 在氧化和还原气氛下都表现出非常好的电导率、优异的氧化还原稳定性，被认为是一种非常有希望的 SOFC 对称电池电极材料。图 5 – 17 为 $Sr_2Fe_{1.5}Mo_{0.5}O_{6-\delta}$ 钙钛矿结构示意图。

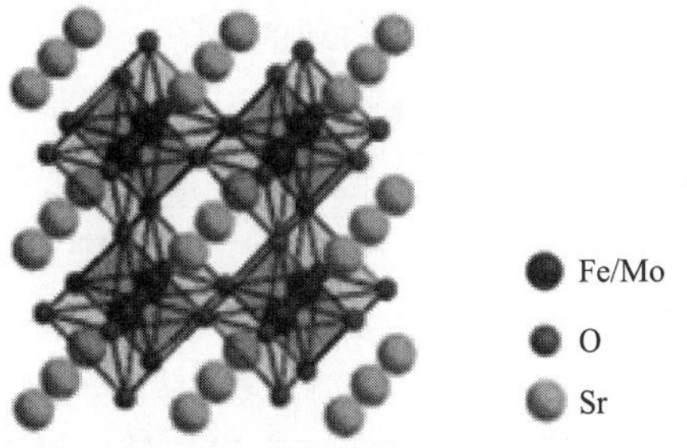

图5-17 $Sr_2Fe_{1.5}Mo_{0.5}O_{6-\delta}$钙钛矿结构示意图

图5-17中，SFM晶胞可被看作FeO_6/MoO_6八面体形成的一个立方体结构，Sr^{2+}离子位于两种八面体的空隙的位置。材料中氧空缺产生的过程如式（5-1）所示：

$$O_o^{\times} \rightarrow V_o^{\cdot\cdot} + 2e' + \frac{1}{2}O_2(g) \qquad (5-1)$$

式中，$O_o^{\times}$表示无缺陷晶格中的氧；$V_o^{\cdot\cdot}$表示有氧缺陷的材料中的氧空位；e'则表示释放到晶格中的自由电子。SFM材料中氧空位的产生有三个来源，分别沿着Fe-O-Fe键、Mo-O-Fe键和Mo-O-Mo键，而且在各个位置形成氧空位所需能量呈现$E_{form}(Fe-V_o^{\cdot\cdot}-Fe)<E_{form}(Mo-V_o^{\cdot\cdot}-Fe)<E_{form}(Mo-V_o^{\cdot\cdot}-Mo)$的规律，即Fe-O的键能相对于其他键的键能更弱一些，更容易断裂，形成氧空缺。SFM的晶体结构是被扭曲的简单的立方体钙钛矿，而且晶格中具有较低的氧缺位，分子式中δ的值在0.1左右。

5.4.3 实验内容

通过阅读现有文献了解中温SOFC阴极材料的研究现状和主要材料的优缺点。选择较为新型的电极材料进行研究，如SFM材料的掺杂改性，通过在A位或B位掺杂不同元素如镍、锆、钛等，进而改变材料的特性，研究其在氢气气氛下的还原析出性能，形成均匀分布在材料表面的金属颗粒，提高其作为SOFC电极材料的性能。另外，通过A位缺位的方法来改善材料的导电性。采用一系列表征方法研究材料性能并用于SOFC阴极，探究材料放电性能。

实验内容具体如下。

（1）SFM基阴极材料的制备。

（2）SFM基阴极材料的结构表征，包括X射线衍射分析、电镜分析（SEM和TEM）、热膨胀系数（TEC）、热重/差热分析和比表面积分析等。

（3）SFM基阴极材料用于SOFC时的电化学性能表征，包括交流阻抗、放电测试和电导率测试等。

5.4.4 实验要求

（1）通过查阅相关文献和精读本创新实验参考文献，分析SFM材料阴极存在问题，选择SFM材料中掺杂的元素，确定本创新实验主要研究内容。

（2）了解溶胶凝胶法或选用的其他方法制备钙钛矿型电极材料的过程，按照实验指导范例进行设计实验方案并完成实验内容。

（3）参考实验指导范例制定所选材料作为SFM阴极的表征方法。

（4）通过实验与结果讨论写出小论文形式的实验报告。

5.4.5 实验指导范例（参考此范例设计相应的实验方案和实验内容及结果讨论）

以锶铁镍钼（SFNM）基阴极材料为例进行相关实验及研究方法设计。

1. SFM 阴极材料的制备

采用燃烧法制备 SFNM 材料，将 $Sr(NO_3)_2$、$Fe(NO_3)_3 \cdot 9H_2O$、$(NH_4)_6Mo_7O_{24} \cdot 4H_2O$、$Ni(NO_3)_2 \cdot 6H_2O$ 按化学计量比称取后，溶于 250 mL 的蒸馏水置于 80 ℃水浴中，再加入金属离子摩尔总量 2 倍的甘氨酸搅拌均匀，然后以缓慢的速度向溶液中加入金属离子摩尔总量 1.5 倍的柠檬酸，注意柠檬酸的添加速度，控制速度在每 5 min 加入约 1 g 的柠檬酸。在此制备过程中甘氨酸和柠檬酸是助燃剂。不断搅拌下，随着柠檬酸的加入，溶液由悬浊液变为澄清的溶液，在 80 ℃水浴持续加热，溶液中水分蒸发，溶液变为凝胶状。将此凝胶移入 250 ℃烘箱中，直到凝胶自燃变为黑色泡沫状粉末。此粉末经过研磨之后，将其放入高温箱式炉内 400 ℃下烧结 2 h，以完全去除材料中的有机物，然后以 5 ℃ · min^{-1} 的速度升温至 1 000 ℃，并在此温度下烧结 5 h，得到钙钛矿结构的 SFNM 粉末样品。

2. SFM 阴极粉体材料表征

阴极材料结构形貌以 XRD 图与 SEM 图表征。烧结温度对材料成相和微观形貌起决定性的作用。图 5 – 18 为采用燃烧法制备的 SFNM 粉末样品在不同温度下烧结 5 h 后得到的 XRD 谱图。从图 5 – 18 中我们可以看到 850 ℃、900 ℃下煅烧 5 h 后，样品的 XRD 谱图中仍然有其他杂质的衍射峰存在，说明在这两个温度下 SFNM 还没有形成纯的钙钛矿结构。950 ~ 1 050 ℃温度范围内烧结 5 h 后，样品的 XRD 谱图中只有钙钛矿结构的衍射峰，说明从 950 ℃开始，SFNM 材料煅烧 5 h 后形成纯的钙钛矿结构。所以本实验在设计 SFNM 样品煅烧程序时，为了得到纯的钙钛矿结构的 SFNM 样品，煅烧温度必须在 950 ℃以上。

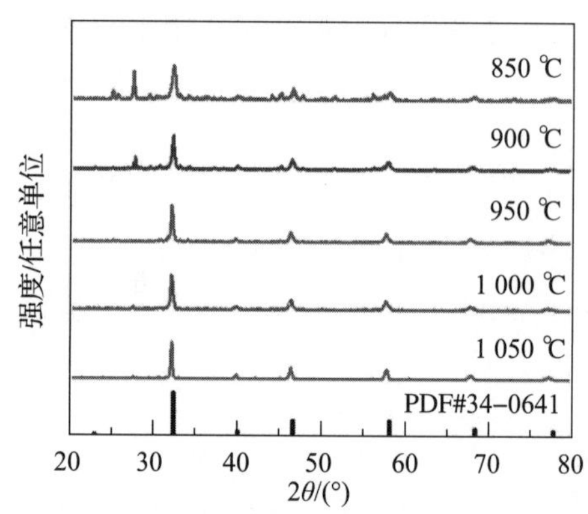

图 5 – 18 采用燃烧法制备的 SFNM 粉末样品在不同温度下烧结 5 h 后得到的 XRD 谱图（见彩插）

在材料煅烧成纯的钙钛矿结构的同时，必须兼顾粉体的微观形貌，所以考察了温度对材料微观形貌的影响。把同一批次的 SFNM 粉末前驱体分别在 950 ℃、1 000 ℃、1 050 ℃和 1 100 ℃下保温烧结 5 h，通过扫描电镜观察其形貌，如图 5 – 19 所示。从图 5 – 19 中可以看到各温度下，粉体微观形貌虽然都是网状结果，但是在 1 050 ℃和 1 100 ℃下烧结 5 h 的 SFNM 颗粒出现了团聚现象，而且颗粒明显长大，这样的微观形貌会对电极材料的电化学性能形成不利的影响。950 ℃下烧结后颗粒比较零散，气孔没有完全形成，与 950 ℃相比较，1 000 ℃烧结 5 h 后得到的粉体的颗粒更均匀、孔隙直径更大。

3. 阴极材料的电化学性能表征

（1）阻抗测试：采用干压法制备 YSZ 电解质，1 400 ℃下煅烧 6 h，得到致密的 YSZ 电

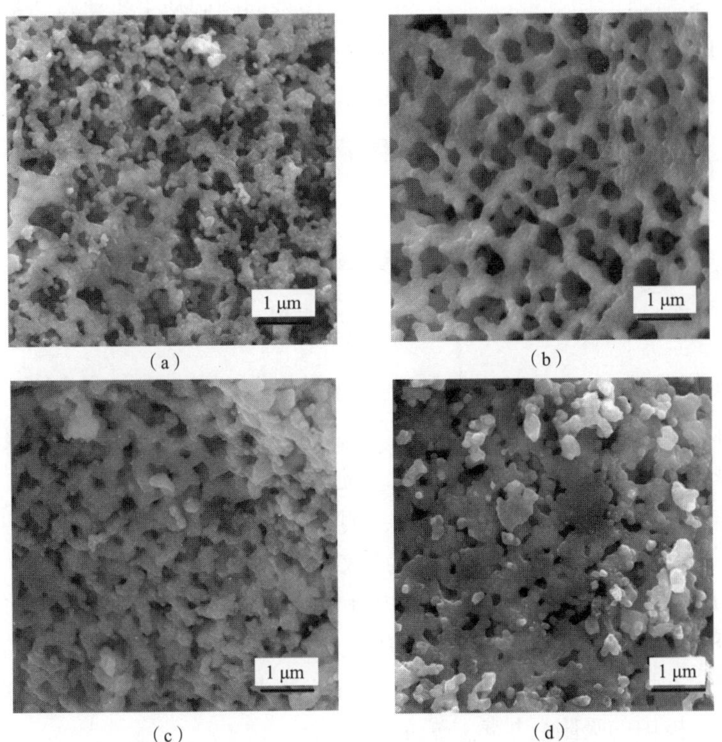

图 5-19　不同温度下煅烧 5 h 制得的 SFNM 粉末的 SEM 图

(a) 950 ℃；(b) 1 000 ℃；(c) 1 050 ℃；(d) 1 100 ℃

解质片。用砂纸对 YSZ 片进行抛光，使其表面变得粗糙。将实验需要测试的阴极材料粉体称量 1 g，2 wt% 的乙基纤维素和 18% 的可溶性淀粉，然后滴加适量的松油醇作为溶剂，研磨 10 min 左右，采用丝网印刷技术将得到的浆料印刷到 YSZ 电解质上。干燥后，在 1 000 ℃下煅烧 2 h，煅烧得到工作电极，面积为 0.25 cm^2。然后将铂浆涂在阴极同一侧和另一侧。其中，涂在工作电极一侧的铂浆作为参比电极，其与工作电极的距离至少是电解质厚度的 4 倍，而涂在另一侧的铂浆则作为辅助电极（又称对电极）。在 850 ℃下保温 30 min，热处理铂浆。最后用银浆将银丝黏附在三个电极上作为导线，在 700 ℃下保温 30 min 热处理银浆。如果测试中在阴极和电解质之间有中间层的存在，需要在 YSZ 电解质上采用丝网印刷技术先将 $Sm_{0.2}Ce_{0.8}O_{1.9}$（SDC）的浆料印刷在 YSZ 的表面，并注意 SDC 层的厚度，1 400 ℃下烧结 6 h，制得不是很致密的 SDC 中间层。之后再在 SDC 层上丝网印刷阴极浆料制备阴极，作为三电极体系的工作电极，用阻抗测试。

（2）放电测试：采用共流延技术制备以 YSZ 薄膜为电解质的 NiO-YSZ/YSZ 阳极支撑型的阳极极片，其中，NiO-YSZ 的复合粉体作为阳极，且阳极的厚度约 700 μm；YSZ 为电解质，且电解质薄膜的厚度约 8 μm。在电解质和阴极之间引入 SDC 层作为中间层，以防止电解质和阴极之间可能发生的固相反应，同时有效增强电解质和阴极之间的结合能力。将 SDC 与黏结剂（松油醇与乙基纤维素按一定质量比混合）研磨 10 min 左右使其混合均匀，采用丝网印刷法将浆料涂覆在 YSZ 电解质薄膜上，并在 1 400 ℃烧结 6 h，制得 YSZ 电解质上的 SDC 中间层，其厚度在 4～6 μm。称取一定质量比例的阴极材料、黏结剂及造孔剂

（可溶性淀粉），将其研磨使其混合均匀，同样采用丝网印刷技术将浆料涂覆于 SDC 层一侧，并在空气中 1 000 ℃烧结 2 h。组装电池，如图 5－20 所示，测试电池放电。

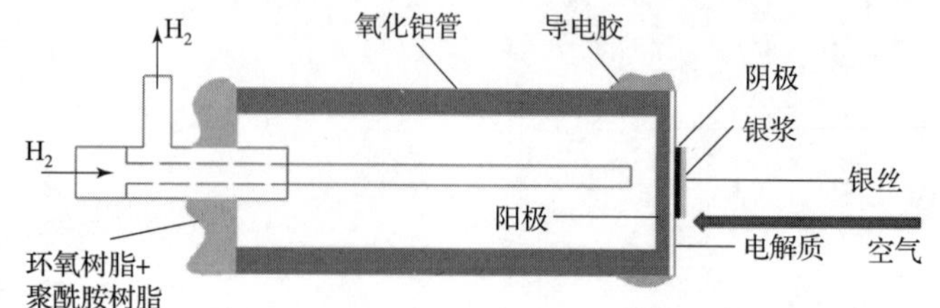

图 5－20　电池测试装置示意图

4. 结果讨论与分析

以 SFNM 材料为 SOFC 阴极组装半电池，采用三电极法测试 SFNM 阴极的交流阻抗谱。本实验用丝网印刷技术制备 SFNM 阴极薄膜。淀粉含量为 18%，在 1 000 ℃温度下将 SFNM 阴极烧结 2 h。在 650～800 ℃温度范围内，测试不同 Ni 掺杂量的 SFNM 阴极的 EIS，如图 5－21 所示。选用 $LR_{\Omega}(Q_HR_H)(Q_LR_L)$ 为等效电路对 EIS 拟合后得到的 R_p 值如表 5－1 所示。等效电路 $LR_{\Omega}(Q_HR_H)(Q_LR_L)$ 中 R_{Ω} 为电池的欧姆电阻，是由电池的电解质、导线等造成的，不作为研究对象。极化电阻是 R_H 和 R_L 之和，即 $R_p=R_H+R_L$。R_H 是高频弧在实轴上的截距之差，表示在阴极/电解质界面上的电荷转移电阻；R_L 即低频弧在实轴上的截距之差，代表气体在阴极内的吸附、扩散造成的电阻。

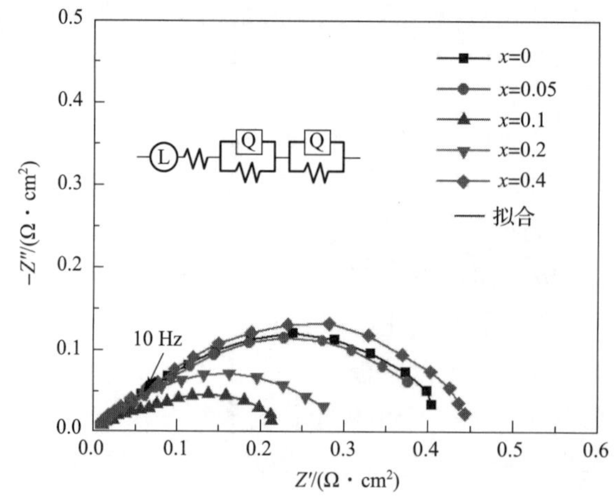

图 5－21　750 ℃下不同 Ni 含量的 SFNM 阴极的 EIS 谱（见彩插）

表 5－1　650～800 ℃温度范围内 SFNM 材料的极化电阻

温度/℃	极化电阻 R_p/(Ω·cm²)				
	$x=0$	$x=0.05$	$x=0.1$	$x=0.2$	$x=0.4$
800	0.24	0.22	0.11	0.19	0.26
750	0.42	0.37	0.22	0.29	0.47
700	0.92	0.79	0.45	0.57	0.98
650	1.72	1.42	1.06	1.09	1.84

图 5 - 21 是 750 ℃下不同 Ni 含量的 SFNM 阴极的 EIS 谱，进一步用来比较 Ni 掺杂量对 R_p、R_H 和 R_L 的影响，从中可以看出不同 Ni 掺杂量的 SFNM 阴极的 EIS 谱的形状相似，近似地表现为一段弧，R_H 相对较小，R_L 相对较大。750 ℃下 SFNM（$x=0$，0.05，0.1，0.2，0.4）阴极材料的 R_p 分别是 0.42 Ω · cm^2，0.37 Ω · cm^2，0.22 Ω · cm^2，0.29 Ω · cm^2 和 0.47 Ω · cm^2，很明显 $SFN_{0.1}M$ 阴极的 R_p、R_H 和 R_L 都是最小的。

图 5 - 22 是以 $SFN_{0.1}M$ 为阴极，NiO - YSZ/YSZ/SDC/$SFN_{0.1}M$ 单电池的 $I-V$ 曲线和 $I-P$ 曲线。电池以氢气为燃料气，空气为氧化剂，在 650 ~ 800 ℃温度范围内做放电测试。图 4 - 14 所示电池的开路电压都在 1.0 V 以上，说明 YSZ 电解质薄膜是非常致密的，电池没有漏气现象。单电池的最大功率密度在 650 ℃、700 ℃、750 ℃和 800 ℃下分别是 0.33 W · cm^{-2}、0.79 W · cm^{-2}、1.21 W · cm^{-2} 和 1.77 W · cm^{-2}。

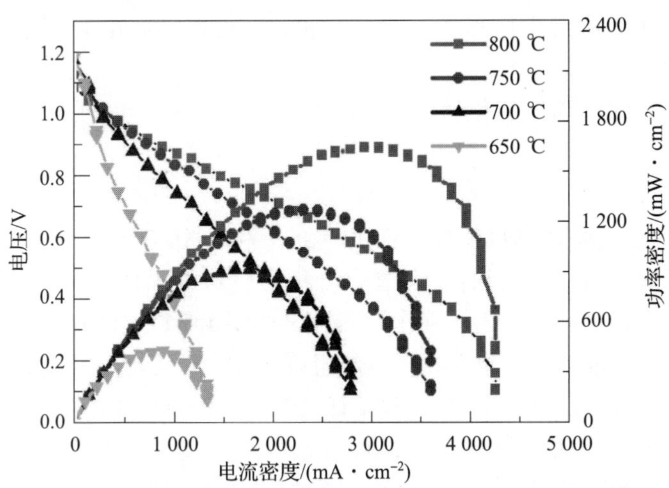

图 5 - 22　650 ~ 800 ℃温度范围内以 $SFN_{0.1}M$ 为阴极的单电池的 $I-V$ 曲线和 $I-P$ 曲线（见彩插）

参 考 文 献

[1] QIAO Jinshuo, CHEN Wenjun, WANG Wenyi, et al. The Ca element effect on the enhancement performance of $Sr_2Fe_{1.5}Mo_{0.5}O_{6-d}$ perovskite as cathode for intermediate - temperature solid oxide fuel cells [J]. Journal of power sources, 2016, 331: 400 - 407.

[2] QIAO Jinshuo, WANG Wenyi, FENG Jie, et al. Synthesis and characterization of $Sr_2Fe_{1.4}Ni_{0.1}Mo_{0.5-x}Nb_xO_{6-\delta}$ ($x=0$, 0.05, 0.1, and 0.15) cathodes for solid oxide fuel cells [J]. Ionics, 2018, 24: 421 - 428.

[3] DAI N N, FENG J, WANG Z H, et al. Synthesis and characterization of B - site Ni - doped of perovskite $Sr_2Fe_{1.5-x}Ni_xMo_{0.5}O_{6-\delta}$ ($x=0$, 0.05, 0.1, 0.2, 0.4) as cathodes for IT - SOFCs [J]. Journal of materials chemistry A, 2013, 1: 14147 - 14153.

[4] DAI N N, LOU Z L, WANG Z H, et al. Synthesis and electrochemical characterization of $Sr_2Fe_{1.5}Mo_{0.5}O_6 - Sm_{0.2}Ce_{0.8}O_{1.9}$ composite cathode for intermediate - temperature solid oxide fuel cells [J]. Journal of power sources, 2013, 243: 766 - 772.

[5] MUÑOZ - GARCÍA A B, PAVONE M, RITZMANN A M, et al. Oxide ion transport in $Sr_2Fe_{1.5}Mo_{0.5}O_6$, a mixedion - electron conductor: new insights from first principles modeling [J]. Physical chemistry chemical physics, 2013, 15: 6250 - 6259.

5.5 实验三十五 直接碳固体氧化物燃料电池阳极制备及性能研究

5.5.1 实验目的

(1) 了解固体氧化物燃料电池以固体碳为燃料的阳极材料的研究现状。

(2) 学习直接碳固体氧化物燃料 (direct carbon solid oxide fuel cell, DC - SOFC) 电池阳极材料的表征方法及结果分析。

(3) 掌握评价直接碳固体氧化物燃料电池阳极材料电化学性能的方法。

5.5.2 实验背景

直接碳固体氧化物燃料电池是固体燃料电池的一种，相较于常规的以氢气、碳氢化合物(如天然气、丙/丁烷、氨、汽柴油)、含氧化合物为燃料的固体燃料电池，以石墨、煤炭、活性炭、焦炭以及含碳生物质等固体碳作为燃料的直接碳燃料电池具有转化效率高、清洁无污染等特点。全固态的电池结构也简化了电池组装过程，且无电解质腐蚀和泄漏问题，阴极空气无须加湿、产物 CO_2无须循环，是非常具有发展和应用前景的燃料电池，结构如图 5 - 23 所示。因此，发展DC - SOFC 是缓解能源危机、减少环境污染的一种有效途径。但与传统氢燃料电池相比，DC - SOFC 的实际功率密度低、运行稳定性差。研究表明，目前制约 DC - SOFC 发展及应用的首要问题是电池输出功率低和电池稳定性差，分析其技术瓶颈在于：一是固体碳传质比气体燃料困难，浓差极化大、电极三相反应界面少；二是缺少稳定且对碳燃料具有较高电化学氧化活性的阳极材料，电极反应速度受限，电化学极化大。因此，设计在 DC - SOFC 工作温度下相结构稳定且具有良好的催化碳燃料能力的阳极材料是 DC - SOFC 发展的关键。

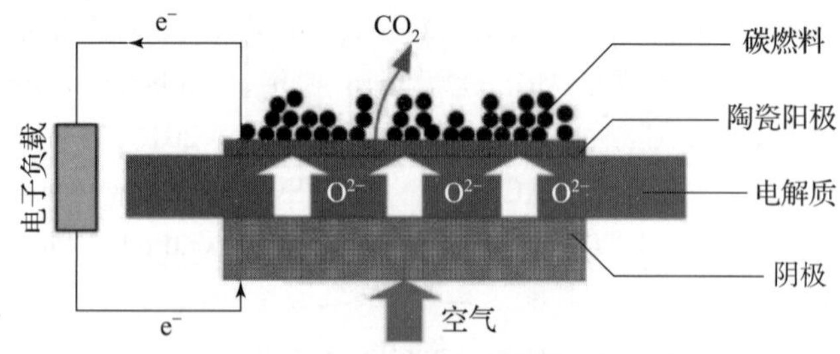

图 5 - 23 DC - SOFC 结构原理示意图

5.5.3 实验内容

通过阅读现有文献了解直接碳阳极材料的研究现状和主要材料的优缺点，选择较为新型且已知结果相对较少的材料类型进行材料制备和研究，如铈基材料作为 DC - SOFC 阳极材料，在还原气氛中能够保持其相结构稳定，作为直接碳阳极研究较少。Mn 和 Fe 共掺

杂的 $Ce_{0.6}Mn_{0.3}Fe_{0.1}O_2$（CMF）具有更高的还原电导率，被用作燃料电池的阳极材料组装电池受到广泛的关注。研究报道表明，在单一的阳极材料中复合过渡金属能有效地改善材料的催化能力，从而提高材料的电化学性能。金属 Ni 颗粒具备对碳燃料优秀的催化能力，将其应用于 SO－DCFC 时，电池产生了高的放电性能。因此，该实验中为了进一步改善电池的电化学性能，将 NiO 颗粒复合到 CMF 材料上制备 NiO－CMF 复合材料，并将其作为阳极应用于 DC－SOFC。通过对复合材料的晶相结构（XRD）、微观形貌（SEM）、电导率、催化活性、阳极性能等方面的研究分析，讨论 Ni 颗粒的添加对 CMF 材料的电化学性能的影响。

实验内容具体如下。

（1）阳极材料的制备。

（2）阳极材料的结构表征，包括 X 射线衍射分析、电镜分析（SEM 和 TEM）、热膨胀系数（TEC）、热重/差热分析和比表面积分析等。

（3）阳极材料用于 DC－SOFC 时的电化学性能表征，包括交流阻抗、放电测试和电导率测试等。

5.5.4　实验要求

（1）通过查阅相关文献和精读本创新实验参考文献，撰写选定的直接碳阳极材料的制备方法研究现状、存在问题以及本创新实验主要研究内容。

（2）了解溶胶凝胶法或选用的其他方法制备钙钛矿型电极材料的过程，按照实验指导范例进行设计实验方案并完成实验内容。

（3）参考实验指导范例制定所选材料作为 DC－SOFC 阳极的表征方法及其组分分析方法。

（4）通过实验与结果讨论写出小论文形式的实验报告。

5.5.5　实验指导范例（参考此范例设计相应的实验方案和实验内容及结果讨论）

以 NiO－CMF 基直接碳阳极材料为例进行相关实验及研究方法设计。

1. CMF 阳极材料的制备

将 1.35～1.55 g PVP（聚乙烯吡咯烷酮）粉末加入 DMF（N，N 二甲基甲酰胺）溶液中，并用塞子将瓶口密封，在室温下机械搅拌 6 h，直至 PVP 完全溶解。再按 CMF 计量比准确称量 Ce（NO_3）$_2$、Mn（NO_3）$_2$·$4H_2O$，Fe（NO_3）$_2$·$9H_2O$ 共 0.6 g，加入 DMF 溶液中搅拌 12 h，直至得到澄清透明溶胶。静置 12 h，目的是去除在搅拌过程中产生的气泡。然后将配制好的溶胶倒入 10 mL 注射器中，将注射器针头与金属铜导线连接，使其接触良好。铝箔作为接收器，接收距离调为 21 cm，注射泵流速调到 1 mL/h，施加 18～22 kV 高压，进行电纺。将纺制好的纤维材料置于烘箱中烘干 12 h，接着高温下煅烧除去有机物得到 CMF 纳米纤维。

2. NiO－CMF 复合阳极的制备

将得到的 CMF 纳米纤维与一定剂量的乙基纤维素和松油醇在研钵中研磨形成阳极浆料，丝网印刷到 LSGM 电解质的一面，经过热处理后得到阳极半电池；配制 NiO 浸渍液，将 $Ni(NO_3)_2$溶解于去离子水中，配制成 0.25 mol/L 的硝酸盐溶液，备用。将配好的溶液注入微量注射器，在注射器的推动下将不同含量的硝酸盐溶液浸渍入 CMF 阳极骨架中，每次注射 50 μL，浸渍完成后在 800 ℃下热处理 2 h 得到晶相。复合阳极的制备分 3 次浸渍，重复上述过程。

3. NiO－CMF 复合阳极材料表征

XRD 表征阳极材料是否为纯相结构，并使用 SEM 观察阳极微观形貌。

为了表征 NiO－CMF 复合材料的还原稳定性，将制备好的 NiO－CMF 粉末于 CO 氛围下 800 ℃还原 20 h，待自然降温后，取少许粉末测试 XRD。图 5－24 为 CMF、NiO－CMF 以及还原后的 NiO－CMF 样品的 XRD 谱图。如图 5－24 所示，纯的 CMF 结晶为单相萤石结构，没有出现任何杂相，与 CeO_2的标准卡片 PDF # 43－1002 谱图一致，这表明了 Mn 和 Fe 元素完全掺杂到 CeO_2晶格中。而对于 NiO－CMF 材料，CMF 和 NiO 的特征峰能够很清楚地在 XRD 图中观察到，说明 NiO 的加入没有对 CMF 的晶体结构造成破坏。当复合材料经过还原后，虽然在其表面出现少量的 Mn_xO_y杂质，但是材料主要存在的相仍然是 CMF。另外，值得注意的是，NiO 的衍射峰在还原后全部消失，而金属 Ni 的峰则代替出现，这说明在 CO 氛围下 NiO 能够充分地被还原并形成金属 Ni。还原的金属 Ni 具有高的导电性，会提高阳极的电子传导速率、降低电池工作内阻、有效改善电池性能。

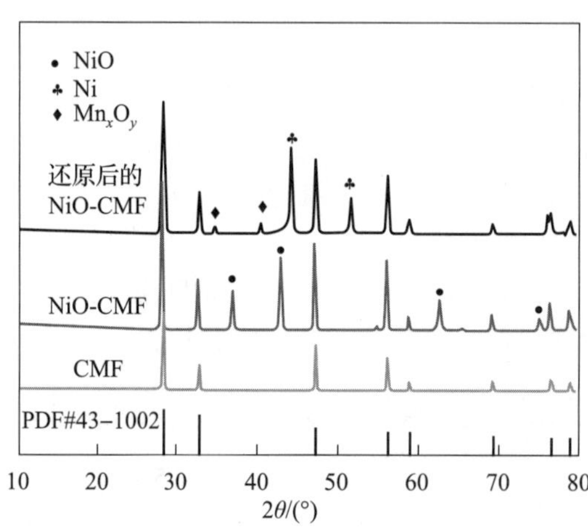

图 5－24　CMF、NiO－CMF 以及还原后的 NiO－CMF 样品的 XRD 谱图

图 5－25 为 NiO－CMF 样品的微观形貌。大量的颗粒互相连通形成了一个多孔的网络状结构，这非常有利于 NiO－CMF 复合材料作为 HDCFC 阳极时，固体碳燃料或 CO 中间物在阳极表面的吸附和催化，同时便于电子在阳极内的快速传输和收集，为电极具有高的电催化活性提供保障。整个复合阳极中分布着很多气孔，有助于电化学反应过程产生的气体产物（CO 或 CO_2）在孔道内扩散，从而有效地降低阳极扩散电阻。

4. 阳极材料的电化学性能表征

放电和阻抗测试：制备 GDC 浆料后，采用旋涂法制备 LSGM 电解质片上的阻挡层，再将得到的 NiO－CMF 阳极材料与一定剂量的乙基纤维素和松油醇在研钵中研磨形成阳极浆料，丝网印刷到 GDC 阻挡层上，经过热处理后得到阳极/阻挡层/电解质复合基体。电解质另一侧丝网印刷制备电池阴极，阴极材料均采用 $La_{0.6}Sr_{0.4}Co_{0.2}Fe_{0.8}O_3$（LSCF）。称取一定质量比例的 LSCF 粉体、乙基纤维素、造孔剂淀粉，加入松油醇作为溶剂，将其研磨使其混合均匀制备得到 LSCF 阴极浆料。同样采用丝网印刷法将浆料涂刷在 LSGM 电解质的另一侧，

图 5－25　NiO－CMF 样品的微观形貌

并在 1 100 ℃下烧结 2 h 得到阴极。组装电池，如图 5－26 所示，并通过使用 Arbin 公司生产的 BT2000 型燃料电池测试系统进行电化学性能测试。在电池测试过程中，阳极侧通入 Ar 气（10 mL · min^{-1}）防止固体碳燃料的燃烧，阴极侧则直接暴露在空气中，温度测试范围为 700～800 ℃。

5. 结果讨论与分析

本书组装了电池结构为 Ni－CMF ‖ LSGM ‖ LSCF 的单电池，通过对其放电性能及对应的交流阻抗谱图进行测试和分析，进一步研究 Ni－CMF 阳极的电化学性能。图 5－27 是 Ni－CMF 为阳极的 HDCFC 单电池放电的 $I-V$ 曲线和 $I-P$ 曲线。电池的功率密度随着温度的升高而不断增大，在 700 ℃、750 ℃和 800 ℃时最大功率密度分别达到 226.5 mW · cm^{-2}、478.4 mW · cm^{-2}和 580.7 mW · cm^{-2}。$I-V$ 曲线在低电流密度时呈近乎直线，而在高电流密度时却变得弯曲而出现了凸起，分析认为电池在高电流密度工作时，碳燃料的供应不足而导致传质过程出现了阻碍，从而造成扩散阻抗增加。图 5－28 是开路电压下 Ni－CMF 为阳极的 HDCFC 电化学交流阻抗谱。在同样测试条件下，Ni－CMF 复合阳极的极化阻抗比纯 CMF 的阻抗值小很多，如 800 ℃时，Ni－CMF 阳极的 R_p 值是 0.37 Ω · cm^2，而纯 CMF 的 R_p 值则是 0.51 Ω · cm^2。Ni－CMF 复合阳极极化阻抗值的降低与上述电池放电性能增加表现一致。

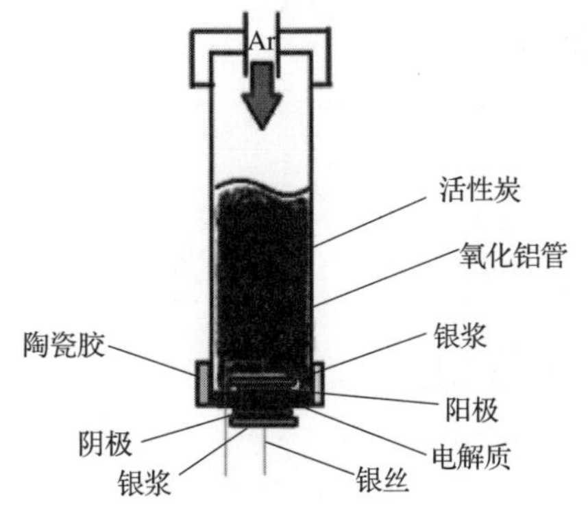

图 5－26　电池测试装置示意图

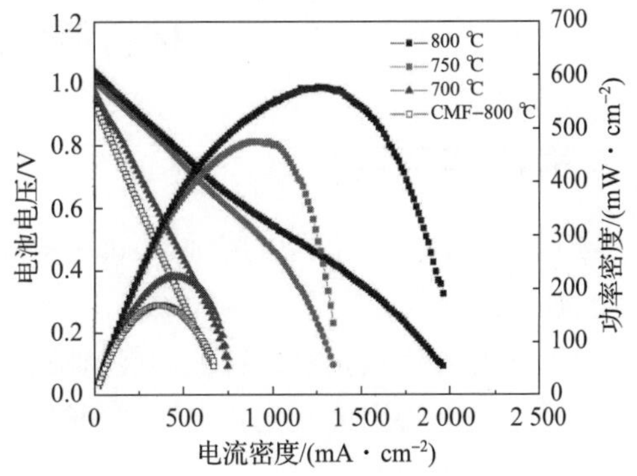

图 5－27　Ni－CMF 为阳极的 HDCFC 单电池放电的 $I-V$ 曲线和 $I-P$ 曲线（见彩插）

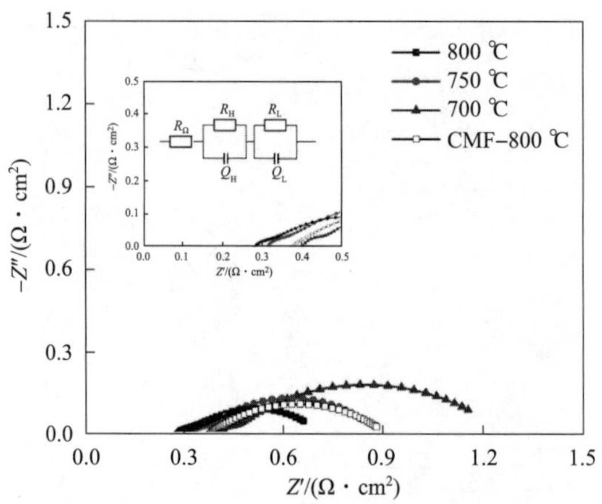

图 5-28　开路电压下 Ni-CMF 为阳极的 HDCFC 电化学交流阻抗谱

参考文献

[1] SHIN T H, IDA S, ISHIHARA T. Doped CeO_2 - $LaFeO_3$ composite oxide as an active anode for direct hydrocarbon - type solid oxide fuel cells [J]. Journal of the American chemical society, 2011, 133 (48): 19399 - 19407.

[2] SHIN T H, HAGIWARA H, IDA S, et al. RuO_2 nanoparticle - modified (Ce, Mn, Fe) O - 2/(La, Sr)(Fe, Mn)O - 3 composite oxide as an active anode for direct hydrocarbon type solid oxide fuel cells [J]. Journal of power sources, 2015, 289: 138 - 145.

[3] DUDEK M, TOMCZYK P. Composite fuel for direct carbon fuel cell [J]. Catalysis today, 2011, 176 (1): 388 - 392.

[4] JIANG Z Y, XIA C R, CHEN F L, et al. Nano - structured composite cathodes for intermediate - temperature solid oxide fuel cells via an infiltration/impregnation technique [J]. Electrochimica acta, 2010 (55): 3595 - 3605.

5.6　实验三十六　SOEC 高温还原 CO_2 的阴极材料制备及性能研究

5.6.1　实验目的

(1) 了解固体氧化物电解池 (solid oxide electrolysis cell, SOEC) 高温还原 CO_2 的阴极材料的研究现状。

(2) 学习固体氧化物电解池阴极材料的表征方法及结果分析。

(3) 掌握评价固体氧化物电解池阴极材料电化学性能的方法。

5.6.2　实验背景

进入 21 世纪以来，能源和环境问题逐渐成为制约人类未来生存和发展的关键。各种化石燃料燃烧，大量 CO_2 排放引发温室效应，导致了一系列的环境问题。近年来，人们致力于如何减少二氧化碳的排放以及对二氧化碳的有效转化利用，固体氧化物电解池是一种很有潜力的能源技术，它能在中高温下将热能和电能高效环保地直接转化为燃料中的化学能。SOEC 可以看作固体氧化物燃料电池的逆向运行装置，具有高转化率，可将 CO_2 转化为 CO 和 O_2，在消耗 CO_2 的同时生成 CO 这种气体燃料和化学工业原料，在缓解温室效应的同时，为碳中和循环提供了有效途径，因此是一种很有发展前途的新能源技术。

目前固体氧化物电解池传统的阴极材料为镍基金属陶瓷复合电极，但其在高温条件下容易烧结导致电池性能衰减，另外一个问题是对 CO_2 催化活性较差，这是由于 CO_2 是直线型分子，缺乏极性，电极材料对 CO_2 的吸附能力很差，较难进行进一步的电化学反应，转化率较难提升，电池的电解性能较差，而采用贵金属催化剂成本较高。因此，研究对于 CO_2 有优良的吸附能力并且具有优异的催化活性的阴极材料是 SOEC 发展的关键。

5.6.3　实验内容

通过阅读现有文献了解固体氧化物电解池阴极材料的研究现状和主要材料的优缺点，选择较为新型且已知结果相对较少的材料类型进行材料制备和研究，如钙钛矿类材料钛酸锶作为 SOEC 阴极材料，长期工作条件下能保持相结构稳定，通过钙钛矿氧化物非化学计量比和掺杂元素的双重调控，A 缺位并且 B 位掺杂 Mn 元素，有利于提高电导率，从而保证足够的活性位点，提升了材料对 CO_2 的催化活性和吸附能力，实现提高固体氧化物电解池电解性能和稳定性的目的。采用一系列表征方法研究材料性能并最终应用于固体氧化物电解池的阴极，探究材料放电性能。

实验内容具体如下。

（1）阴极材料的制备。

（2）阴极材料的结构表征，包括 X 射线衍射分析、电镜分析（SEM 和 TEM）、程序升温脱附（CO_2 - TPD）和热重/差热分析等。

（3）阴极材料用于 SOEC 时的电化学性能表征，包括交流阻抗、电解测试、短期恒压稳定性测试和电导率测试等。

5.6.4　实验要求

（1）通过查阅相关文献和精读本创新实验参考文献，撰写选定的固体氧化物电解池阴极材料的制备方法研究现状、存在问题以及本创新实验主要研究内容。

（2）了解溶胶凝胶法或选用的其他方法制备钙钛矿型电极材料的过程，按照实验指导范例进行设计实验方案并完成实验内容。

（3）参考实验指导范例制定所选材料作为 SOEC 阴极的表征方法及其组分分析方法。

（4）通过实验与结果讨论写出小论文形式的实验报告。

5.6.5　实验指导范例（参考此范例设计相应的实验方案和实验内容及结果讨论）

以钛酸锶基固体氧化物电解池阴极材料为例进行相关实验及研究方法设计。

1. 钛酸锶基阴极材料的制备

燃烧法合成钛酸锶基阴极材料，具体分子式为（$La_{0.2}Sr_{0.8}$）$_{0.95}Ti_{0.65}Mn_{0.35}O_{3+\sigma}$（LSTM）。其具体过程为：①所述阴极材料合成量为 0.01 mol，按化学计量比称取相应的金属盐硝酸镧、硝酸锶、钛酸四丁酯和乙酸锰，柠檬酸用量为金属离子总物质的量的 2 倍；②在 500 mL 的烧杯中加入 200 mL 的 DMF 溶液，将相应的药品量依次加入其中，并放在 80 ℃的水浴锅中加热搅拌，直至烧杯底部形成透明均一的溶胶凝胶；③将凝胶放入 250 ℃烘箱里预烧 4 h 得到前驱体；④将前驱体放入玛瑙研钵中研磨至粉末状，再将粉末倒入坩埚，在马弗炉中 800 ℃空气氛围煅烧 5 h，得到相应的阴极粉体。

2. 钛酸锶基阴极粉体材料表征

通过 XRD 表征确定阴极材料是否为纯相结构，并通过 SEM、TEM 观察阴极材料的微观形貌。图 5－29 为阴极材料 LSTM 的 XRD 图，结果表明 LSTM 为纯钙钛矿相结构。

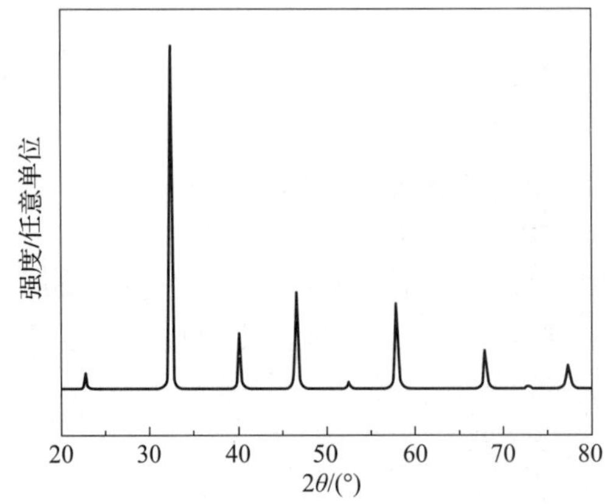

图 5－29　阴极材料 LSTM 的 XRD 图

图 5－30 为阴极材料 LSTM 的 SEM 图和 TEM 图。图 5－30（a）为阴极材料 LSTM 的 SEM 图，图 5－30（b）为阴极材料 LSTM 的 TEM 图，通过 SEM 和 TEM 表明合成的阴极材料颗粒分布均匀，粒径在 100 nm 左右，纳米颗粒比表面积大，增加了活性位点，有利于对二氧化碳的吸附催化。

图 5－30　阴极材料 LSTM 的 SEM 图和 TEM 图

（a）阴极材料 LSTM 的 SEM 图；（b）阴极材料 LSTM 的 TEM 图

3. 阴极材料的电化学性能表征

电解和阻抗测试：电解质为 LSGM，压片法制备电解质片，经过 1 400 ℃烧结 8 h 得到致密的电解质片，阻挡层为 GDC，球磨制备 GDC 浆料，将球磨好的 GDC 浆料采取丝网印刷的方式刷在 LSGM 的一侧，取一定量的 LSTM 阴极材料和乙基纤维素、淀粉、松油醇在研钵中充分研磨均匀得到阳极浆料，通过丝网印刷的方式将阴极浆料刷在 GDC 阻挡层上，经过热处理后得到阴极/阻挡层/电解质复合基体。阳极材料为 $La_{0.6}Sr_{0.4}Co_{0.2}Fe_{0.8}O_3$，采用上述阴极浆料的制备方法制备阳极浆料，通过丝网印刷的方式在电解质 LSGM 的另一侧刷阳极浆料，并在 1 100 ℃下空气氛围烧结 2 h 得到阳极。组装单电池，测试单电池电解性能及交流阻抗。

4. 结果讨论与分析

图 5－31 为以 LSTM 为阴极材料制备的单体电池在不同温度下电解二氧化碳的 *I*－*V* 曲线，随着温度和电解电压的增大，电池电流密度不断增大，850 ℃时最大电流密度达到 1 A/cm^2，实现了较好的电解性能。图 5－32 为以 LSTM 为阴极材料制备的单体电池在不同温度下电解二氧化碳的交流阻抗。850 ℃时电池获得较小的阻抗，欧姆阻抗为 0. 15 Ω，极化阻抗为 0. 25 Ω。图 5－33 为以 LSTM 为阴极材料制备的单体电池在 850 ℃电解二氧化碳时的短期恒压稳定性，由图可得以 LSTM 为阴极材料制备的单体电池电解二氧化碳时具有较好的稳定性。

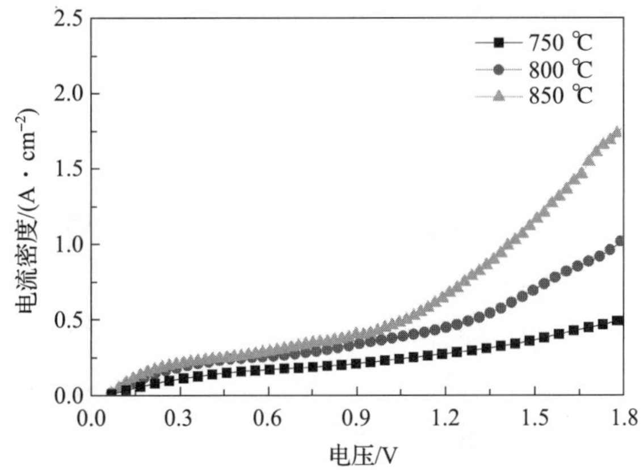

图 5－31　以 LSTM 为阴极材料制备的单体电池在不同温度下电解二氧化碳的 *I*－*V* 曲线（见彩插）

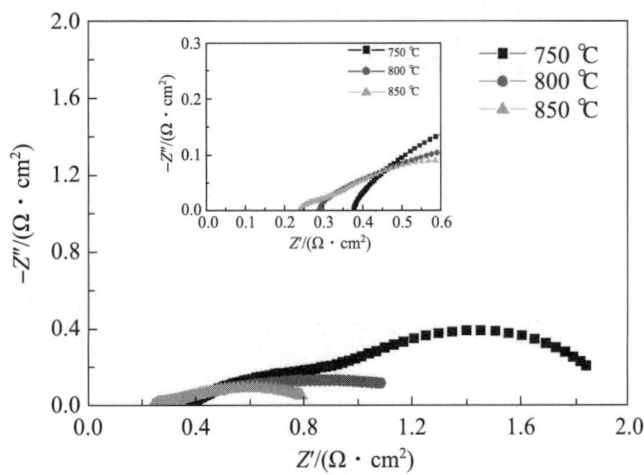

图 5－32　以 LSTM 为阴极材料制备的单体电池在不同温度下电解二氧化碳的交流阻抗（见彩插）

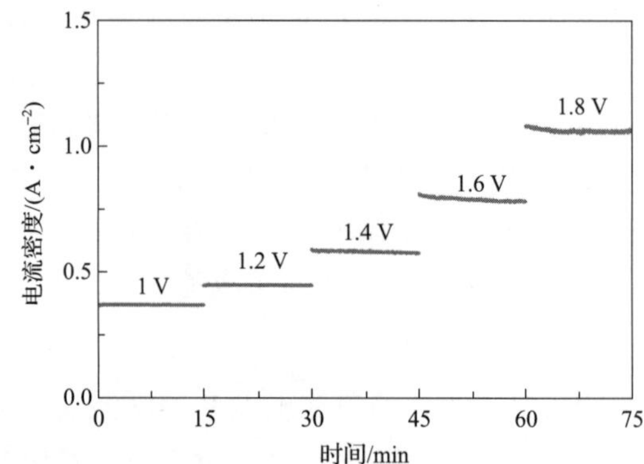

图 5-33　以 LSTM 为阴极材料制备的单体电池在 850 ℃电解二氧化碳时的短期恒压稳定性（见彩插）

参 考 文 献

[1] WEN T Q, YUN G, DI Y, et al. Remarkable chemical adsorption of manganese - doped titanate for direct carbon dioxide electrolysis [J]. Journal of materials chemistry A, 2014, 2: 6904 - 6915.

[2] LING T Y, CHANG C P, MIN Y Z, et al. Highly efficient CO_2 electrolysis on cathodes with exsolved alkaline earth oxide nanostructures [J]. ACS applied materials & interfaces, 2017, 9: 25350 - 25357.

[3] YUAN X L, JIAN E Z, DE H D, et al. Composite fuel electrode $La_{0.2}Sr_{0.8}TiO_{3-\delta}$ - $Ce_{0.8}Sm_{0.2}O_{2-\delta}$ for electrolysis of CO_2 in an oxygen - ion conducting solid oxide electrolyser [J]. Physical chemistry chemical physics, 2012, 14: 15547 - 15553.

[4] LING T Y, MIN Y Z, PING H G, et al. Enhancing CO_2 electrolysis through synergistic control of non - stoichiometry and doping to tune cathode surface structures [J]. Nature communications, 2017, 8: 14785.

5.7　实验三十七　负载型双金属催化剂的制备及其在选择性加氢反应中性能的研究

5.7.1　实验目的

（1）了解双金属催化剂在工业中的应用及研究现状。

（2）学习用浸渍法制备负载型双金属催化剂及催化剂的表征方法和结果分析。

（3）掌握通过固定床反应器评价催化剂加氢性能的方法。

5.7.2　实验背景

炔烃和双烯烃的选择性加氢是化学工业中一类非常重要的的反应，它广泛应用于石油化工、天然气化工及煤化工领域中。石油催化裂化或者高温裂解中产生的低碳烯烃（C_2 - C_4）是重要的有机原料，广泛应用于聚合生产塑料、三大有机材料的合成，以及精细化学品的合成。然而裂解得到的原料气中含有少量的炔烃和双烯烃，会严重影响后续单烯烃的聚合反应，如毒害催化剂、影响反应速率、降低产品质量、危害生产安全等，因此需要对工业原料气进行严格的脱炔、脱双烯烃处理。选择性加氢方法简单，而且可以将杂质转化为反应所需要的单烯烃，是最理想的方法。性能良好的催化剂对选择性加氢反应的高效进行至关重要，双金催化剂由于具有协同效应、几何效应、电子效应，相比单金属催化剂具有更好的性能，一些双金催化剂如 Pd－Ag 已经广泛应用于工业选择加氢过程中。但是其活性组分均为贵金属，导致催化剂成本偏高。为了降低成本，同时进一步调变双金属的催化剂的性能，其他的添加二元金属如 Ni、Co、Cu 仍是研究的热点。其中由于 Cu 本身具有一定的加氢活性，而且对烯烃的选择性很高，因此是较好的金属添加剂，用来修饰 Pd 基催化剂，既可以保持原有催化剂的活性，又可以大大提高其选择性。同时 Cu 金属的成本相对较低，因此 PdCu 催化剂是极具潜能的工业催化剂。

5.7.3　实验内容

PdCu 催化剂的制备方法常见的有浸渍法、共沉淀法、胶体法、离子交换法等。其中浸渍法是应用最广泛的方法，即将 Pd^{2+} 和 Cu^{2+} 的盐溶液作为前驱体浸渍到载体上，干燥煅烧，再经过焙烧分解浸渍组分，形成氧化物和一定的晶型。该方法工艺简单、合成量大。本实验将通过合成不同 Pd－Cu 比例的双金属催化剂来探究不同 Cu 添加量的 $PdCu/Al_2O_3$ 催化剂在选择性加氢反应中的性能，理解添加金属 Cu 对催化剂性质的影响。

实验内容具体如下。

（1）催化剂的制备。

（2）催化剂的表面性质表征，包括电镜分析（SEM 和 TEM）、程序升温吸附、CO 脉冲滴定（CO pulse titration）等。

（3）催化剂加氢性能的表征，包括催化剂在固定床反应器中的填充、固定床反应器的装载、反应气控制系统的操作、气相色谱的使用及数据分析。

5.7.4　实验要求

（1）通过查阅相关文献和精读本创新实验参考文献，撰写选定的双金属催化剂的制备方法研究现状、存在问题以及本创新实验主要研究内容。

（2）了解浸渍法或选用的其他方法制备双金属催化剂的过程，按照实验指导范例进行实验方案设计并完成实验内容。

（3）参考实验指导范例制定所选催化剂的表征方法及加氢性能分析方法。

（4）通过实验与结果讨论写出小论文形式的实验报告。

5.7.5　实验指导范例（参考此范例设计相应的实验方案和实验内容及结果讨论）

以 $PdCu/Al_2O_3$ 催化剂为例进行相关实验及研究方法设计。

1. $PdCu/Al_2O_3$ 催化剂的制备

共浸渍法合成不同比例（原子比）的钯铜催化剂，包括 Pd/Al_2O_3、1∶1 $PdCu/Al_2O_3$、1∶3 $PdCu/Al_2O_3$、1∶5 $PdCu/Al_2O_3$、1∶8 $PdCu/Al_2O_3$。其具体过程为：①确定不同比例的

催化剂合成量为3 g，固定 Pd 金属负载量为0.91 wt%，按化学计量比计算相应的金属盐 $Pd(NO_3)_2 \cdot 2H_2O$、$Cu(NO_3)_2 \cdot 3H_2O$、载体 Al_2O_3用量。②用筛子筛取足够的 80～100 目 Al_2O_3载体备用。③取2 g Al_2O_3放置在小烧杯中，用1 mL 量程移液枪，少量多次滴加去离子水并用玻璃棒搅拌，直到氧化铝吸水达到饱和，记录加入水的总量，计算 Al_2O_3吸水率 $\varepsilon = \frac{V_{H_2O}}{m_{Al_2O_3}}$。④在 10 mL 小烧杯中称取相应的金属盐 $Pd(NO_3)_3 \cdot 6H_2O$、$Cu(NO_3)_2 \cdot 3H_2O$ 加入相应体积的去离子水溶液（$V_{H_2O} = \varepsilon \cdot m_{Al_2O_3}$），搅拌超声配成溶液。⑤在 50 mL 小烧杯中称取相应质量氧化铝载体，并取少量④中配好的溶液，用滴管均匀滴加在载体中搅拌，重复多次，直至溶液全部滴加完，搅拌均匀后常温静置1 h，之后放置80 ℃烘箱过夜烘干。⑥将干燥后的样品倒入坩埚，在马弗炉中290 ℃下煅烧4 h，得到相应的催化剂粉末。

2. $PdCu/Al_2O_3$催化剂的表征

图5－34 为不同比例的 $PdCu/Al_2O_3$催化剂 SEM 图，结果表明，各催化剂均为分散结构，增大了 Pd、Cu 金属颗粒的附着面积，提高了催化剂的催化性能。图5－35 为不同 Cu 掺杂比例的 Pd/Al_2O_3催化剂的 TEM 图。由图5－35 可以看出，随着 Cu 负载量的增加，催化剂颗粒是减少的，说明了 Cu 对 Pd 基催化剂的分散作用。

图5－34　不同比例的 $PdCu/Al_2O_3$催化剂 SEM 图

(a) Pd/Al_2O_3；(b) 1∶1 $PdCu/Al_2O_3$；(c) 1∶3 $PdCu/Al_2O_3$；(d) 1∶5 $PdCu/Al_2O_3$；(e) 1∶8 $PdCu/Al_2O_3$；(f) Cu/Al_2O_3

3. 催化剂的选择性加氢性能研究

研究催化剂选择加氢性能时要注意催化剂装填与固定床反应器的装载过程。首先，将催化剂（0.05 g）与细石英砂按照质量比1∶9 混合，装填到固定床反应中段。其次，将装填好的固定床反应器装载到反应装置上，反应装置连接反应气及气相色谱。固体床反应器示意图如图5－36 所示。

反应气操作控制系统实物图如图5－37 所示，连接反应气（H_2，5%1，3－丁二烯/N_2），将氢气流量控制为7.5 mL/min，丁二烯流量控制为75 mL/min。反应温度区间20～100 ℃，每10 ℃取一个反应温度，每个反应温度保持90 min。将气相色谱与计算机连接，打开 He 气（载气），开启 GC，在反应开始后对反应尾气进行在线检测。

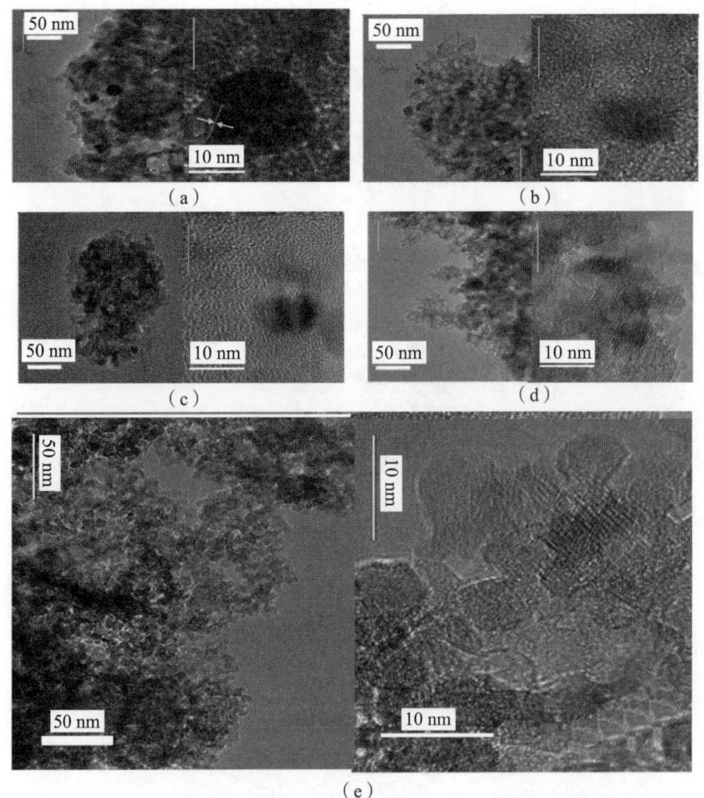

图 5－35　不同 Cu 掺杂比例的 Pd/Al_2O_3 催化剂的 TEM 图

(a) Pd/Al_2O_3；(b) 1∶1 $PdCu/Al_2O_3$；(c) 1∶3 $PdCu/Al_2O_3$；
(d) 1∶5 $PdCu/Al_2O_3$；(e) 1∶8 $PdCu/Al_2O_3$

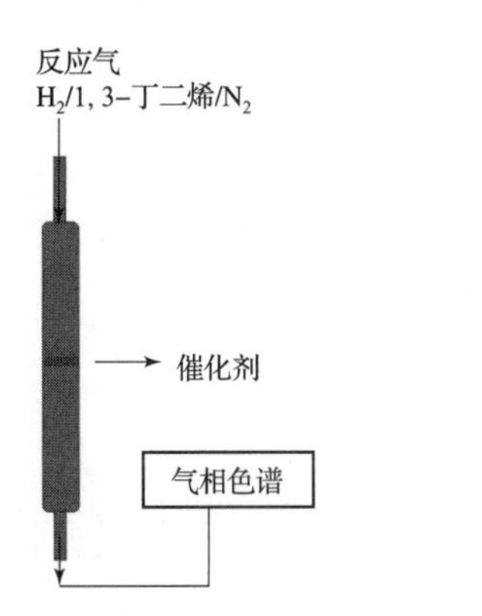

图 5－36　固定床反应器示意图

图 5－37　反应气操作控制系统实物图

4. 结果讨论与分析

图 5－38 为不同比例的 $PdCu/Al_2O_3$ 在 1，3－丁二烯选择性加氢反应中的转化率，图中在低温区，各个催化剂就对反应有活性，表明催化剂催化性能较好。其中 1∶1 和 1∶3 $PdCu/Al_2O_3$ 具有更高的转化率，说明 Cu 的添加形成钯铜合金，可以提高催化剂的反应活性。图 5－39 为不同比例的 $PdCu/Al_2O_3$ 对 1－丁烯的选择性，钯铜双金属催化剂都表现出

比单金属钯催化剂更好的活性，其中 1∶3 PdCu 具有最高选择性。结果表明，Cu 的添加不仅可以提高 Pd 基催化剂的加氢活性，并且可以有效提高烯烃的选择性，是一种具有应用前景的选择性加氢催化剂。

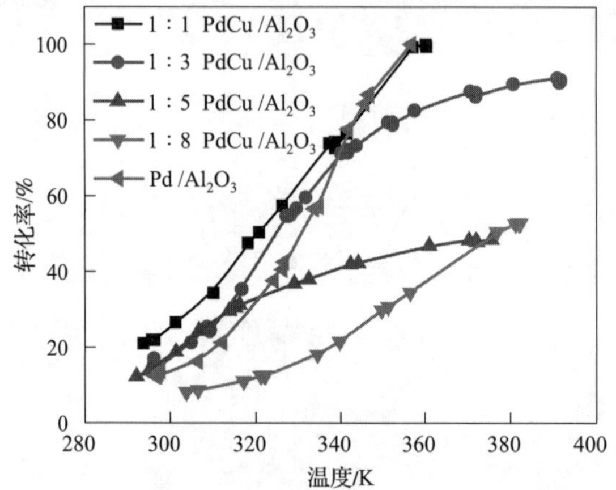

图 5-38　不同比例的 PdCu/Al_2O_3 在 1，3-丁二烯选择性加氢反应中的转化率

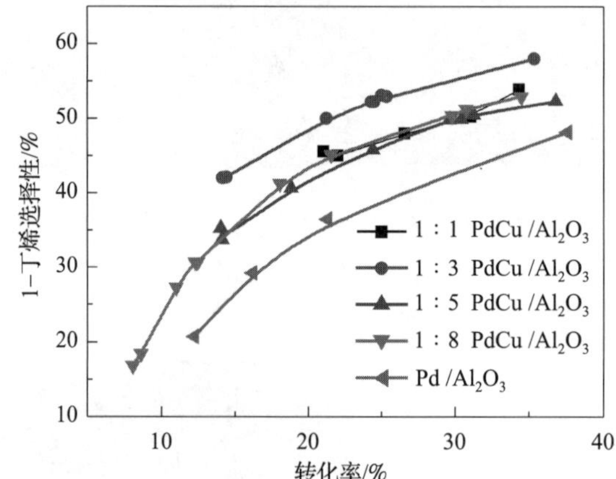

图 5-39　不同比例的 PdCu/Al_2O_3 对 1-丁烯的选择性

参考文献

［1］戴伟，朱警，万文举，等. C_2 馏份选择加氢工艺和催化剂研究进展［J］. 石油化工，2000，29（7）：535-540.

［2］王祎洋，廖亚龙，黄斐荣，等. Pd-Ni 双金属催化剂的研究进展［J］. 材料导报，2016，30（11）：103-109.

［3］KANG M，SONG M W，KIM T W，et al. γ-alumina supported Cu-Ni bimetallic catalysts：characterization and selective hydrogenation of 1，3-butadiene［J］. Canadian journal of chemical engineering，2002，80（1）：63-70.

［4］RODRÍGUEZ J C，MARCHI A J，BORGNA A，et al. Gas phase selective hydrogenation of acetylene. Importance of the formation of Ni-Co and Ni-Cu bimetallic clusters on the selectivity and coke deposition [J]. Studies in surface science & catalysis, 2001, 139 (3): 37-44.

[5] LIN W C, TSAI C J, WANG B Y, et al. Hydrogenation induced reversible modulation of perpendicular magnetic coercivity in Pd/Co/Pd films [J]. Applied physics letters, 2013, 102 (25): 160-168.

5.8　实验三十八　清洁燃料二甲醚合成用分子筛制备及其性能研究

5.8.1　实验目的

（1）了解二甲醚的应用现状和分子筛作为催化剂的研究现状。

（2）学习分子筛催化剂的表征方法及结果分析。

（3）掌握分子筛催化剂性能评价方法。

5.8.2　实验背景

微孔沸石分子筛是现代石油化工中重要的择形催化剂，但是其孔径较小，容易积碳失活，缩短使用寿命并降低选择性，同时在大分子催化反应领域的应用受到限制。微孔-介孔复合分子筛除具有微孔沸石分子筛强酸性、高水热稳定性外，还结合了介孔分子筛高比表面积、孔径较大且可调变的优势，从而很好地解决了孔道内的传质问题，不仅改善了微孔沸石的寿命和选择性问题，还使得重油重整裂解等大分子催化成为可能，大大拓展了其催化应用范围。作为一种重要的固体酸催化剂，这种复合分子筛在石油化工和精细化工等诸多领域有着广阔的工业应用前景。

随着石油资源的日益枯竭与生态环境的日益恶化，开发环境友好的绿色替代能源已迫在眉睫。二甲醚（DME）作为一种新型的清洁燃料和化工原料已受到了广泛的重视，其最大的潜在用途是作为城市煤气和液化石油气的代用品，更具战略意义的是补充替代柴油作为汽车燃料，二甲醚的合成具有重大的能源战略意义。

5.8.3　实验内容

通过阅读现有文献了解微孔-介孔复合分子筛的研究现状和主要材料的优缺点，选择较为新型且已知结果相对较少的材料类型进行材料制备和研究，如通过沸石硅铝源法与纳米组装法相结合的途径，经两步水热晶化制备出 HZSM-5/MCM-41 微孔-介孔复合分子筛。将制备的微孔-介孔复合分子筛应用于催化二甲醚的合成反应，改善硅铝比考察分子筛的催化性能、酸性能及其使用过程中的稳定性能。

实验内容具体如下。

（1）微孔-介孔复合分子筛的制备。

（2）微孔-介孔复合分子筛的结构表征，包括 X 射线衍射分析、电镜分析、能谱分析、氨气程序升温脱附（NH_3-TPD）等。

（3）催化剂活性评价。

5.8.4 实验要求

（1）通过查阅相关文献和精读本创新实验参考文献，撰写分子筛的制备方法研究现状、存在问题以及本创新实验主要研究内容。

（2）掌握微孔－介孔复合分子筛的制备和表征方法及活性评价方法。

（3）通过实验与结果讨论写出小论文形式的实验报告。

5.8.5 实验指导范例（参考此范例设计相应的实验方案和实验内容及结果讨论）

1. HZSM－5/MCM－41 微孔－介孔复合分子筛的相关实验及研究方法设计

HZSM－5/MCM－41 微孔－介孔复合分子筛的制备流程如图 5－40 所示。将 4 g HZSM－5（$SiO_2/Al_2O_3=38$）粉末与 20 mL 1.5 mol/L 的 NaOH 水溶液混合，于 40 ℃水浴处理 60 min 得到碱处理浆液 A。将 5.5 g 模板剂 CTAB 溶解于 50 mL 蒸馏水中，完全溶解得澄清溶液，以恒压滴液漏斗逐滴加入 A 中，并在 40 ℃继续搅拌 1 h 得 C。将 C 转移至聚四氟乙烯为内衬的不锈钢反应釜中，在 110 ℃下进行第一次晶化，晶化时间为 24 h。将反应釜取出淬冷，待晶化液完全冷却，用 2.0 mol/L 的盐酸溶液调节其 pH 到 8.5，搅拌 30 min，补加蒸馏

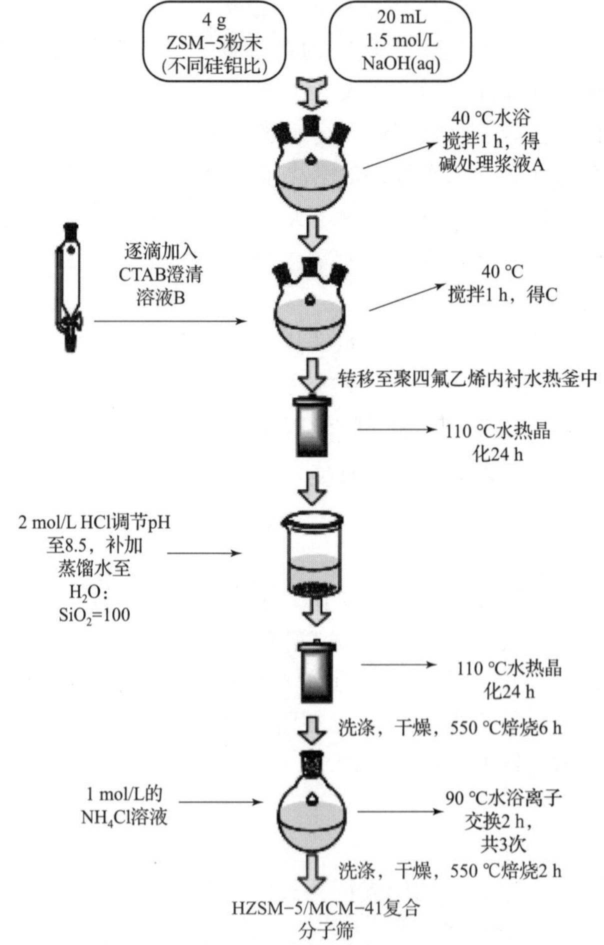

图 5－40 HZSM－5/MCM－41 微孔－介孔复合分子筛的制备流程

水至 H_2O/SiO_2（mol/mol）=100，再次将该晶化液转移到聚四氟乙烯内衬的反应釜中，110 ℃下二次晶化，晶化时间 24 h。得到的固体产物经离心、洗涤、干燥，于 550 ℃空气气氛中焙烧 6 h 脱除模板剂（一次焙烧），即得 Na-ZSM-5/MCM-41 复合分子筛。将得到的 Na 型复合分子筛以 1.0 mol/L NH_4Cl 溶液于 90 ℃水浴中进行离子交换（密闭，搅拌），每次 2 h，共 3 次。离心洗涤，最后用 $AgNO_3$溶液检验滤液中的氯离子。鼓风干燥，于 550 ℃空气气氛中焙烧 2 h（二次焙烧），即得到 HZSM-5/MCM-41 复合分子筛。

2. HZSM-5/MCM-41 复合分子筛表征

采用 XRD 表征不同硅铝比 HZSM-5/MCM-41 的晶相结构，SEM 观察分子筛的微观形貌，EDS 分析判断其实测硅铝比，NH_3-TPD 判断其酸性能。

图 5-41 为不同 SiO_2/Al_2O_3的 HZSM-5/MCM-41 的 XRD 图，结果表明，随着硅铝比的提高，复合材料中的介孔相含量越来越高，介孔相的长程有序度也越来越高。

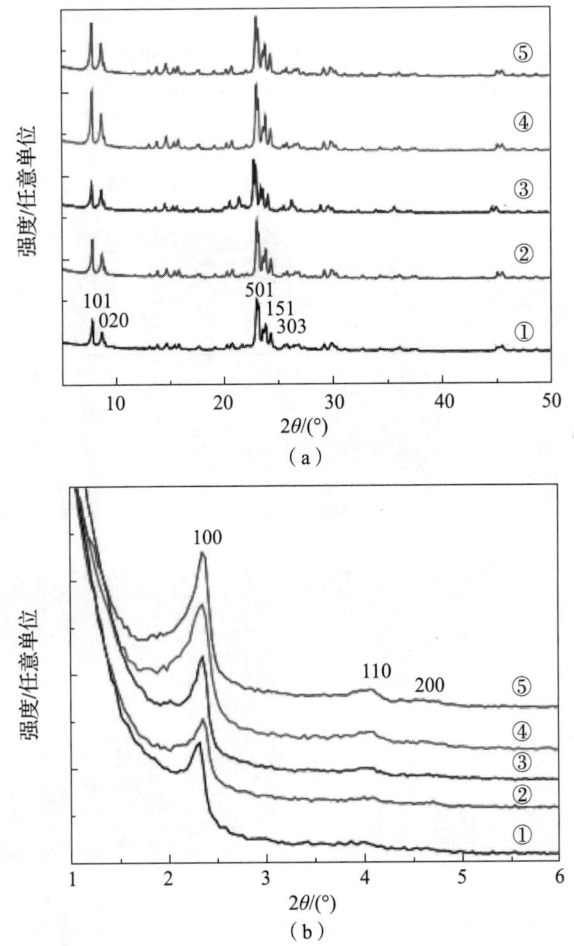

图 5-41 不同 SiO_2/Al_2O_3的 HZSM-5/MCM-41 的 XRD 图（见彩插）

（a）$2\theta=5°\sim50°$；（b）$2\theta=1°\sim6°$

注：SiO_2/Al_2O_3 为：①25；②38；③50；④100；⑤150。

表 5-2 给出的是 HZSM-5/MCM-41 的 EDS 实测硅铝比。与原料 HZSM-5 相比，低硅铝比 HZSM-5/MCM-41（SiO_2/Al_2O_3 =25，38，50）的硅铝比基本没有变化，说明溶解

下来的硅铝元素有效地组装了回去。高硅铝比样品硅铝比有一定程度的下降，因为碱处理沸石选择性脱除硅元素，随着骨架硅的脱除，铝元素也掉了下来，但在碱性条件下组装介孔相时铝元素优先沉积回来，最终结果还是一部分硅流失，故硅铝比略有降低。

表 5－2　不同 SiO_2/Al_2O_3 的 HZSM－5/MCM－41 的 EDS 元素分析

SiO_2/Al_2O_3	HZSM－5	HZSM－5/MCM－41
25	28.817	25.593
38	38.785	37.504
50	54.679	52.054
100	73.945	67.563
150	123.490	111.903

图 5－42 为不同 SiO_2/Al_2O_3 的 HZSM－5/MCM－41 的 SEM 图，从图中可以看出 HZSM－5/MCM－41 部分保留了 ZSM－5 的晶粒形状，晶粒间连接生长着无定形状的介孔相。与原料相比，沸石颗粒发生解体，尺寸变小，受到溶解破坏，表面变得粗糙，出现狭缝、塌陷；随硅铝比的增加，沸石被溶解和破坏的程度增大，无定形物质即介孔相的比例增大。

图 5－42　不同 SiO_2/Al_2O_3 的 HZSM－5/MCM－41 的 SEM 图

(a) 25；(b) 38；(c) 50；(d) 100；(e) 150

图 5－43 为不同 SiO_2/Al_2O_3 的 HZSM－5/MCM－41 的 NH_3－TPD 图，可以看出随着 SiO_2/Al_2O_3 在 25～150 范围内增加，HZSM－5/MCM－41 总酸量逐渐降低，酸强度先升高后降低，HZSM－5/MCM－41（SiO_2/Al_2O_3 = 38）酸强度最高。

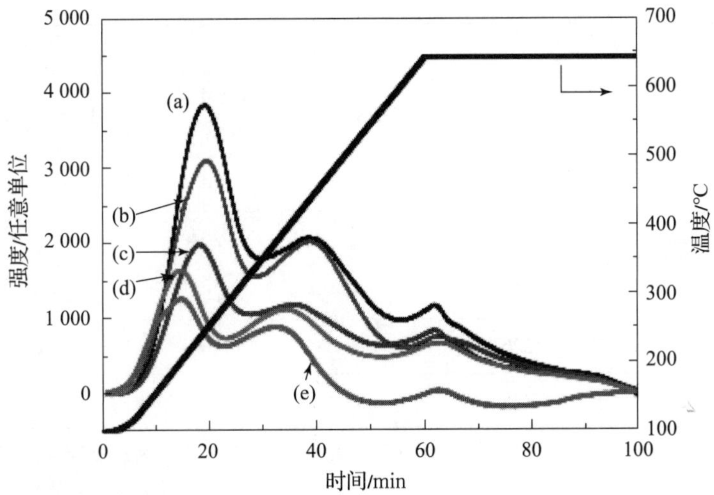

图 5-43　不同 SiO_2/Al_2O_3 的 HZSM-5/MCM-41 的 NH_3-TPD 图

(a) 25；(b) 38；(c) 50；(d) 100；(e) 150

3. 催化活性评价

图 5-44 为不同 SiO_2/Al_2O_3 的 HZSM-5/MCM-41 的 MTD 催化活性，相关参数列于表 5-3。从图 5-44 中可以看出，HZSM-5/MCM-41 保持了 HZSM-5 对于 MTD 反应的低温高活性。不同硅铝比的样品随温度变化趋势相同，受反应热力学控制，均表现出在低温段转化率随温度升高迅速升高，220 ℃时达到最高转化率 89.5% 左右，接近平衡转化率，温度继续升高，转化率呈现逐渐下降的趋势。表 5-3 为不同 SiO_2/Al_2O_3 的 HZSM-5/MCM-41 的 MTD 催化活性参数。

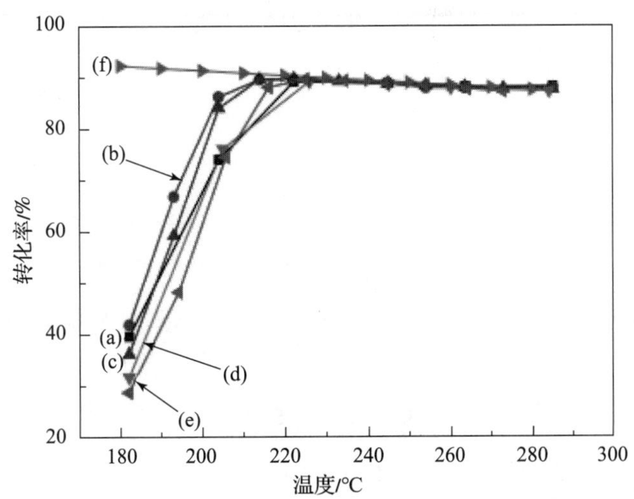

图 5-44　不同 SiO_2/Al_2O_3 的 HZSM-5/MCM-41 的 MTD 催化活性

(a) 25；(b) 38；(c) 50；(d) 100；(e) 150；(f) 平衡转化率

表 5-3 不同 SiO_2/Al_2O_3 的 HZSM-5/MCM-41 的 MTD 催化活性参数

SiO_2/Al_2O_3	T_1/℃		T_2/℃		X_{max}/%	
	HZSM-5	HZSM-5/MCM-41	HZSM-5	HZSM-5/MCM-41	HZSM-5	HZSM-5/MCM-41
25	203	222	222	245	90.3	89.1
38	205	222	222	254	90.6	89.6
50	215	222	224	254	89.8	89.6
100	—	226	—	260	—	89.1
150	244	225	264	273	87.9	88.9

注：T_1 为达到最高转化率时的温度；T_2 为副产物出现时的温度；X_{max} 为最高转化率。

图 5-45 为 $SiO_2/Al_2O_3=38$ 的 HZSM-5/MCM-41 的寿命评价。可以看出，连续运行 500 h 后 HZSM-5/MCM-41 催化剂上甲醇的转率仍保持在 88.7% 左右，下降不到 1%，二甲醚选择性保持在 100%。而在 220 ℃下，HZSM-5 上已产生烃类副产物，DME 选择性开始下降，发生积碳，逐渐失活。对比看出，HZSM-5/MCM-41 显示了优越的抗积碳能力和稳定性，介孔的引入大大提高了催化剂的选择性和延长了寿命。催化剂寿命在催化反应过程中具有极其重要地位，寿命评价结果表明，HZSM-5/MCM-41 复合分子筛在 MTD 过程中更具有经济性及工业可行性。

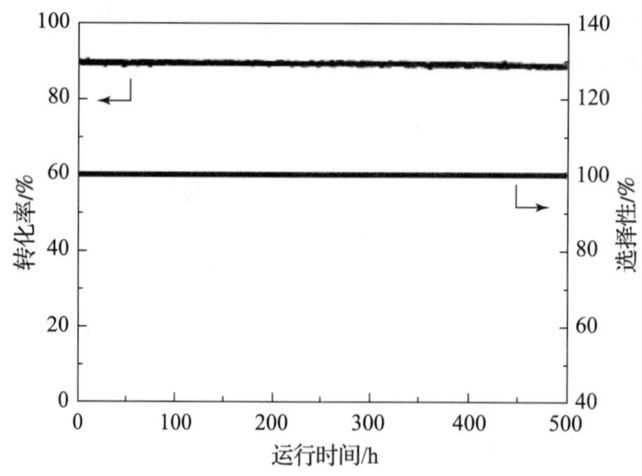

图 5-45 $SiO_2/Al_2O_3=38$ 的 HZSM-5/MCM-41 的寿命评价

参考文献

[1] GROEN J C, SANO T, MOULIJN J A, et al. Alkaline - mediated mesoporous mordenite zeolites foracid - catalyzed conversions [J]. Journal of catalysis, 2007, 251 (1): 21-27.

[2] WU W, LI L F, WU G, et al. Preparation characterization and catalytic performance of mesoporous ZSM-12 zeolite [J]. Chinese journal of catalysis, 2009, 30 (6): 531-536.

[3] TAO J L, JUN K W, LEE K W. Co – production of dimethyl ether and methanol from CO_2 hydrogenation: development of a stable hybrid catalyst [J]. Applied organometallic chemistry, 2001, 15 (2): 105 – 108.
[4] JUN K W, LEE H S, ROH H S, et al. Highly water – enhanced H – ZSM – 5 catalysts for dehydration of methanol to dimethyl ether [J]. Bulletin of the Korean Chemical Society, 2003, 24 (1): 106 – 108.
[5] ROH H S, JUN K W, KIM J W, et al. Superior dehydration of CH_3OH over double layer bed of solid acid catalysts—a novel approach for dimethyl ether (DME) synthesis [J]. Chemistry letters, 2004, 33 (5): 598 – 599.

5.9 实验三十九 离子液体催化剂催化制备柴油添加剂聚甲氧基甲缩醛的研究

5.9.1 实验目的

(1) 了解离子液体的研究现状和合成路径。
(2) 学习离子液体的合成方法及表征分析。
(3) 掌握使用离子液体合成柴油添加剂聚甲氧基甲缩醛测试催化性能的方法。

5.9.2 实验背景

近年来，随着煤化工的快速发展和合成甲醇技术的成熟，甲醇生产成本大幅下降，甲醇产量呈高速增长的局面，市场供大于求，推动开发甲醇下游产品并向高附加值方向发展，对于煤化工的健康发展具有深远意义。离子液体作为催化剂及某些催化剂的“液态载体”在催化反应中发挥了独特的作用，正受到世界各国催化界与石化企业界的关注。其中酸性功能化离子液体作为一种新型的环境友好液体催化剂，由于含有一个功能化的酸性基团，可同时拥有液体酸催化剂的高密度反应活性位和固体酸催化剂的不挥发性，而且其结构和酸性还可以调变，因此酸性功能化离子液体催化剂在催化反应体系中具有催化活性高、环境友好、选择性高、易与产物分离、可循环利用等优点。

5.9.3 实验内容

通过阅读现有文献了解离子液体的研究现状和与其他催化剂相比的优缺点。文献表明离子液体用于催化缩醛反应发展迅速，并且已经取得了较大的进展。本实验主要是将离子液体应用于酸催化反应——甲缩醛和三聚甲醛反应制备柴油添加剂聚甲氧基甲缩醛。这种体系既保留了两相体系中催化剂易于分离回收的优点，又兼具均相反应催化活性高和选择性好的特点，有效解决了一般催化剂在两相催化体系中的传质问题和均相催化体系中的催化剂难回收问题，进一步提高普通酸性催化剂的催化活性。因此，制备结构稳定且具有良好的催化效果的离子液体是实验的关键。

实验内容具体如下。

（1）酸性功能化离子液体的合成。

（2）离子液体的表征。采用FTIR、^{1}H NMR、^{13}C NMR、ESI－MS等现代测试手段，对合成的离子液体进行结构表征。

（3）酸性功能化离子液体催化缩醛反应合成聚甲氧基甲缩醛的催化性能研究。以甲缩醛和三聚甲醛为原料，采用气相色谱法检测产物选择性及反应物转化率。探索催化性能最好的酸性功能化离子液体催化剂。

5.9.4 实验要求

（1）通过查阅相关文献和精读本创新实验参考文献，撰写选定的离子液体的制备方法和合成柴油添加剂聚甲氧基甲缩醛的研究现状、存在问题以及本创新实验主要研究内容。

（2）了解酸性功能化离子液体的合成的过程，按照实验指导范例进行设计实验方案并完成实验内容。

（3）参考实验指导范例对制备出的离子液体进行表征。

（4）测试酸性功能化离子液体在以三聚甲醛和甲缩醛为原料合成聚甲氧基甲缩醛中的催化性能。

（5）通过实验与结果讨论写出小论文形式的实验报告。

5.9.5 实验指导范例（参考此范例设计相应的实验方案和实验内容及结果讨论）

以磺酸功能化离子液体为例进行相关实验及研究方法设计。

1. 丙基磺酸内鎓盐的合成与提纯

称取48.87 g（0.40 mol）1，3－丙烷磺内酯加入三口瓶（250 mL）中，再加入40 mL甲醇使其溶解，在冰水浴中，磁力搅拌下分别缓慢滴加等物质量32.80 g N－甲基咪唑（或31.64 g吡啶、40.48 g三乙胺），滴加完毕后缓慢升至室温继续搅拌反应2 d。反应结束后离心分离，用无水乙醚离心洗涤3次。80 ℃鼓风干燥1 d，之后再80 ℃真空干燥1 d，所得的白色粉末状固体即为MIM－PS、PY－BS、TEA－PS，此固体易溶于水，不溶于甲苯、丙酮等有机溶剂，且极易吸湿，产品收率分别为93.42%、94.53%、93.55%。

2. [PY－BS][HSO_4^-] 的合成与纯化

称取25.83 g（0.12 mol）PY－BS加入三口瓶（100 mL）中，在无溶剂条件下，室温下缓慢滴加相同物质的量的浓硫酸11.76 g，滴加完毕后将温度升至60 ℃反应半天，随后将温度升至90 ℃反应1 d，体系没有完全变透明液体，再将温度升至110 ℃反应半天，发现反应体系已变成透明状，在110 ℃下继续搅拌反应1 d，得到淡黄色黏稠状透明液体。采用60 mL甲苯充分洗涤该黏稠液体，倒掉上清液除去未反应的硫酸，随后向淡黄色黏稠液体中加入60 mL的无水乙醚，洗涤除去甲苯，100 ℃鼓风干燥1 d，再于80 ℃真空干燥1 d，得到淡黄色黏稠状透明液体即为目标离子液体。

3. 离子液体结构表征

（1）红外分析离子液体的基团和原子结构，质谱法能准确地测定有机物的分子量，提供分子式和其他结构信息，使用热重研究磺酸功能化离子液体的热稳定性。图 5－46 为离子液体的 FTIR 谱图。红外谱图中出现了 1 216 cm^{-1}、1 174 cm^{-1}的吸收峰，此为 O＝S＝O 的伸缩振动吸收峰，1 050 cm^{-1}处出现的吸收峰是 C－S－O 的伸缩振动吸收峰，这些均说明有磺酸基团的生成。并且 596 cm^{-1}处的吸收峰为 HSO_4^- 的特征峰，进一步说明了含有特征官能团的目标离子液体生成。

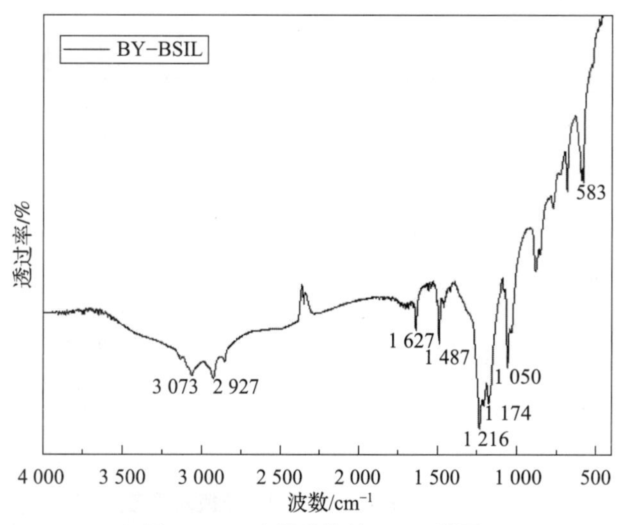

图 5－46　离子液体的 FTIR 谱图

图 5－47 为离子液体的阳离子模式质谱图，质荷比为 216.05、431.13 的质谱峰分别为图中离子液体阳离子的离子峰及其发生二聚产生的离子峰，其他峰为它们的碎片离子峰；从质谱图可知，质荷比为 96.86、194.89、292.79 的质谱峰分别为离子液体阴离子 HSO_4^{-1}离子峰及其发生二聚、三聚产生的离子峰，质荷比为 311.96 的质谱峰分析认为是整个离子液体分离出 H^+产生的阴离子形式质谱离子峰，离子液体不仅以阴阳离子结构形式存在，而且存在 H^+和整个离子液体减去 H^+两种存在模式，所以离子液体事实上是有四种离子存在形式。图 5－48 为离子液体的热失重曲线，由图可知离子液体的热失重温度（分解温度）为 319 ℃。由此可见，磺酸功能化离子液体有较高的热稳定性和较宽的液体范围，液态范围可达 300 ℃以上。

（2）酸性能分析。为了测定离子液体的酸强度，将对硝基苯胺和不同浓度的离子液体配成溶液并测定其吸光度，测试结果如图 5－49 所示，具体数值见表 5－4。

从图 5－49 可以看出，随着离子液体浓度的增加，指示剂在 380 nm 处的吸光度减小，这是由于随着离子液体浓度的增加，和离子液体发生相互作用的指示剂逐渐增多，吸光度逐渐下降。谱图所示可以作为指示剂未被质子化的浓度总量的基准值，通过比较指示剂和离子液体反应前后吸收峰的面积变化来计算哈密特函数 H_0（表 5－4），可以看出，随着离子液体浓度的增加，H_0逐渐下降，也就是说，随着离子液体浓度的增加，其酸强度是逐渐上升的。由于上述离子液体属于具有 B 酸性的质子酸，质子的酸性主要受其溶剂化作用影响，质子的溶剂化能力越弱，它的化学活性越高。

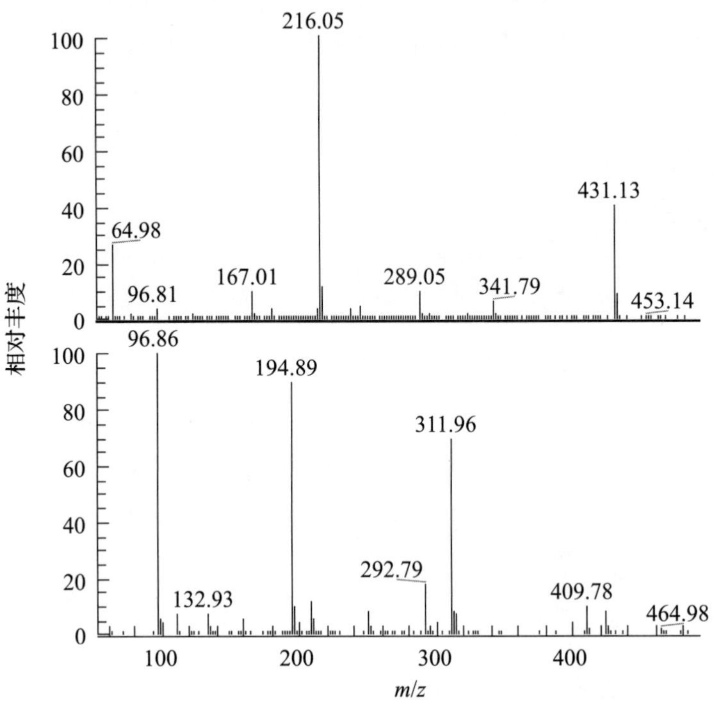

图 5-47　离子液体的阳离子模式质谱图

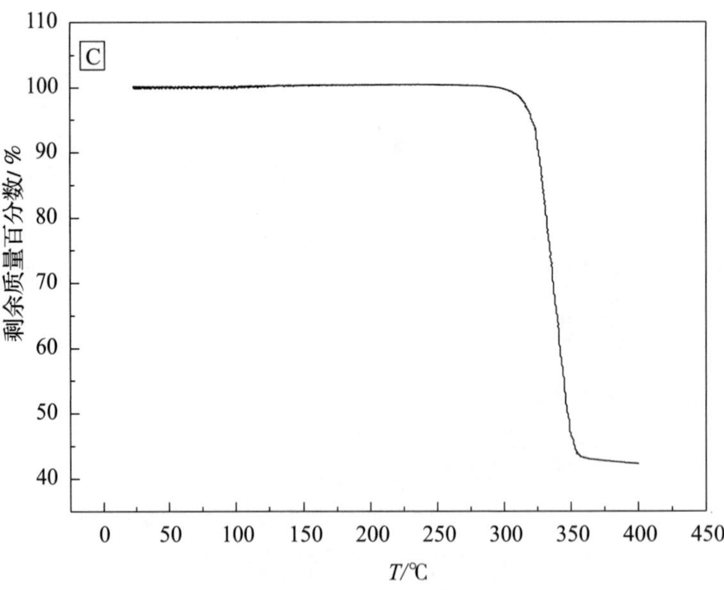

图 5-48　离子液体的热失重曲线

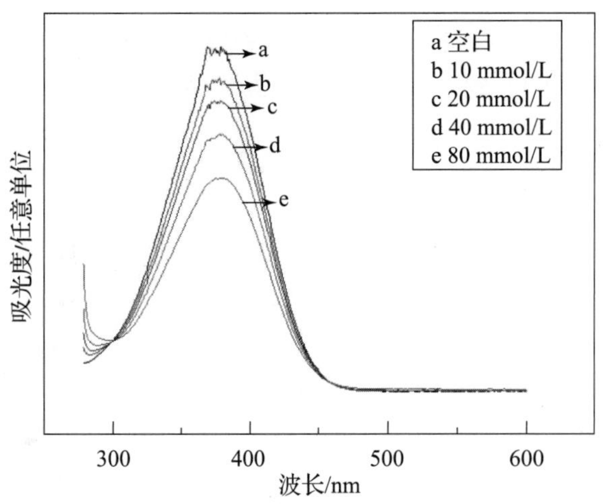

图 5－49　对硝基苯胺在不同浓度离子液体中吸光度（见彩插）

表 5－4　不同浓度的离子液体在水溶液中的 Hammett 函数的计算与比较

$[H^+]/(mmol \cdot L^{-1})$	A_{max}/任意单位	[I]/%	$[IH^+]$/%	H_0
0	2. 052 3	100	0	
10	1. 862 5	90. 751 8	9. 248 2	1. 981 8
20	1. 730 1	84. 300 5	15. 699 5	1. 719 9
40	1. 533 5	74. 721 0	25. 279 0	1. 460 7
80	1. 267 8	61. 774 6	38. 225 4	1. 198 5

4. 磺酸功能化离子液体的催化性能研究

以甲缩醛和三聚甲醛作为反应物在酸催化作用下进行缩醛反应来合成聚甲氧基甲缩醛，反应机理如图 5－50 所示。三聚甲醛在酸催化作用下解聚生成甲醛，甲醛与甲缩醛及低聚产物进行缩醛反应生成不同聚合度的聚甲氧基甲缩醛，采用前面制备好的磺酸功能化的离子液体作为催化剂。

$$(\text{三聚甲醛}) \xrightleftharpoons{H^+} 3\,CH_2{=}O$$

$$CH_3O(CH_2O)CH_3 + CH_2{=}O \xrightleftharpoons{H^+} CH_3O(CH_2O)_2CH_3$$

$$CH_3O(CH_2O)_nCH_3 + CH_2{=}O \xrightleftharpoons{H^+} CH_3O(CH_2O)_{n+1}CH_3$$

图 5－50　反应机理

取一定量甲缩醛、三聚甲醛、离子液体放入水热釜中，设置温度、转速 1.2 r/s，之后在该温度下反应若干小时。反应结束取出水热釜，在冰水浴中冷却半个小时，用滴管吸出上清液产物，取 0.5 g 液体产物与 0.5 g 甲醇配成混合液，使用 0.5 μL 微量进样器移取上述配好的混合溶液 0.2 μL，手动进样进行分析；离子液体催化剂沉在水热釜底部，用甲醇溶解出待回收再利用。将产物进行气相色谱分析，产物气相色谱图如图 5－51 所示。

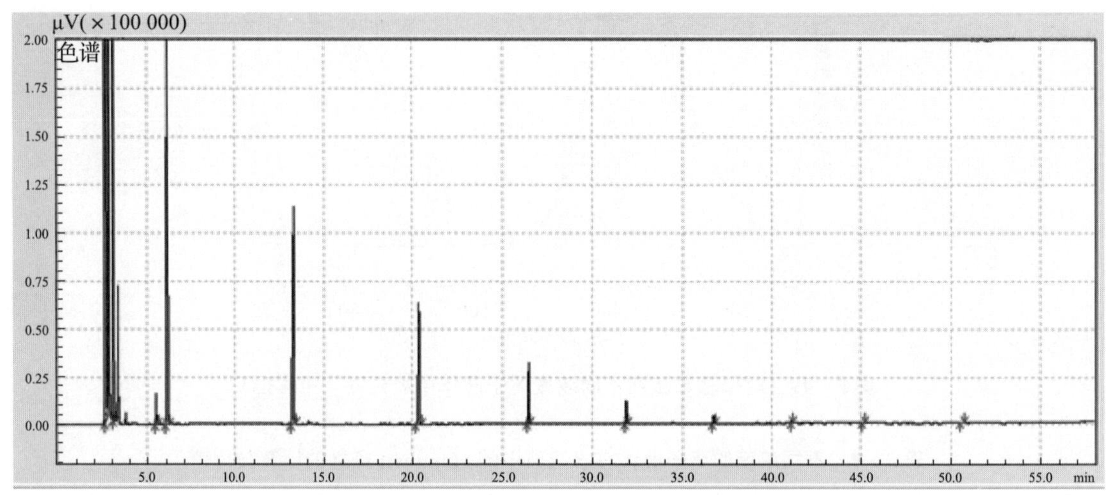

图 5－51　经气相色谱分析得到产物气相色谱图

产物混合物的出峰顺序为：甲醇、未完全反应的反应物甲缩醛、三聚甲醛，接着是产物 $PODE_n$，其中 $n=2$、$n=3$、$n=4$、$n=5$、$n=6$、$n=7$、$n=8$、$n=9$、$n=10$，可以看出随着沸点的升高、聚合度的增大，保留时间也增大。在反应温度 170 ℃、甲缩醛：三聚甲醛：离子液体摩尔比＝180：60：1、反应时间 10 h 的条件下，制备得目标产物 $PODE_n$（$n=3\sim8$）选择性可达 70.90%。

5. 结果讨论与分析

（1）通过改变离子液体阳离子含氮官能团和碳链长度，制备了对水稳定性好的磺酸类 Brønsted 酸离子液体，制备的离子液体纯度很高。

（2）运用 IR、ESI 表征技术对制备的离子液体进行了表征，发现制备的离子液体与预期设计的结构一致。利用 TG 对 6 种离子液体的热稳定性进行研究，发现离子液体的分解温度高于 300 ℃，具有高的热稳定性和较宽的液态范围。采用 UV－Vis 和 Hammett 酸性函数来表征离子液体的酸性，离子液体 H^+ 浓度越大，酸性越强。

（3）气相色谱分离后产物混合物可以很好地分开，各个产物出峰时间相隔 5 min 左右，制备得目标产物 $PODE_n$（$n=3\sim8$）选择性可达 70.90%，离子液体催化性能优异。

参 考 文 献

[1] WILLIAN F, RICHARD E. Preparation of polyformals: US2449469 [P]. 1948.

[2] STROEFER E, SCHELLING H, HASSE H, et al. Method for the production of polyoxymethylene dialkyl ethers from trioxan and dialkyl ethers: EP1902009 [P]. 2008.

[3] WU H H, YANG F, CUI P, et a1. An efficient procedure for protection of carbonyls in Brønsted acidic ionic liquid [Hmim] BF_4 [J]. Tetrahedron letters, 2004, (45): 4963 -4965.

[4] LI D M, SHI F, PENG J J, et a1. Application of functional ionic liquids possessing two adjacent acid sites for acetalization of aldehydes [J]. Journal of organical chemical, 2004 (69): 3582 -3585.

5.10 实验四十 高能量密度烃类燃料 JP -10 的制备、表征及工艺优化

5.10.1 实验目的

(1) 了解连续流鼓泡反应器、单釜连续流反应器的结构及流程特点。

(2) 学习连续反应流程的检测、控制方法。

(3) 掌握烯烃加氢、Lewis 酸催化烃类异构化的基本原理。

(4) 掌握采用红外、核磁、质谱、元素分析等手段对有机化合物进行结构解析的基本方法。

5.10.2 实验背景

挂式四氢双环戊二烯(exo - THDCPD)是目前使用性能最好、应用最广的吸热型单质燃料，其美军代号为：JP - 10。挂式四氢双环戊二烯，密度为 0.934 g/cm^3，净燃烧热为 39.6 MJ/L，具有低冰点（ -79 ℃）、低闪点（55 ℃）等优点，是一种性能优良的高密度液体烃燃料和高黏度燃料稀释剂，现已经广泛应用于高性能巡航导弹、超声速飞机和火箭的推进剂等。

JP - 10 传统制备采用釜式、间歇的两步法，由双环戊二烯（DCPD）为原料，经催化加氢、催化异构化两步反应合成，如图 5 - 52 所示，即二聚环戊二烯催化加氢得桥式四氢双环戊二烯（endo - THDCPD），endo - THDCPD 经催化异构得到 exo - THDCPD。该方法具有技术成熟、设备简单、生产工艺稳定等优点，但也存在生产能力低、过程自动化程度低、中间体需要分离提纯、催化剂损耗大、生产经济性差等问题。

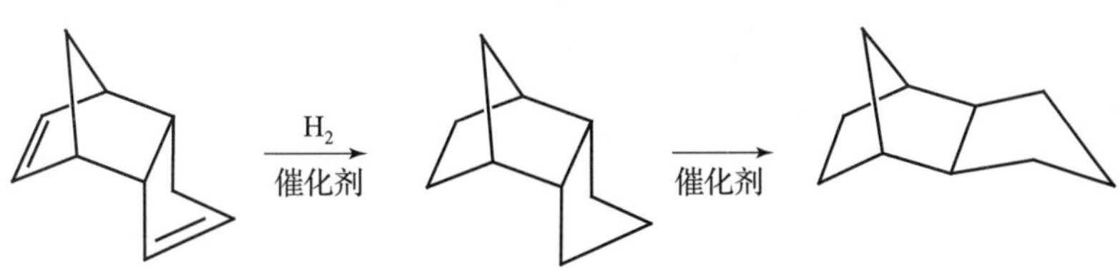

图 5 -52 挂式四氢双环戊二烯的合成步骤

5.10.3 实验内容

本试验采用液相连续方法制备挂式四氢双环戊二烯，研究加氢温度、氢气流量、钯碳用量、双环戊二烯流量、异构温度、异构催化剂用量工艺参数对生产过程的影响。

实验内容具体如下。

（1）挂式四氢双环戊二烯的合成。

（2）挂式四氢双环戊二烯及中间体的表征。采用 FTIR、^{1}H NMR、^{13}C NMR 等方法，对合成的四氢双环戊二烯及过程中间体进行结构表征。

（3）采用气相色谱分析测定原料转化、产物生成及副产物种类、含量等数据，优化加氢温度、氢气流量、钯碳用量、双环戊二烯流量、异构温度、异构催化剂用量等工艺参数。

5.10.4 实验要求

（1）通过查阅相关文献和精读本创新实验参考文献，撰写 JP－10 制备方法研究现状、存在问题以及本创新实验主要研究内容。

（2）掌握 JP－10 液相法连续合成过程，按照参考实验指导范例设计实验方案并完成实验内容。

（3）掌握气相色谱对液相法 JP－10 制备的评价方法及其组分分析方法。

（4）通过红外、核磁、质谱、元素分析等手段对生产过程的中间体、产物的结构进行表征，并给出分析结果。

（5）通过实验与结果讨论写出小论文形式的实验报告。

5.10.5 实验指导范例（参考此范例设计相应的实验方案和实验内容及结果讨论）

以选定参数的合成挂式四氢双环戊二烯为例进行相关实验及研究方法设计。

1. 挂式四氢双环戊二烯合成

挂式四氢双环戊二烯合成所需主要实验原料、产物的物性如表 5－5 所示，液相连续方法制备挂式四氢双环戊二烯实验装置及流程如图 5－53 所示。

表 5－5 挂式四氢双环戊二烯合成所需主要实验原料、产物的物性

化合物	分子量	熔点/℃	沸点/℃	相对密度	折光率
双环戊二烯	132.20	31.5	170	0.979	1.506 1
椅式四氢双环戊二烯	134.23	79	192	0.976	
挂式四氢双环戊二烯	134.23	－79	185	0.934	

（1）鼓泡式反应器 28 中加入 1.25 mol/L 的二聚环戊二烯溶液，加氢催化剂 Pd/C 1.0 g，常压，温度 30 ℃，经氮气置换后，通入氢气流速 60 mL/min，反应 4 h，气相色谱分析组成，二聚环戊二烯转化率达到 100%，桥式四氢双环戊二烯产率达 99.5%。

（2）连续流釜式反应器 29 中加入上述等浓度的桥式四氢双环戊二烯溶液，$AlCl_3$ 2.0 g，温度 70 ℃，反应 4 h，经气相色谱分析组成，桥式四氢双环戊二烯转化率达 100%，挂式四氢双环戊二烯产率达 98%。

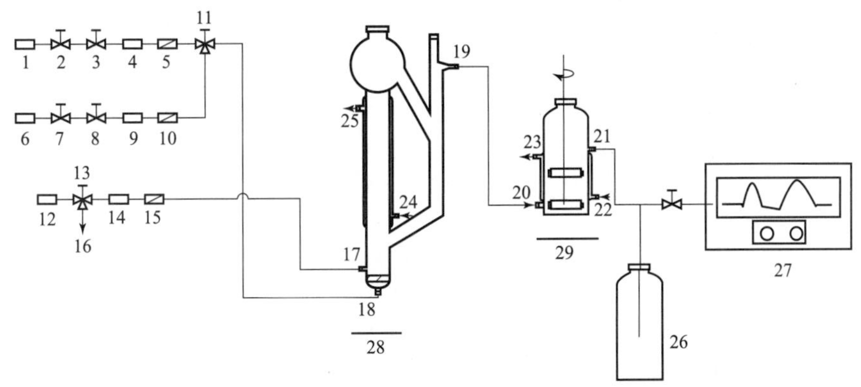

图 5-53　液相连续方法制备挂式四氢双环戊二烯实验装置及流程

1—氢气发生器；2、7—气体稳压阀；3、8—气体温流阀；4—氢气流量计；5、10—单通阀；6—氮气瓶；9—氮气流量计；11、13—三通阀；12—平流泵；14—液体流量计；15—单通阀；16—排液口；17、20—进样口；18—进气口；19—加氢液出口；21—异构产物出口（内置过滤砂芯装置）；22、23、24、25—保温水进出口；26—产物储瓶；27—在线色谱；28—连续流鼓泡加氢反应器；29—连续流釜式异构反应器

（3）上述两步反应平衡后，串联两个反应器，平流泵 12 控制上述二聚环戊二烯溶液流速 0. 36 mL/min，经进样口 17 注入连续流鼓泡加氢反应器 28 中，使二聚环戊二烯在 28 中平均停留时间是 4 h，加氢产物桥式四氢双环戊二烯溶液经产物出口 19 流出，经进样口 20 进入连续流异构釜 29，挂式四氢双环戊二烯产物溶液经异构产物出口 21 流出，采用气相色谱定期检测，挂式四氢双环戊二烯产率降低时，补加适量 $AlCl_3$，稳定后，挂式四氢双环戊二烯的产率达 93. 8%。

2. 挂式四氢双环戊二烯及中间体组分分析

采用气相色谱检测反应产物组分，通过改变加氢温度、氢气流量、钯碳用量、双环戊二烯流量、异构温度、异构催化剂用量等工艺参数，获取最优工艺参数。气相色谱分析条件：用气相色谱仪（GC-2014，日本岛津）进行分析，采用 HP-5 ms 柱（30 m × 0. 25 mm × 0. 25 μm）和火焰离子化检测器（FID），进样量：0. 1 μL，进样口温度：200 ℃，柱箱温度：105 ℃，DFID1 检测器温度：250 ℃，采集时间：7. 5 min，载气：氮气；压力：127. 3 kPa；总流量：127. 3 kPa，柱流量：1. 47 kPa，分流比：50。定量分析法：面积归一化方法。图 5-54 为 JP-10 合成过程原料、中间体、产物、副产物气相色谱图。

1）温度对加氢速率的影响

不同温度（30 ~ 70 ℃）下反应体系中 DCPD、DHDCPD 和 endo-THDCPD 含量与反应时间的关系如图 5-55 所示。DCPD 加氢过程为典型的两步反应，即 DCPD 选择性加氢生成中间产物 DHDCPD，继而 DHDCPD 加氢生成 endo-THDCPD，反应结束后，endo-THDCPD 产率达 99% 以上。图 5-55（a）中，DCPD 浓度随反应进行不断降低，反应 2. 5 h，DCPD 转化率达 100%；图 5-55（b）显示，反应液内 DHDCPD 浓度，反应 2 h 内不断升高，2 h 后不断下降，DHDCPD 含量在反应 2 h 时最高，达 95% 以上，反应 5. 5 h 后降至 1% 以下；图 5-55（c）中，endo-THDCPD 含量，在反应 2 h 内几乎为零，2 h 后不断升高，并在反应 5. 5 h 达到 99%，其原因是 DCPD 加氢活性比 DHDCPD 高。

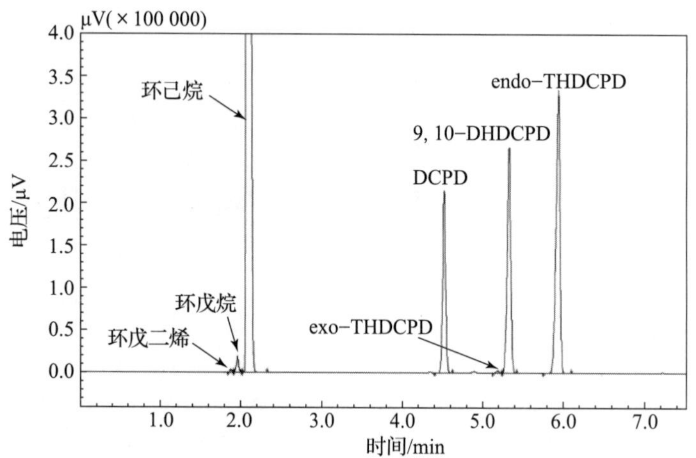

图 5-54　JP-10 合成过程原料、中间体、产物、副产物气相色谱图

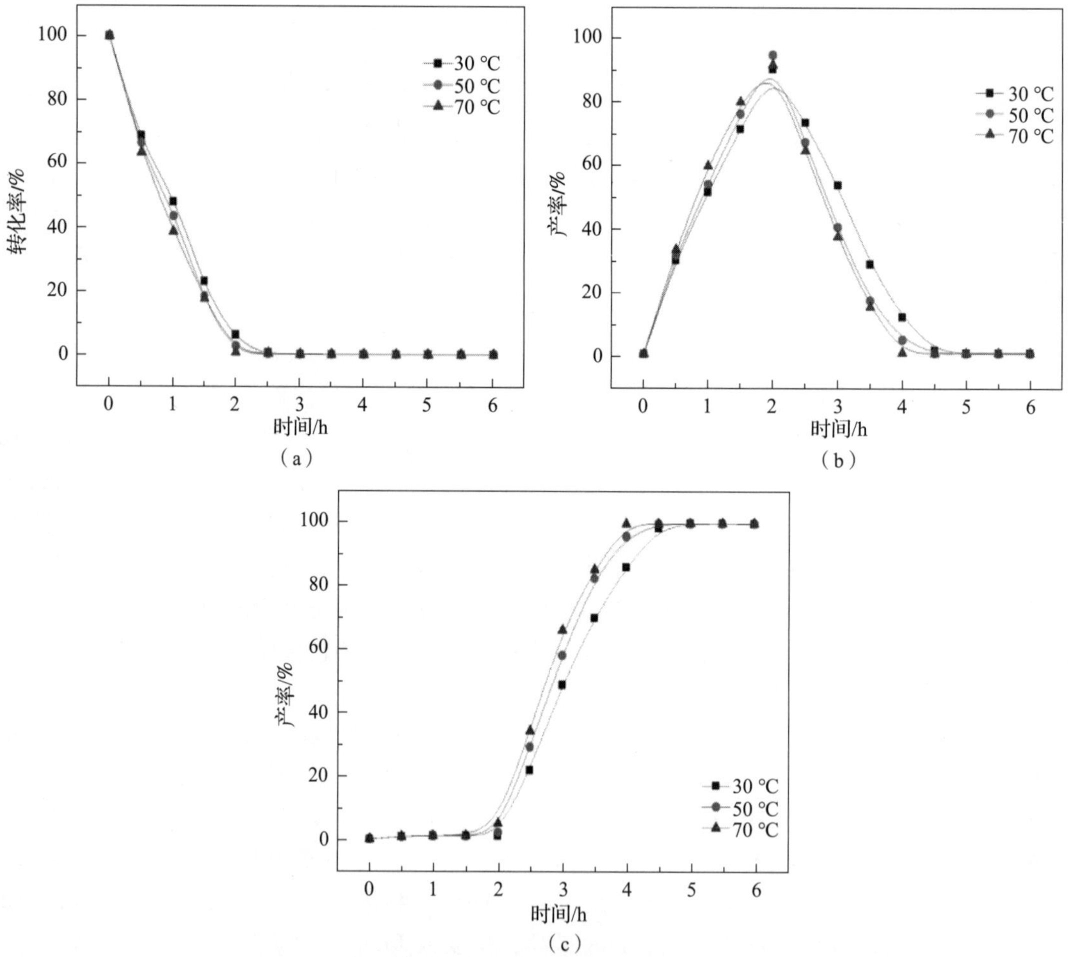

图 5-55　不同温度下反应体系中 DCPD、DHDCPD 和 endo-THDCPD 含量与反应时间的关系（见彩插）

（反应条件：P_H，1 atm，H_2 流量，80 mL/min；5% Pd/C，1.5 g（4 wt%）；DCPD 浓度，0.76 mol/L）

（a）DCPD 浓度变化；（b）DHDCPD 浓度变化；（c）exo-THDCPD 收率

2）氢气流速对连续流加氢工艺影响

DCPD 连续流加氢反应，研究氢气流速（60～140 mL/min）对加氢过程的影响，结果如图5－56所示：加氢工艺稳定后，氢气流速在60～140 mL/min 范围时，DCPD 转化率维持100%不变；氢气流速低于80 mL/min，中间产物 DHDCPD 加氢不完全，随氢气流速增大，endo－THDCPD 收率升高；氢气的流速高于80 mL/min 时，endo－THDCPD 的收率稳定在98%。

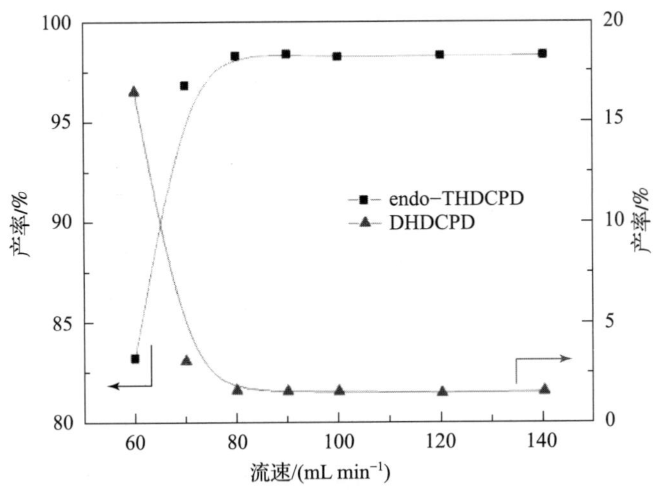

图5－56　氢气流速对连续流加氢工艺影响

（反应条件：$T_{加氢}$，30 ℃；P_{H}，1 atm；WHSV，2.7 h^{-1}；5 % Pd/C（4 wt%），1.5 g；DCPD 浓度，0.76 mol/L）

3）停留时间对异构反应的影响

温度70 ℃，研究 LA_1催化 endo－THDCPD 异构化合成 exo－THDCPD 的反应速率，结果如图5－57所示：随反应进行，原料不断减少，产物不断增加，反应时长3 h，endo－THDCPD 转化率达99%，exo－THDCPD 产率97%，过程中有微量的副产物金刚烷生成。因此，可确定连续异构反应的停留时间最小为3 h。

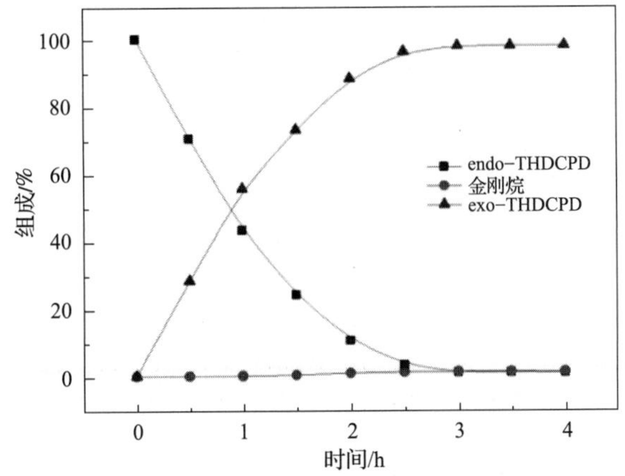

图5－57　停留时间对 endo－THDCPD 异构反应的影响

（反应条件：$T_{异构}$，70 ℃；LA_1，1.5 g（1.5 wt%）；endo－THDCPD 的浓度，0.76 mol/L）

3. 红外，核磁氢谱、核磁碳谱对过程中间产物及终产物进行结构表征

图5－58为中间产物endo－THDCPD的^{1}H－NMR和^{13}C－NMR谱图。^{1}H－NMR（400 MHz，$CDCl_3$）δ：5.0 mg·L^{-1}处没有峰，所有的峰均在δ：0～2.0 mg·L^{-1}，^{13}C－NMR（100 MHz，$CDCl_3$）所有的峰均在δ：30～50 mg·L^{-1}，显示加氢产物中没有碳碳双键。图5－59为中间产物endo－THDCPD的IR谱图，结果表明化合物只包含饱和碳氢结构，说明DCPD加氢完全。

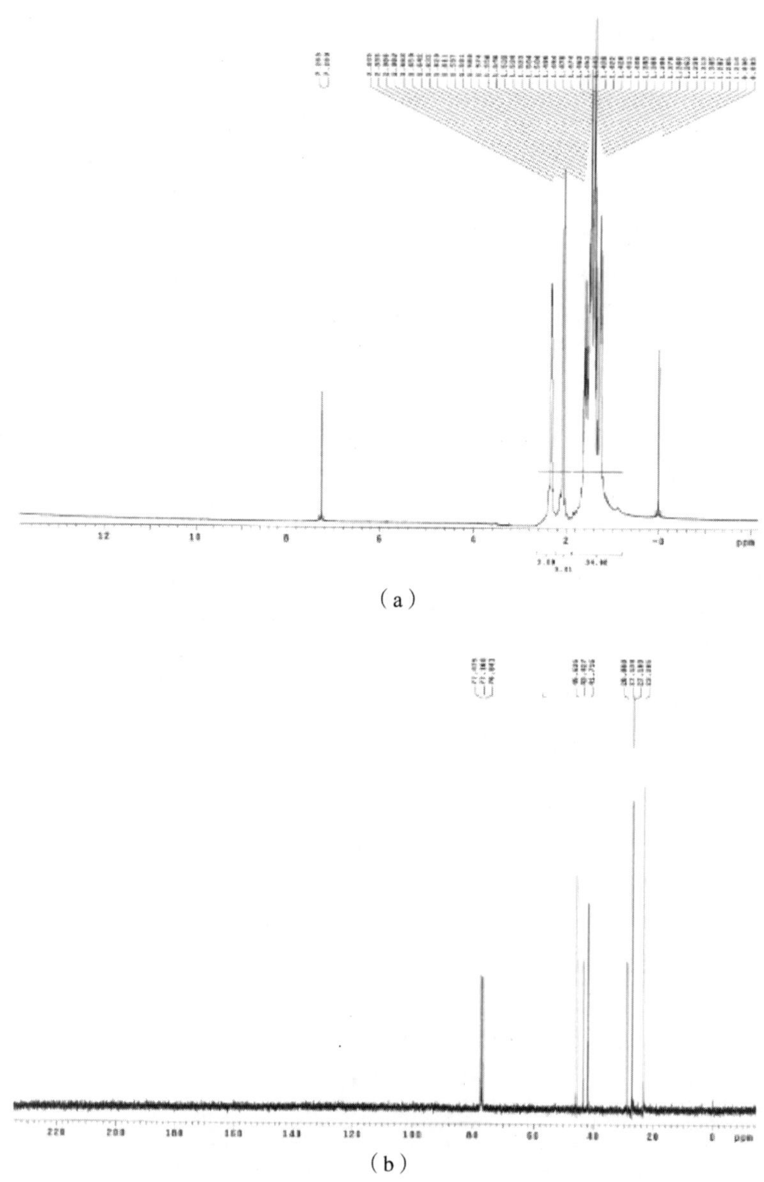

（a）

（b）

图5－58　中间产物endo－THDCPD的^{1}H－NMR和^{13}C－NMR谱图

（a）中间产物endo－THDCPD的^{1}H－NMR谱图；（b）中间产物endo－THDCPD的^{13}C－NMR谱图

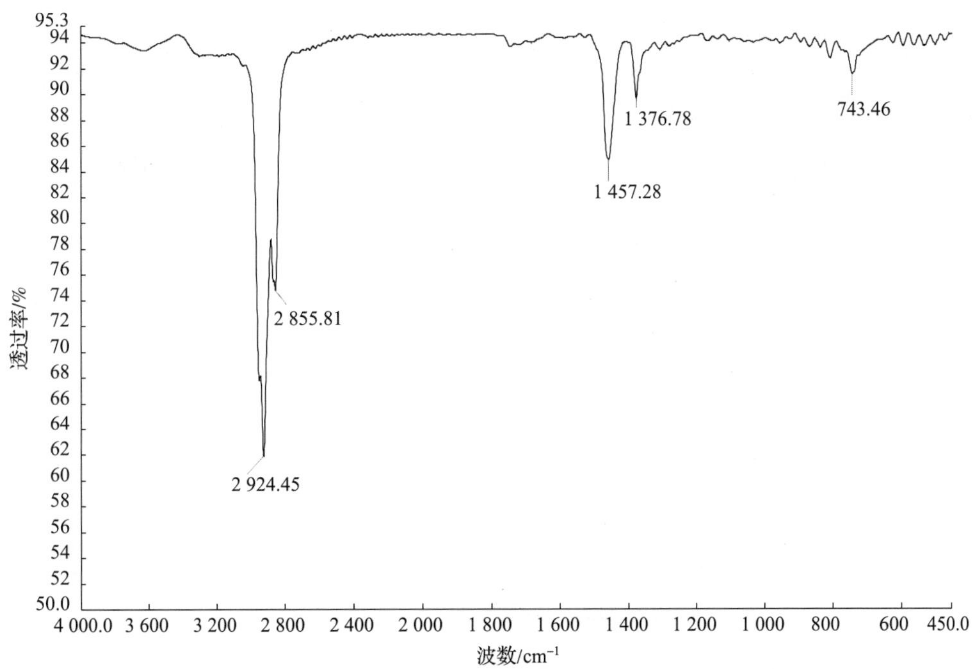

图 5－59　中间产物 endo－THDCPD 的 IR 谱图（见彩插）

如图 5－60 所示，异构产物的^{1}H NMR（400 MHz，$CDCl_3$）所有的峰均在 δ：0～2.0 mg·L^{-1}，^{13}C NMR（100 MHz，$CDCl_3$）所有的峰均在 δ：30～50 mg·L^{-1}，与标准图谱对照一致。图 5－61 显示，化合物只包含饱和碳氢结构，说明异构化转化完全。

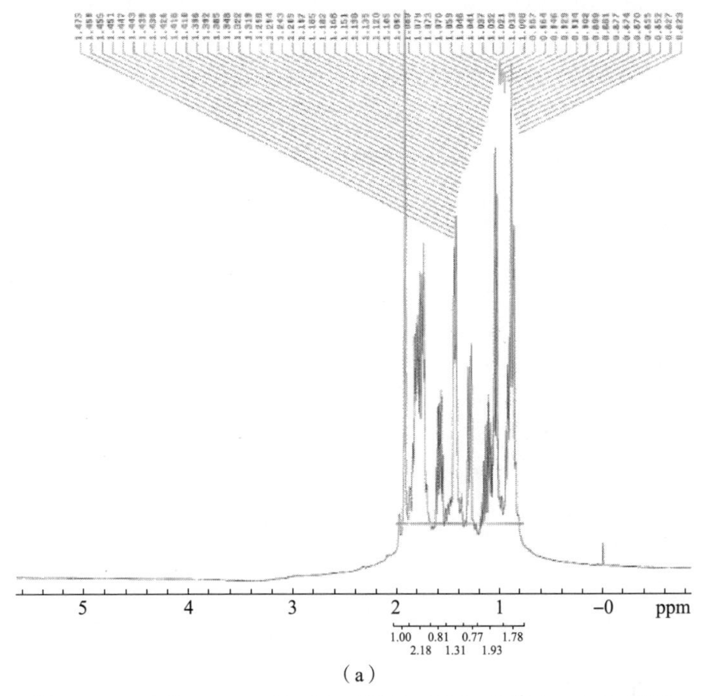

（a）

图 5－60　产物 exo－THDCPD 的^{1}H－NMR 和^{13}C－NMR 谱图

（a）产物 exo－THDCPD 的^{1}H－NMR 谱图

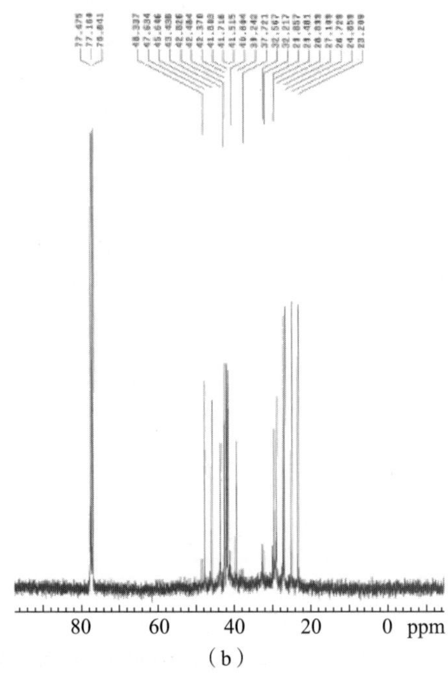

图 5－60　产物 exo－THDCPD 的^{1}H－NMR 和^{13}C－NMR 谱图（续）

（b）产物 exo－THDCPD 的^{13}C－NMR 谱图

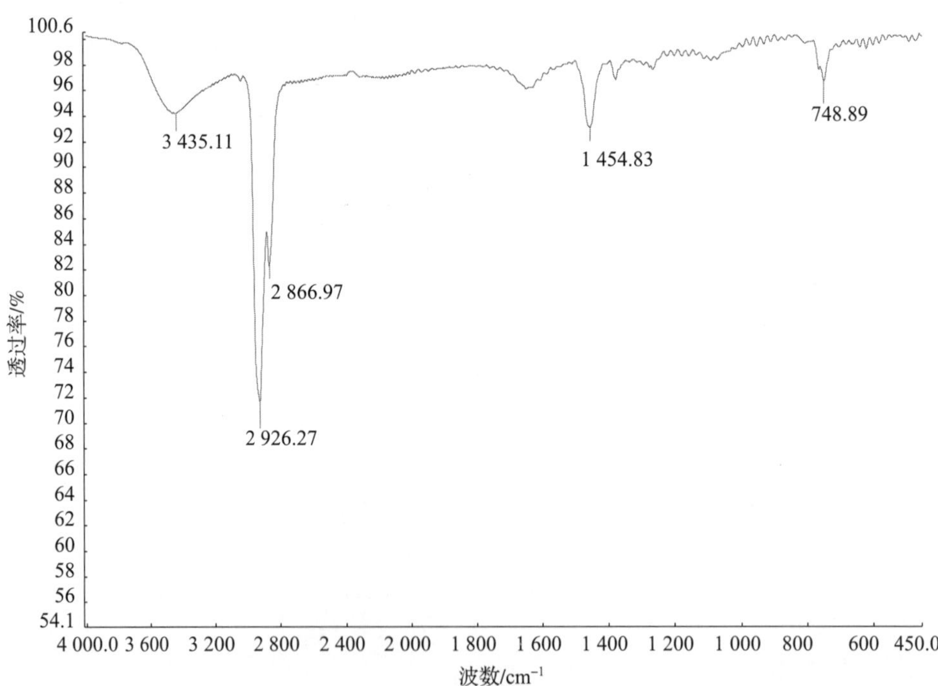

图 5－61　产物 exo－THDCPD 的 IR 谱图（见彩插）

参考文献

[1] SIBI M G, SINGH B, KUMAR R, et al. Single – step catalytic liquid – phase hydroconversion of DCPD into high energy density fuel exo – THDCPD [J]. Green chemistry, 2012, 14: 976.

[2] XING Enhui, ZHANG Xiangwen, WANG Li, et al. Greener synthesis route for Jet Propellant – 10: the utilization of zeolites to replace $AlCl_3$ [J]. Green chemistry, 2007, 9: 589.

[3] HUANG Mingyu, WU Jungchung, SHIEU Fuhsheng, et al. Preparation of high energy fuel JP – 10 by acidity – adjustable chloroaluminate ionic liquid catalyst [J]. Fuel, 2011, 90: 1012.

[4] 陈华祥, 李加荣, 黎汉生, 等. 液相连续制备挂式四氢双环戊二烯 [J]. 含能材料, 2015, 23 (10): 964 –970.

[5] FANG Zhuqing, SHI Daxin, LIN Na, et al. Probing the synergistic effect of Mo on Ni – based catalyst in the hydrogenation of dicyclopentadiene [J]. Applied catalysis A, general, 2019 (574): 60 –70.

附　　录

附件：实验报告模板

化工实验教学中心
《____________________》课程成绩评定报告

实验名称：______________________________

姓　　名：______________________________

学　　院：______________________________

专　　业：______________________________

年　　级：______________________________

学　　号：______________________________

报告 1

《　　　　　　　　》实验预习报告

院系：__________专业：__________年级：__________班号：__________

同组成员姓名/学号：______________________________

指导教师签字：____________时间：____________成绩：____________

实验名称：______________________________

一、实验目的（10 分）

（教学大纲、教材提供的目的和你自己预期的目的）

二、实验原理和方法（20 分）

（要求详细报告你自学后认为的实验方法或反应机理，并说明它们与你打算使用的操作程序的关系）

三、仪器、材料与试剂（20 分）

1.（要求写明你可能使用到的仪器的型号、生产厂家等信息）

2.（主要试剂的物理参数，需要的用量、规格及预处理）（使用三线式表格）

名称	规格	用量	性质	危险特性	注意事项	应急处理方法

四、实验操作步骤及流程（30 分）

1.（此处要求报告你计划的主要操作步骤，不能照抄讲义内容，并绘制各步实验装置图）

2.（绘制实验流程图）

五、讨论（20 分）

（你认为的实验注意事项，你的小组成员的意见分歧，讨论结果及预案）

报告 2

《　　　　　　　》实验操作报告

院系：__________专业：__________年级：__________班号：_______
时间：____________________指导教师签字：____________________
实验名称：____

姓名	学号	签字	迟到早退情况分值（25 分）	预习掌握情况分值（25 分）	操作熟练情况分值（25 分）	实验卫生情况分值（25 分）	总分（100 分）

报告 3

《　　　　　　　　》实验记录报告

院系：__________ 专业：__________ 年级：__________ 班号：__________
同组成员姓名/学号：______________________________
指导教师签字：__________ 时间：__________ 成绩：__________

实验名称：______________________________

一、实验原料（10 分）

（列出主要的试剂原料的名称、规格、生产厂家、用量等信息）

二、实验前准备（20 分）

（实验前准备包括实验装置搭建、原料预处理等。按照实验要求，记录实验前需要开展的操作过程及其客观现象）

三、实验操作过程（50 分）

（按照你进行实验的实际操作程序客观地记录你的操作过程，不能照抄实验讲义的内容，同时对应记录你的每一种操作或反应过程中出现的客观现象）

时间	操作内容与现象	备注

四、实验后处理（20 分）

（详细记录实验结束后设备、药品、产品、废弃物等处理过程及其客观现象）

时间	操作内容与现象	备注

报告 4

《　　　　　　　　》实验总结报告

院系：__________专业：__________年级：__________班号：__________
同组成员姓名/学号：______________________________
指导教师签字：__________时间：__________成绩：__________

实验名称：______________________________

一、仪器、材料与试剂（10 分）

1. （要求写明你可能使用到的仪器的型号、生产厂家等信息）
2. （主要试剂的物理参数，需要的用量、规格及预处理）（使用三线式表格）

名称	规格	用量	生产厂家	预处理方法

二、数据处理及结果分析（65 分）

（要求写明具体实验获得的数据及其处理过程，对实验中正常或异常现象及其原因的分析、经验总结、实验改进措施）

三、思考题（20 分）

1. （实验者对整个实验的评价或体会，有什么新的发现和不同见解、质疑、建议等）
2. （思考回答实验设定思考题目）

四、参考文献（5 分）

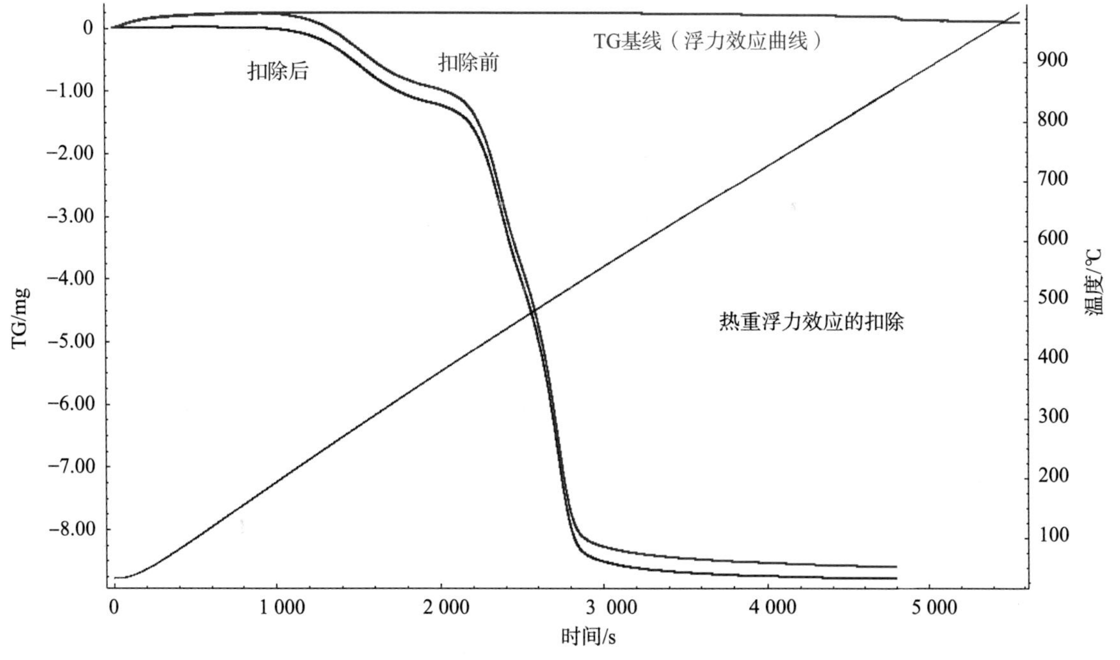

图 2－6　浮力效应的修正

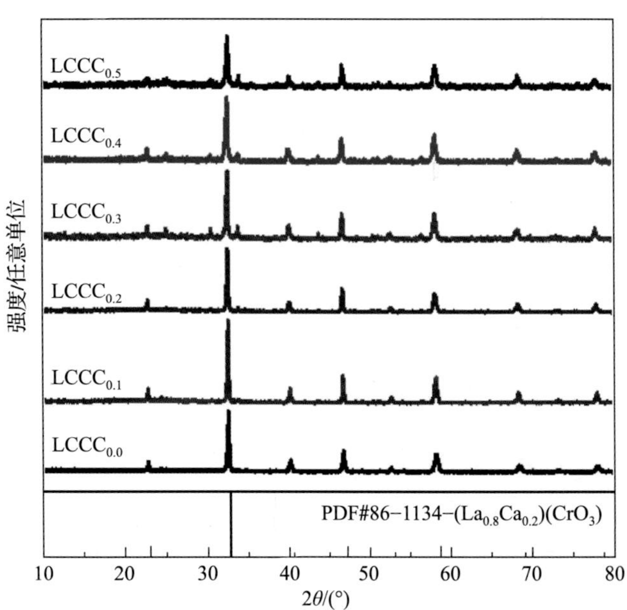

图 2－12　$La_{0.8}Ca_{0.2}Cr_{1-x}Cu_xO_3$ 粉体的 XRD 图与 PDF 标准卡片的对比

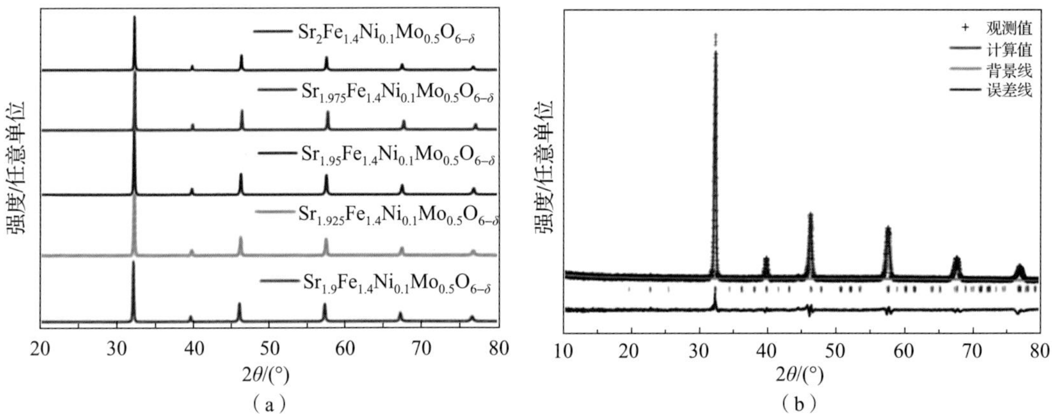

图 2-16　Sr_{2-x}FNM 样品在空气中煅烧后的 XRD 图谱及 Sr_{2-x}FNM 样品 XRD 精修图

（a）Sr_{2-x}FNM（$x=0\sim0.1$）样品在空气中煅烧后 XRD 图谱，（b）Sr_{2-x}FNM 样品 XRD 精修图

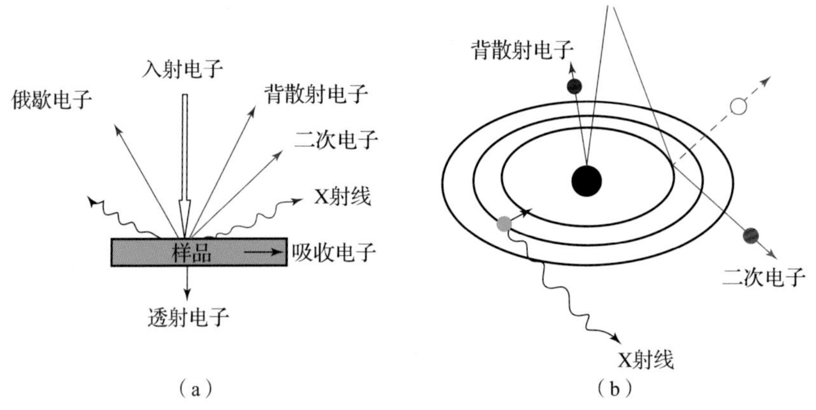

图 2-18　电子与样品的相互作用原理图

（a）电子与样品相互作用产生电子信号的示意图；（b）电子与核外电子作用示意图

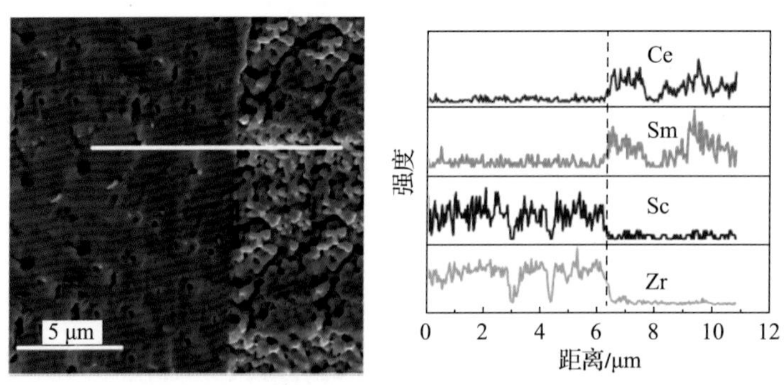

图 2-23　阻挡层 SDC/电解质 ScSZ 截面 SEM 与 EDS 线性扫描谱图

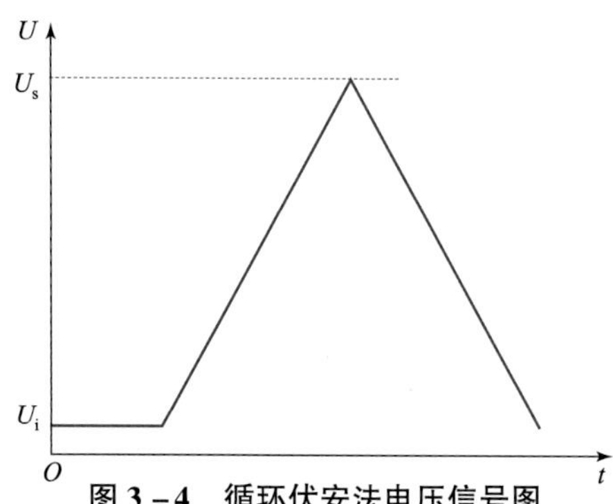

图 3 – 4　循环伏安法电压信号图

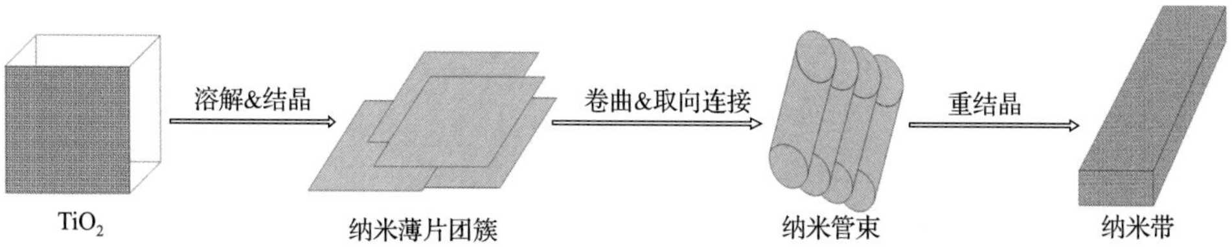

TiO₂ 溶解&结晶 纳米薄片团簇 卷曲&取向连接 纳米管束 重结晶 纳米带

图 3 – 20　TiO_2 纳米带制备流程

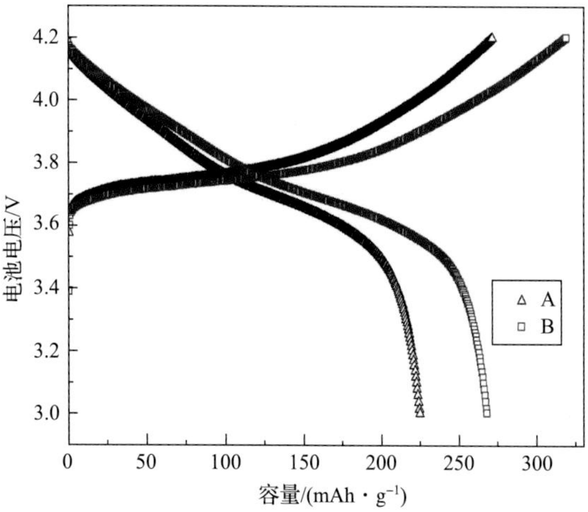

电池电压/V
容量/(mAh · g^{-1})
A
B

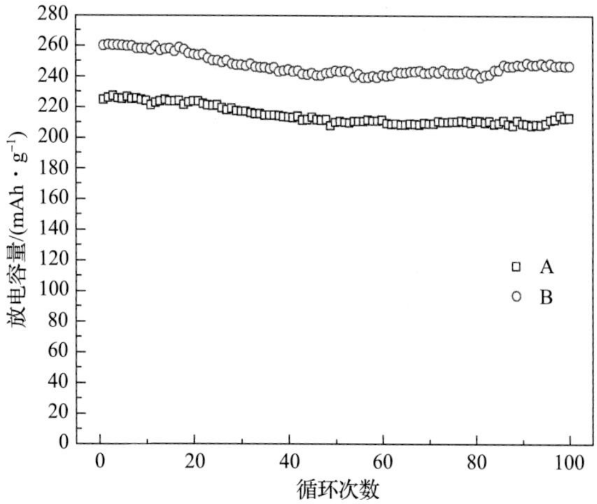

放电容量/(mAh · g^{-1})
循环次数
A
B

图 4 – 4　首次充放电曲线及循环性能曲线

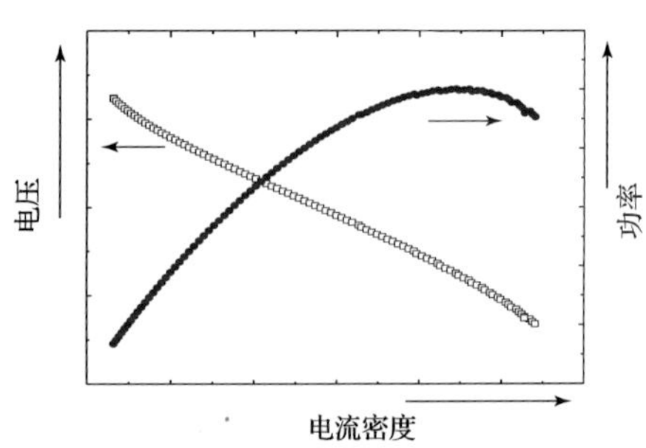

图 4－11　典型的单电池放电曲线

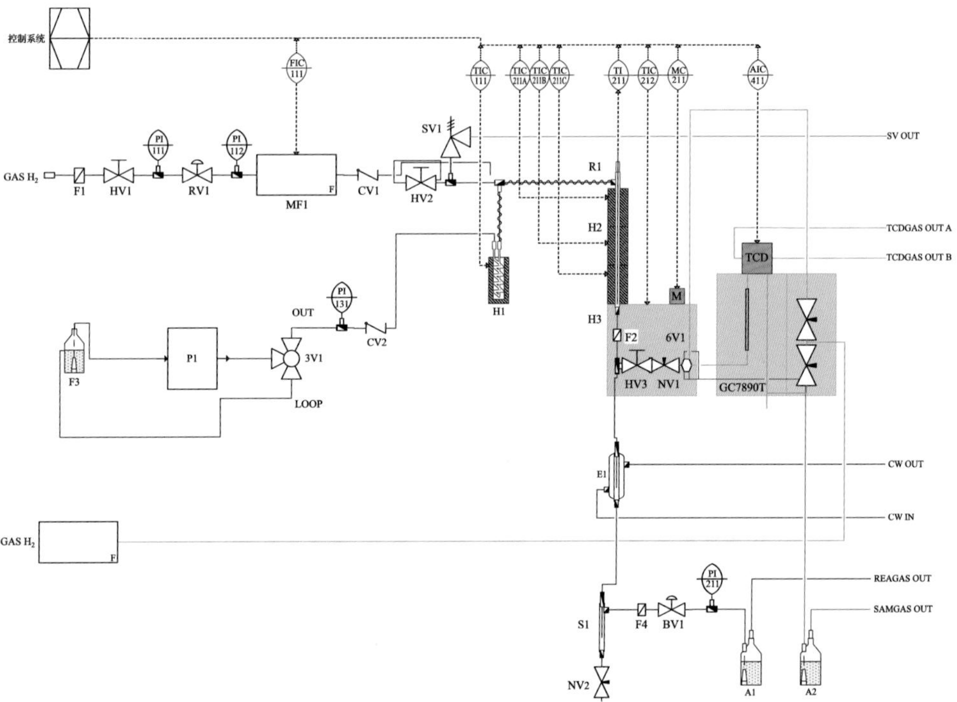

图 4－23　甲醇脱水制二甲醚微型反应系统

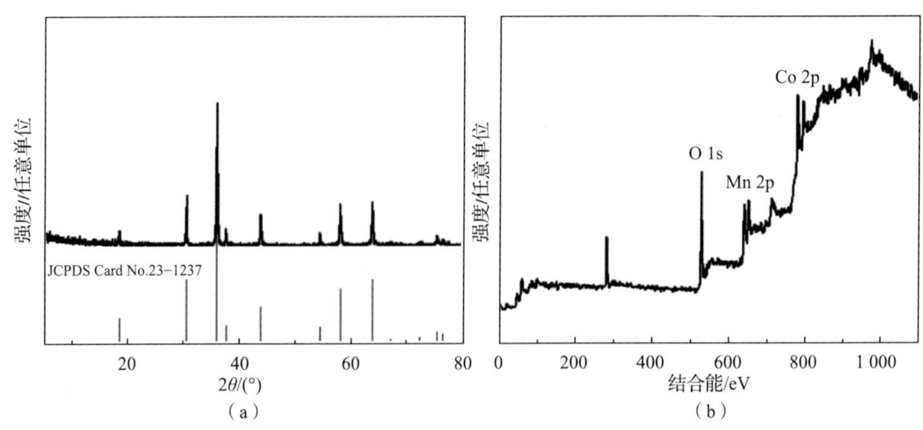

图 5－2　Ni foam 上刮下的 $MnCo_2O_4$ 粉末的分析谱图

（a）XRD 图；（b）XPS 总谱图（高分辨）

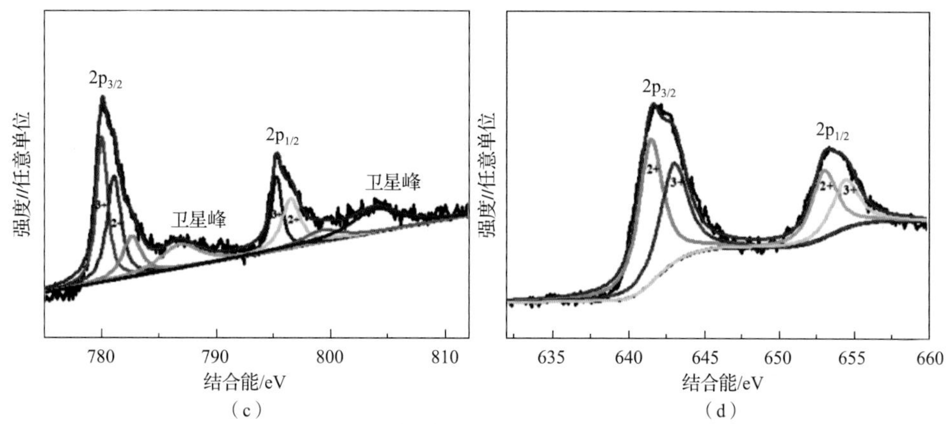

图 5－2　Ni foam 上刮下的 $MnCo_2O_4$ 粉末的分析谱图（续）

（c）Co 2p 谱图；（d）Mn 2p 谱图

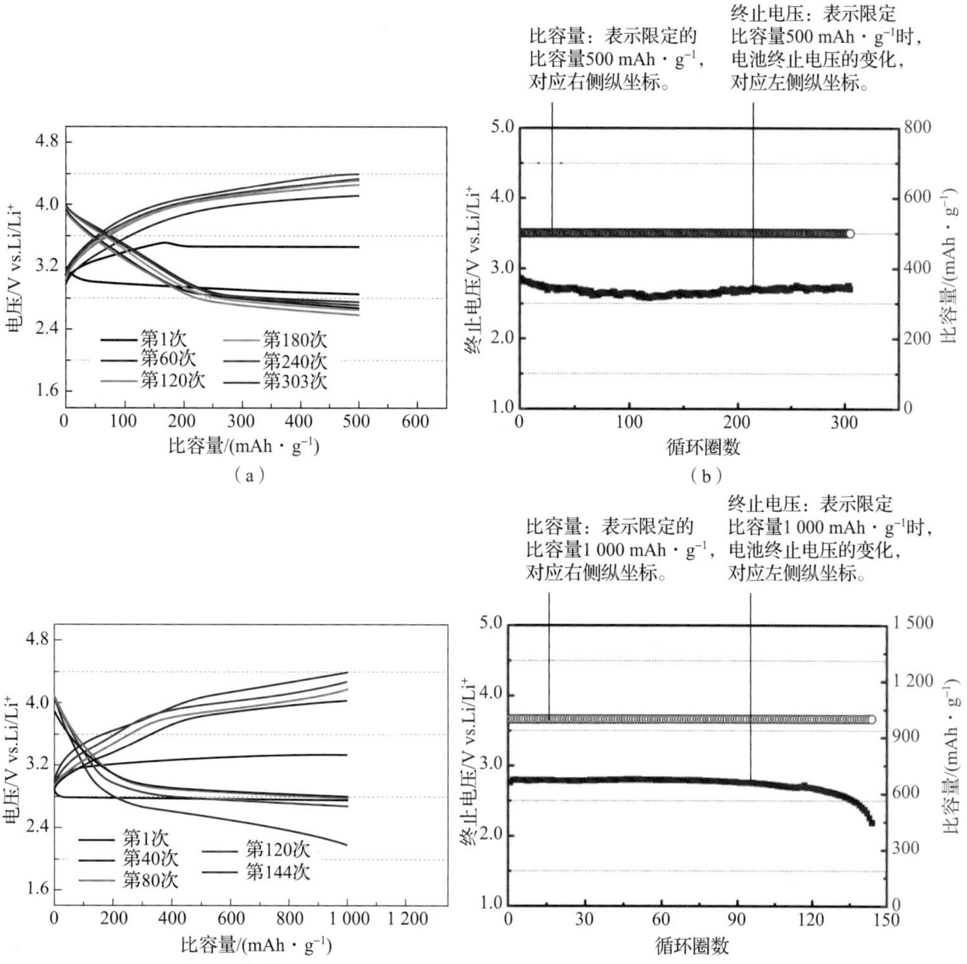

比容量：表示限定的比容量500 mAh · g^{-1}，对应右侧纵坐标。

终止电压：表示限定比容量500 mAh · g^{-1}时，电池终止电压的变化，对应左侧纵坐标。

比容量：表示限定的比容量1 000 mAh · g^{-1}，对应右侧纵坐标。

终止电压：表示限定比容量1 000 mAh · g^{-1}时，电池终止电压的变化，对应左侧纵坐标。

图 5－5　无碳、无黏结剂、自支撑 $MnCo_2O_4$ 阴极材料的恒流充放电曲线

（a）0.1 mA · cm^{-2}下限容 500 mAh · g^{-1}时自支撑阴极的恒流充放电曲线；（b）对应循环次数下的终止放电电压曲线；（c）0.1 mA · cm^{-2}下限容 1 000 mAh · g^{-1}时自支撑阴极的恒流充放电曲线；（d）对应循环次数下的终止放电电压曲线

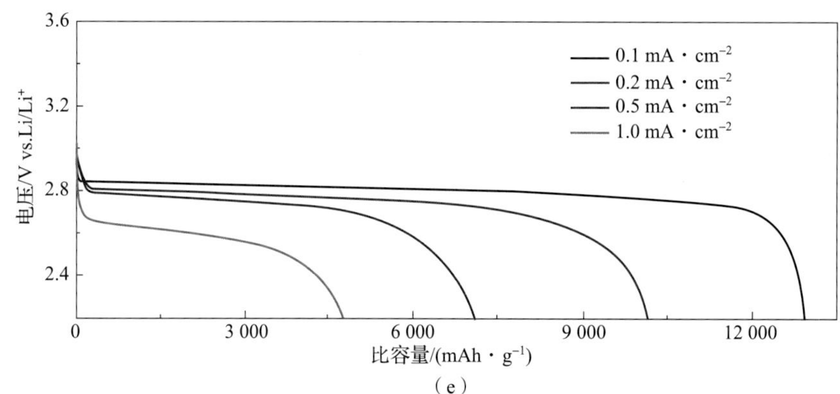

（e）

图 5－5　无碳、无黏结剂、自支撑 $MnCo_2O_4$ 阴极材料的恒流充放电曲线（续）

（e）自支撑阴极的倍率性能

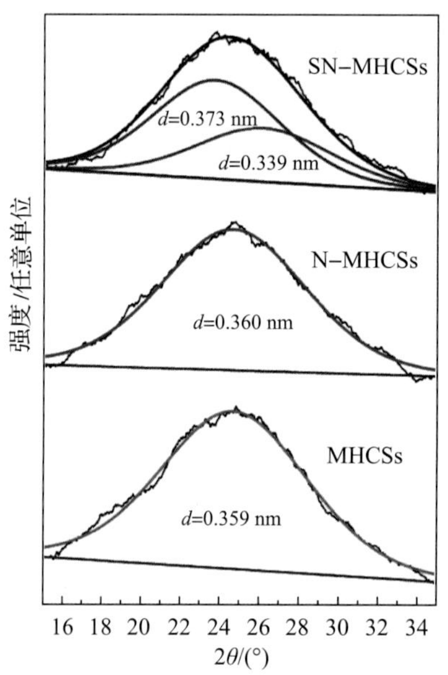

图 5－12　SN－MHCSs、N－MHCSs 及 MHCSs 的 XRD

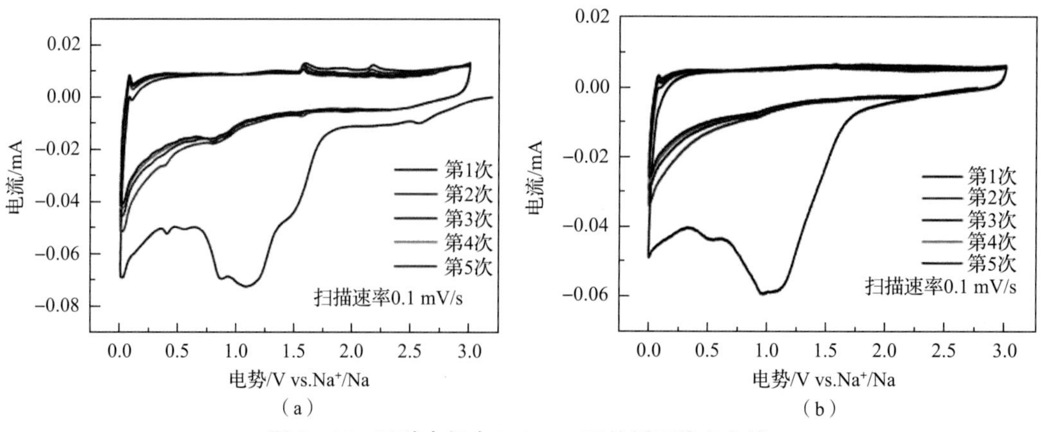

图 5－14　三种电极在 0.1 mV 下的循环伏安曲线

（a）SN－MHCSs 的纳离子电池循环伏安曲线；（b）N－MHCSs 的纳离子电池循环伏安曲线

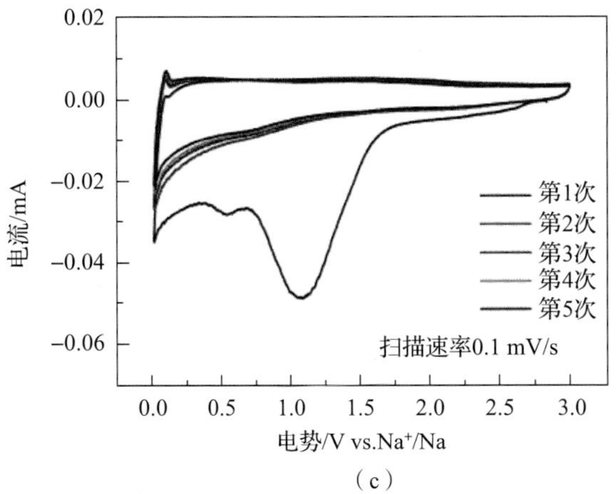

（c）

图 5－14　三种电极在 0.1 mV 下的循环伏安曲线（续）

（c）MHCSs 的钠离子电池循环伏安曲线

（a）

（b）

（c）

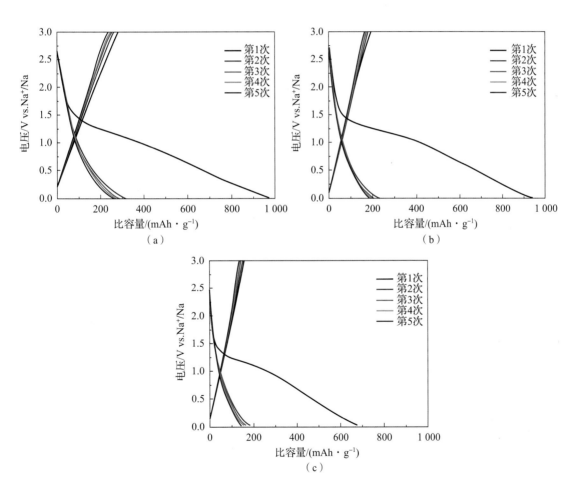

图 5－15　SN－MHCSs、N－MHCSs 及 MHCSs 电极在 0.5 A · g^{-1} 下的前 5 次循环的充放电曲线

（a）SN－MHCSs；（b）N－MHCSs；（c）MHCSs

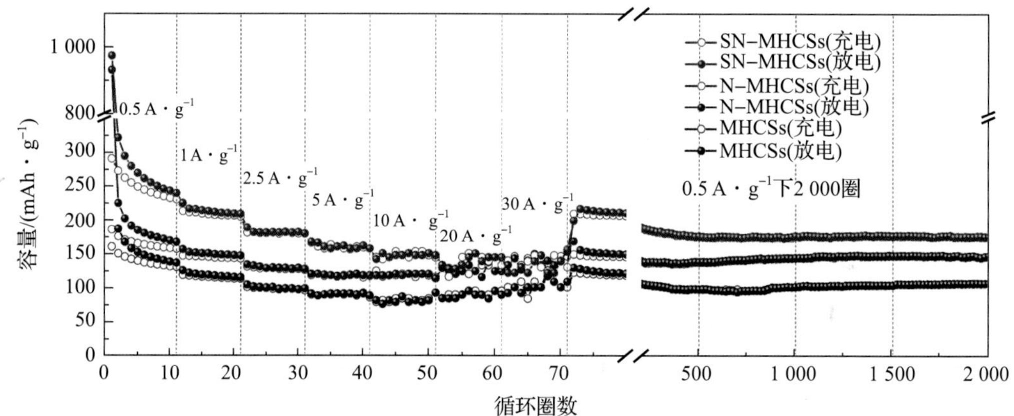

图 5－16　SN－MHCSs、N－MHCSs 及 MHCSs 在钠离子电池中的倍率循环曲线

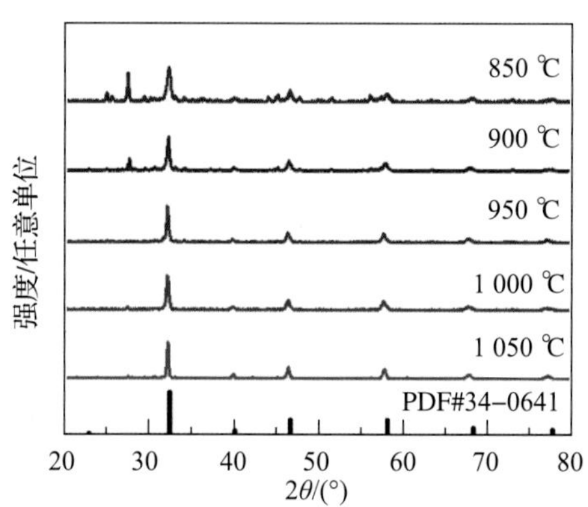

图 5－18　采用燃烧法制备的 SFNM 粉末样品在不同温度下烧结 5 h 后得到的 XRD 谱图

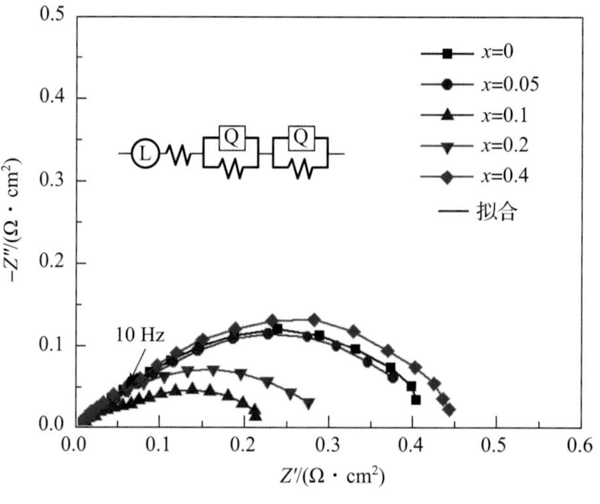

图 5－21　750 ℃下不同 Ni 含量的 SFNM 阴极的 EIS 谱

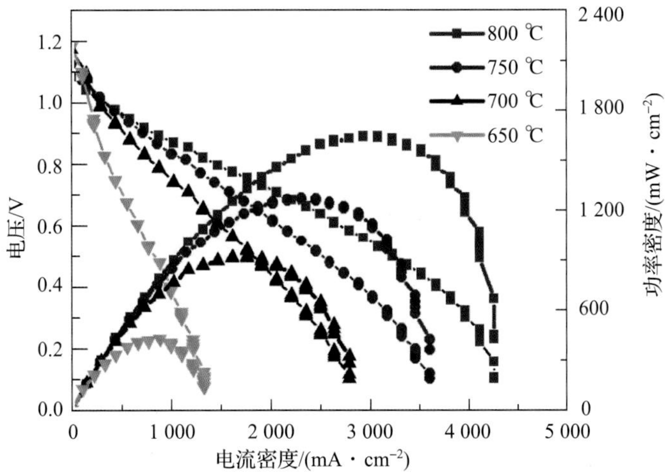

图 5-22　650～800 ℃温度范围内以 $SFN_{0.1}M$ 为阴极的单电池的 $I-V$ 曲线和 $I-P$ 曲线

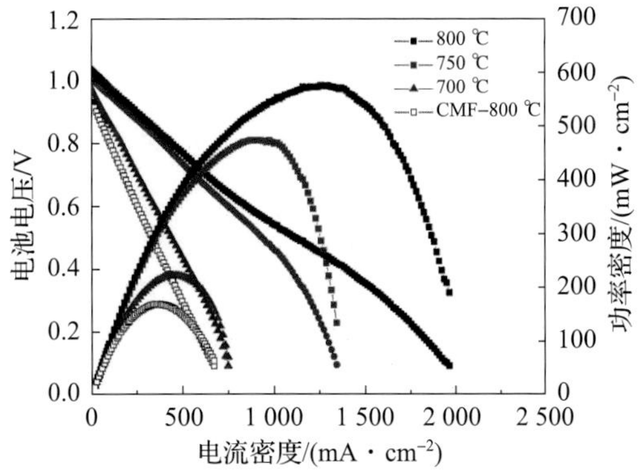

图 5-27　Ni-CMF 为阳极的 HDCFC 单电池放电的 $I-V$ 曲线和 $I-P$ 曲线

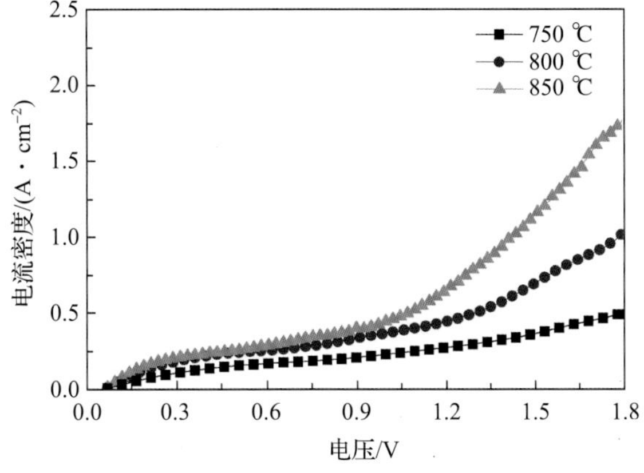

图 5-31　以 LSTM 为阴极材料制备的单体电池在不同温度下电解二氧化碳的 $I-V$ 曲线

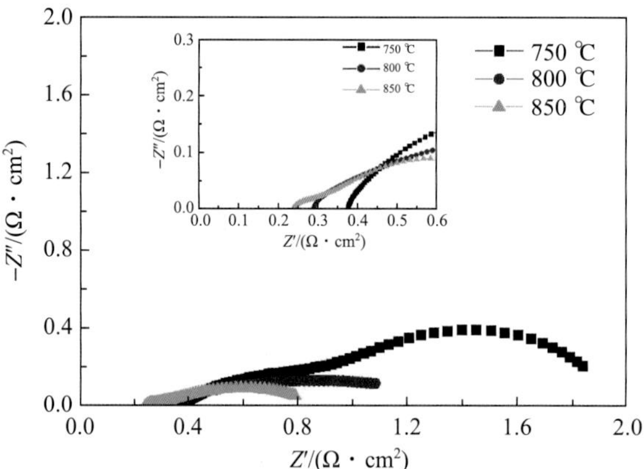

图 5-32　以 LSTM 为阴极材料制备的单体电池在不同温度下电解二氧化碳的交流阻抗

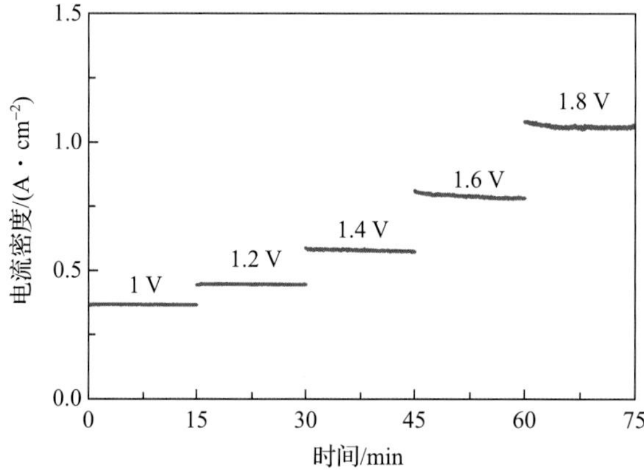

图 5-33　以 LSTM 为阴极材料制备的单体电池在 850 ℃电解二氧化碳时的短期恒压稳定性

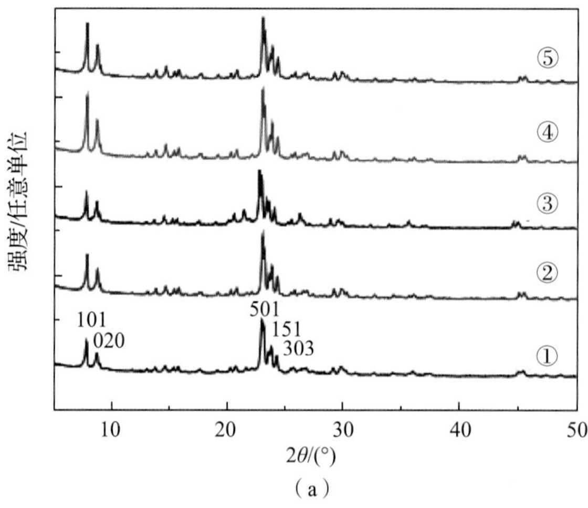

（a）

图 5-41　不同 SiO_2/Al_2O_3 的 HZSM-5/MCM-41 的 XRD 图

（a）$2\theta = 5° \sim 50°$

注：SiO_2/Al_2O_3 为：①25；②38；③50；④100；⑤150。

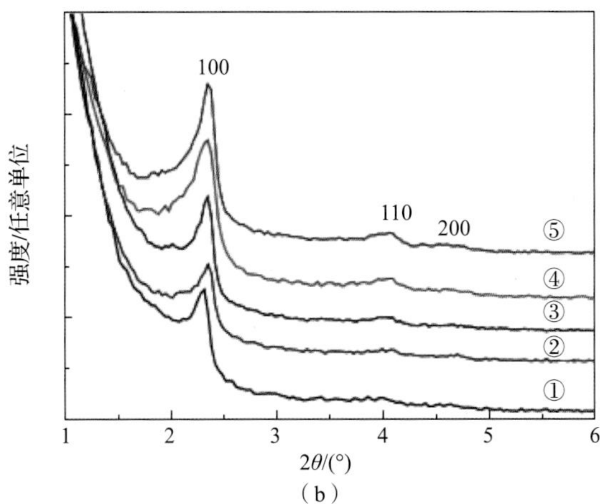

（b）

图 5－41　不同 SiO_2/Al_2O_3 的 HZSM－5/MCM－41 的 XRD 图（续）

（b）$2\theta = 1° \sim 6°$

注：SiO_2/Al_2O_3 为：①25；②38；③50；④100；⑤150。

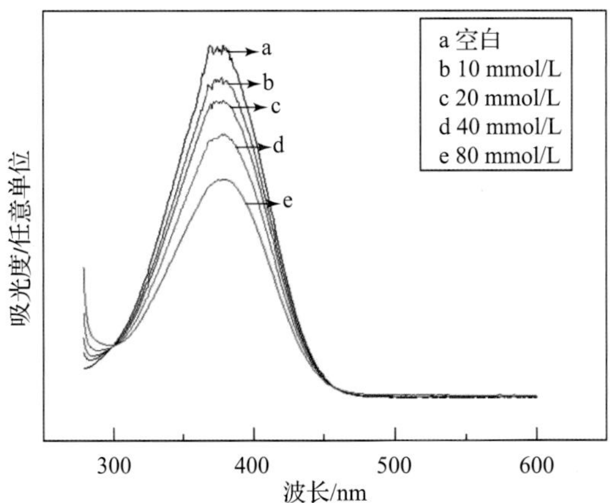

图 5－49　对硝基苯胺在不同浓度离子液体中吸光度

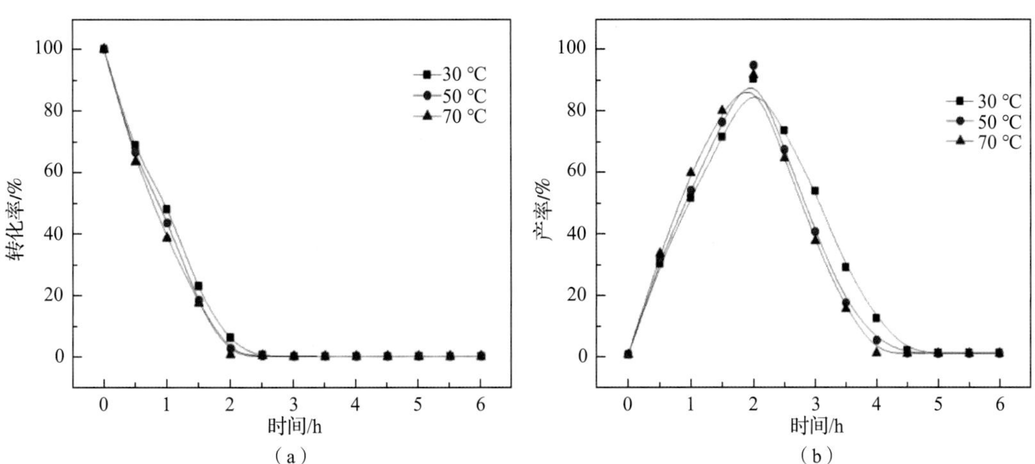

图 5－55　不同温度下反应体系中 DCPD、DHDCPD 和 endo－THDCPD 含量与反应时间的关系

（反应条件：P_H，1 atm，H_2 流量，80 mL/min；5% Pd/C，1.5 g（4 wt%）；DCPD 浓度，0.76 mol/L）

（a）DCPD 浓度变化；（b）DHDCPD 浓度变化

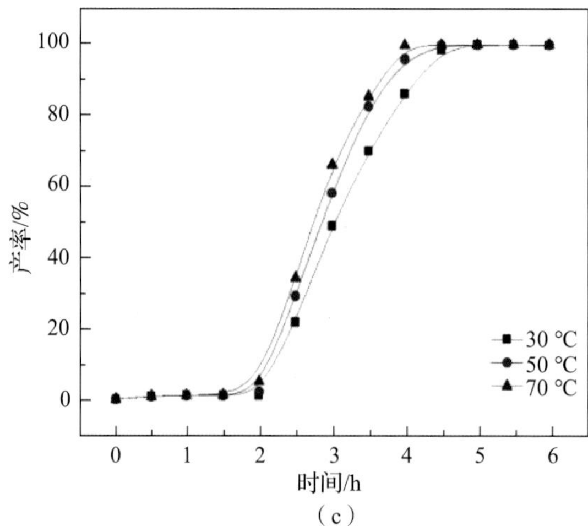

（c）

图 5－55　不同温度下反应体系中 DCPD、DHDCPD 和 endo－THDCPD 含量与反应时间的关系（续）

（反应条件：P_H，1 atm，H_2 流量，80 mL/min；5% Pd/C，1.5 g（4 wt%）；DCPD 浓度，0.76 mol/L）

（c）exo－THDCPD 收率

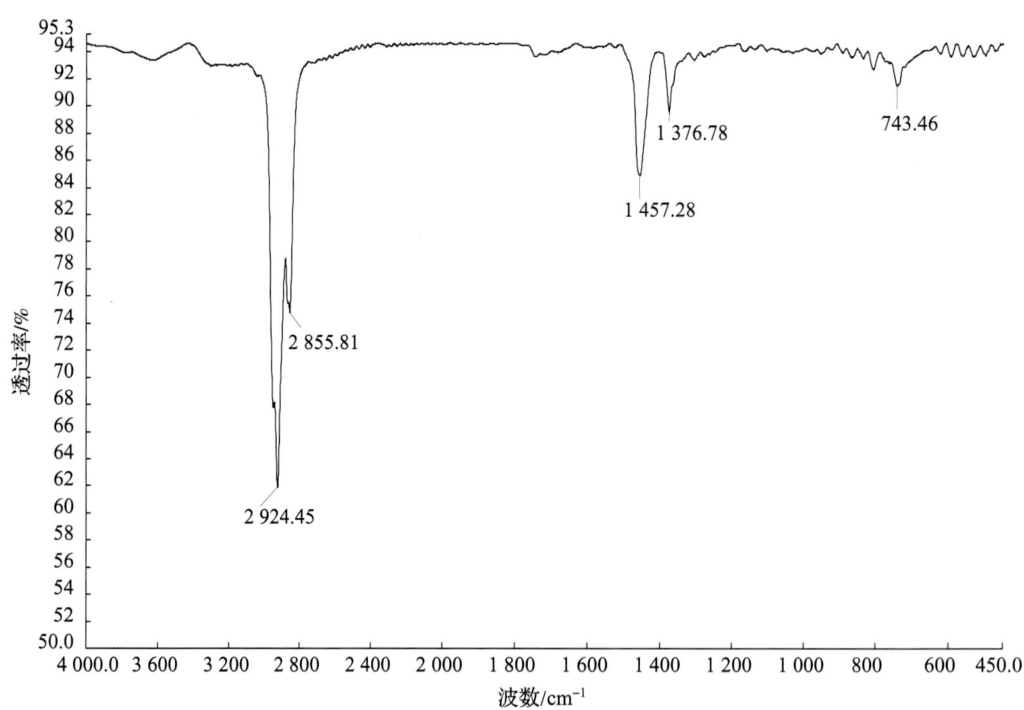

图 5－59　中间产物 endo－THDCPD 的 IR 谱图

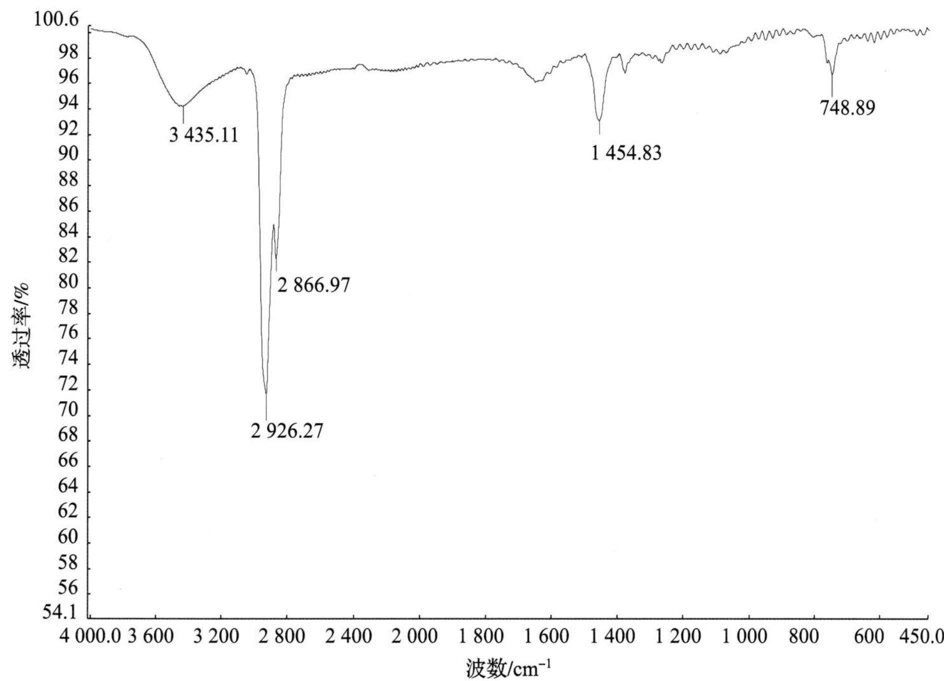

图 5－61　产物 exo－THDCPD 的 IR 谱图